New Developments in Self Psychology Practice

当代自体心理学
——多样性的新发展

[美] Peter Buirski
[南非] Amanda Kottler 编著

王静华　郑　燕　译

中国轻工业出版社

图书在版编目（CIP）数据

当代自体心理学：多样性的新发展／（美）彼得·博斯克（Peter Buirski），（南非）阿曼达·科特勒（Amanda Kottler）编著；王静华，郑燕译.—北京：中国轻工业出版社，2019.9（2024.5重印）

ISBN 978-7-5184-1947-0

Ⅰ．①当… Ⅱ．①彼… ②阿… ③王… ④郑…
Ⅲ．①精神分析-研究 Ⅳ．①B84-065

中国版本图书馆CIP数据核字（2018）第080995号

版权声明

New Developments in Self Psychology Practice / by Peter Buirski and Amanda Kottler / 9780765704368

Copyright © 2007 by Jason Aronson

Authorized translation from the English language edition published by Jason Aronson, an imprint the Rowman & Littlefield Publishing Group, LLC. All Rights Reserved.

本书原版由Rowman & Littlefield出版集团旗下Jason Aronson出版，并经其授权翻译出版。版权所有，侵权必究。China Light Industry Press Ltd. / Beijing Multi-Million New Era Culture and Media Company, Ltd. is authorized to publish and distribute exclusively the Chinese (Simplified Characters) language edition. This edition is authorized for sale throughout Mainland of China. No part of the publication may be reproduced or distributed by any means, or stored in a database or retrieval system, without the prior written permission of the publisher. 本书中文简体翻译版权由中国轻工业出版社／北京万千新文化传媒有限公司独家出版并限在中国大陆地区销售。未经出版者书面许可，不得以任何方式复制或发行本书的任何部分。

责任编辑：朱胜寒　　　　　责任终审：杜文勇
文字编辑：唐　淼　王雅琦　责任校对：刘志颖
策划编辑：阎　兰　　　　　责任监印：吴维斌

出版发行：中国轻工业出版社（北京鲁谷东街5号，邮编：100040）
印　　刷：三河市鑫金马印装有限公司
经　　销：各地新华书店
版　　次：2024年5月第1版第3次印刷
开　　本：710×1000　1/16　印张：19.25
字　　数：190千字
书　　号：ISBN 978-7-5184-1947-0　定价：72.00元
读者热线：010-65181109
发行电话：010-85119832　010-85119912
网　　址：http://www.chlip.com.cn　http://www.wqedu.com
电子信箱：1012305542@qq.com
版权所有　侵权必究
如发现图书残缺请拨打读者热线联系调换

240406Y2C103ZYW

推 荐 序

科胡特在1977年曾说道,"理想只是指引,它不是神。如果它们被视为神,将会扼杀人类快乐的创造性,并妨碍了人类灵魂中最具有意义且指向未来的活动面向。"并在多处提到他所发展的自体心理学还有许多没有发展到的地方,这些内容有的是他没有涉及的领域,有的是时间不再容许他探索的领域。这留出了许多的空间,虽然自体心理学的发展最终没有如客体关系理论那样百家争鸣,但自体心理学对于多样性非常接纳,并对创造的丰富性一直给予积极鼓励。

科胡特与持不同观点的同事之间的交互故事,也充分展现了科胡特自己赋予了自体心理学这样的精神。巴史克曾经在科胡特处接受督导和训练。在某一段时间,巴史克针对科胡特关于自恋的观点写了一篇评论性的论文,其中有一些观点是批评性的。后来巴史克知道这篇论文也被科胡特看到了,担心这可能会冒犯到科胡特,让科胡特生气。所以在之后与科胡特见面时,巴史克一直有些尴尬和拘谨。科胡特与巴史克开放地交流了观点,并对巴史克说,"我了解你的担忧,同时也知道你希望保持独立思考的动力。我知道你这些批评的背后,其实是真正的保护之心。"听到科胡特这样的反馈后,巴史克终于知道了科胡特的想法,他说:"我感到松了一口气,你理解了我的初衷,我知道你可以理解我,并且一直如此"。

而在科胡特的《自体的分析》(*The Analysis of the Self*)出版前,自体心理学动机系统理论的创立者利希滕贝格当时初出茅庐,他那时给此书写了书评。在利希滕贝格刚写完这篇书评后,科胡特恰好来到了利希滕贝格所在的华盛顿。《费城分析学会公报》的编辑邀请利希滕贝格带着他的书评到科胡特下榻的宾馆与他会面,科胡特欣然接受了利希滕贝格的书评。两周后,利希滕贝格参加科胡特的一个学术派对。在这个派对上,利希滕贝格注意到,科胡特介绍自己的著作时,居然逐一认真回答了自己在书评中提出的每个挑战性的问题。

2018年,自体心理学的发展正如科胡特当年所愿,已经进入了一个超越科胡特的时代。虽然科胡特当年的真知灼见还在继续发挥理论和临床影响,但与此同时,自体心理学已经分支出经典自体心理学派、主体间学派、动机系统学派、具身性方向,等等。史托罗楼等发展的主体间思想、斯特恩等领导的波士顿变化过程小组、依恋理论、儿童心理治疗、家庭治疗、复杂性理论等新发展层出不穷。正如科胡特所预言的,精神分析的发展应该是一个追寻真理和开拓的学科,而不应该是封闭的宗教系统。

《当代自体心理学》(*New Developments in Self Psychology Practice*)是国际自体心理学界2007年编撰的论文集,集中反映了在2007年前后自体心理学中最具前瞻性的观点和取向。在今天看来,当年这些选择的确是十分到位的,复杂性理论、波士顿变化过程小组、依恋理论等,的确已经成为当代自体心理学乃至心理治疗发展的前沿热门。它们帮助我们更好地反思自体心理学及其进展的价值。例如复杂性理论,正在成为越来越多精神分析家、人本主义心理学家所关注的重要思考,它超越了之前曾经具有后现代风格的主体间性思想的挣扎、冲突、发展,并从更多元系统交叉的发展的视角来理解当代自体心理学以及精神分析的复杂性作用的面貌,走向更为成熟的具有包容力而非独断的新现代精神分析思想。

2012年,我注意到《当代自体心理学》一书,于是考虑引进。但因为当时因缘不足,于是到2015年才开始启动,其间多次波折,终于成书,不胜喜也。"初舆,荣荤之华。"(《归藏》)想来这因缘的成熟,也跟国内自体心理学发展渐渐成熟有关。除了学习科胡特的观点,我们也能够了解并学习与科胡特不同的观点。

  《当代自体心理学》的前沿探索是比较广泛的，也可以是松散的。但都传递出其具生命力之处，以及对于当代心理咨询和心理治疗临床上的启发性思考。对精神分析实践者、研究者和心理学爱好者，这是一本十分值得推荐的作品。

徐钧

上海南嘉心理咨询中心

2018年1月10日

感　　谢

我们在此向各位作者深表欣赏和谢意，本书的付梓源于你们的热情参与。本书中大部分作者的论文是首次发表；部分论文以前曾经发表过，但是作者们慷慨地同意与我们分享。每个章节的质量都很高，我们能够从这些有创见的思想者的知识、经验和临床技能中汲取力量。

Peter Buiski向Tracie Kruse致谢，Tracie Kruse是一位和蔼亲切的推动者，有无数种方法让我专注任务并全力以赴。成长于南非的我对南非口音深感亲切，也让我在自体心理学国际会议上更容易接近Amanda和其他来自南非的参与者。从那里开始，我与开普敦精神分析自体心理学团体建立了关系并参与其中。我很感谢这个团体，让我有机会分享观点并且获得他们的友谊。我也想向我的妻子，Cathy Krown Bruirski，表达最深的谢意，她的鼓励、临床智慧和自体客体关系，让我的生活和工作都变得更加丰富而充实。

Amanda Kottler想要感谢她的患者，过去的和现在的，她从他们身上学到了很多，并感谢Mireille Landman长久以来一直在支持着她。感谢所有那些分享她的自体心理学发现以及她对自体心理学的热情的人，特别是Ellen Lewinberg, Doris Brothers, Sally Swartz, Cathy Aaron和Noleen Seris，因为他们很愿意参与讨论当代自体心理学并一起度过富有成果的时光。而且，这些讨论为本书播下种子，感谢富有活力和能量的开普敦精神分析自体心理学团体多年来对这个问题的回答——自体心理学现在在哪里？感谢那些曾尝试回答这个问题的人：Howard Bacal, Martin Gossman, Alan Kindler, Frank Lachman, Joe Lichtenberg, Paul Ornstein, Estelle Shane, Dennis Shelby, Max

Suchorov，Judy Teicholz，Marian Tolpin和Ernest Wolf。感谢Peter，他运作并实现了本书的出版愿望，也把感谢送给Penny Murdock，他支持性地、充满爱意地分担本书付梓前的各种挫败并分享各种欢乐。最后，也谨以本书纪念Ann Levett。

目 录

导言 1

第一部分　理论贡献 / 9

1　精神分析的复杂性：新酒直饮 11
2　依恋理论及研究在自体心理学／主体间临床工作中的应用 37
3　前行：对自体心理学和波士顿变化过程研究小组的反思 69

第二部分　在儿童治疗中的应用 / 91

4　游戏室一瞥：一种与儿童工作的当代自体心理学方法 93
5　女孩、妈妈和分析师：儿童治疗中的自我和交互调节研究 111

第三部分　在不同的治疗方法中的应用 / 129

6　朝向更恰到好处的自体客体环境：
　　应用于家庭治疗的主体间自体心理学方法 131
7　精神分析团体治疗：领导者、个体和过程 161
8　一个激进的自体心理学督导模型 187

第四部分　对治疗过程的贡献 / 205

9　羞耻：秘密的重要诱因 207
10　我们的首次较量：对活现这一精神分析概念的反思 223

11 卡夫卡的窗户和科胡特的镜子：前往创伤世界核心的对话之旅............... 237
12 孪生和"他者"：处理"差异"的自体心理学主体间方法...................... 255
13 自体心理学的关系精神分析：即兴时刻.. 273

论文作者简介... 293

导　言

Peter Buirski 和 Amanda Kottler

我们应该始终对五年前所做的感到些许惭愧。

——McGuire于马林，2004，p. 287

自1971年科胡特（Kohut）里程碑式的《自体的分析》（*The Analysis of the Self*）一书出版，到如今已经有36年时间了*。在此期间，自体心理学界在理论和临床上都经历了重大的发展。我们觉得，是时候将这些发展成果结集成书了。在过去的这些年里，自体心理学，就像科胡特所构想的一样，经历了相当大的演变。实际上，当其他心理理论倾向于停滞并抵制那些超越理论开创者的革新时，科胡特的自体心理学在继续向深度、复杂和丰富的方向发展。自体心理学运动的强大力量之一，就是后继者的开放性，他们推动理论框架发展，容纳、检视和整合新的理解和观点。

有一本书对自体心理学领域的年度会议和发展工作进行了总结。自体心理学运动的进步性、前瞻性特质即可从书名"《自体心理学进展》（*Progress in Self Psychology*）"窥见一斑。回顾戈尔德伯格（Goldberg）为《自体心理学进展》第一卷所写的序言，你会惊奇地发现，其中有他对自体心理学前景的预言。这些预言包括对自体心理学的思考："可能永远不会被邀请进入正

---

* 本书英语原版于2007年首次出版。——译者注

统的精神分析殿堂","没有人会想让一个傲慢的新来者接管",以及自体心理学很可能一直"被贴上侵入者的标签",因为"它不知道它应在的位置"(Goldberg, 1985, p.ix)。在序言中,戈尔德伯格预言了自体心理学三种可能的命运,即,继续以异己者的身份被孤立,逐渐被主流精神分析界同化,或者主宰所有分析流派。

在此后的22年中,尽管有些人可能会想知道科胡特独特的革新性视角是否可能被更广大的关系精神分析界所吸纳,但是很肯定的是,自体心理学不会继续作为异己者而陷于孤立。它也没有被其他精神分析理论同化或者主导其他理论。它所发生的有活力且令人兴奋的演变,已经显著地影响并扩展了精神分析思想的范畴。

自创始以来,自体心理学经历了一些转变,而自体客体关系在发展上的重要性以及主体体验的重要性仍旧是其理论的核心。在这个过程中,戈尔德伯格(1985)的观点"让入侵者陷入困境改变了被入侵者"(p.ix)已经证明是机敏的且有预见性的。自体心理学的确已经极大地改变了"被入侵者"。

在这些改变的过程中并非毫无争论。在1995年,戈尔德伯格做出预言10年之后,第18届自体心理学年度大会被命名为"自体心理学的逆流",标志这个领域内就多个焦点问题出现紧张关系,现在这些焦点问题构成了我们广泛称之为的当代自体心理学。1996年的第19届大会被命名为"临床过程的重新概念化(Reconceptualizing the Clinical Exchange)",第4小组试图直接处理这些紧张关系。这个小组由Alan Kindler主持,主题是"整合:有可能吗?值得吗?"小组成员有:保罗·奥恩斯坦(Paul Ornstein)——"经典"视角;鲍勃·史托罗楼(B)——主体间系统视角;以及乔·利希滕贝格(Joe Lichtenberg)——在他的理论视角的基础上,他与弗兰克·拉赫曼(Frank Lachman)以及吉姆·福斯吉(Jim Fossaghe)一起发展出动机系统理论。

1997年,在芝加哥举行的第20届年会上最后一个小组讨论中,Alan Kindler提交的案例引发了一场热烈的讨论,多数票投给了新的理论和临床视角。Kindler（1997）在报告中称，James Fisch，大会主持人"提出以一个大厦的隐喻来开始会议议程"。他坚持认为，三位商讨者（福斯吉，奥恩斯坦和史托罗楼）"有许多共同之处……必须和谐相处……[并且]分享共同的玩具"。他补充说，"没有必要争斗"（p.1）。在接受了自体心理学大厦这个观点之后，开始了一场关于谁会占领正厅以及实际上需要多少侧厅的激烈讨论。其时，居住者：（1）经典/传统派（奥恩斯坦）；（2）主体间性（史托罗楼）；（3）动机理论（利希滕贝格）。奥恩斯坦向另两个居住者挑战，要求他们分别表明"能在不依靠自体客体移情概念的情形下，提供一个更丰富的分析体验"（Kindler，1997，p.2）。他补充说，如果他来掌管这个大厦，他会想待在正厅，备好"足够的隔音材料"，因为他觉得邻居们太吵闹。他还补充说，先发制人地制止转变显然已经在这个领域中发生过，他与"'依恋需要（attachment needs）'相当平淡无奇、泛泛而谈的观点"发生过斗争（Kindler，1997，p.1）。史托罗楼提请大家关注他描述的"多维度视角（主体间理论）对比单维度（自体客体理论）视角"（Kindler，1997，p.2），并且于会上说："主体间性和动机系统理论比自体客体理论居于更高的抽象层面"（Kindler，1997，p.2）。在讨论中，尽管托宾（Tolpin）尚在发展其前缘思想，但是她依旧宣称，"绝不会跟任何一个讨论小组成员住在一起，她想要一栋只有她自己住的大房子"（Kindler，1997，p.2）。

1998年于圣地亚哥举行的下一届（第21届）会议被命名为"自体心理学：整合与发展"，大厦被扩建了。同样的3个居住者占据着原来的侧厅，还是同样的理论，但是有更多的居住者搬进来了。现在，入住侧厅的新来者有：恰到好处的回应（optimal responsiveness）派[即现在的特异性理论（specificity theory）]，由霍华德·巴克沃（Howard Bacal）提出；以及动力学双向系统（dynamic dyadic systems）方法，由Morton Shane和Estelle Shane提出。

直至本书出版，自体心理学大厦已能容纳许多不同的视角，如同年度大会所喜闻乐见的多重理论之声。在这些新的声音当中，有关系自体心理学（relational self psychology）、非线性动机系统/复杂性理论/混沌理论（nolinear dynamic systems/complexity/chaos）、进化论/生物学（evolutionary/biology）、发展系统理论（developmental systems theory）、依恋理论（attachment theory）以及波士顿变化过程研究小组（Boston Change Process Study Group）的观点，还有来自认知神经科学的贡献。如同Coburn（2006）所观察到的，"当代自体心理学（contemporary self psychology），作为一个观察视角，越来越分布于众多创造性、创新性的观点之中……就此而言，它无法被确切地定位在某处。这是良好的进展"（p.3）。在自体心理学大厦多元声音中最重要的一个，是年度系列书《自体心理学进展》（*Progress in Self Psychology*）转为学术季刊《国际精神分析自体心理学杂志》（*International Journal of psychoanalytic Self Psychology*）。就如期刊编辑，Coburn（2006）为新刊所写的导言中所表述的一样：

> 可能我们从后现代当中所领会到的就是放弃一种宏大叙事，赞同一种认知——我们每个人的声音在某种程度上确实是有价值的，不是说绝对正确，而是有助于形成之后的学术理论。我们的学术领域已经更少"急躁的对于事实和理由的趋近"（Keats, 1817, p.492）和掌握一种宏大叙事，而更像是参与到一种充满活力的对话中。我认为那是自体心理学的进展。（p.2）

本书注重于听取在日益扩展的自体心理学枝蔓所发出的多元声音。基于此，我们把本书分为四个部分，每个部分都使用了许多曾用于这栋"大厦""旧厅"中的陈设，而且增添了广阔的自体心理学领域中近期的发展。

第一部分是关于当代自体心理学领域最新理论贡献的吸收同化。这部分收入了William Coburn就复杂性理论所写的一篇综合性论文。根据Coburn所说，精神分析的复杂性着重于人类体验的复杂性，强调了建构情绪体验时情境的作用，并通过聚焦于情绪体验的模式化，为人类发展提供了崭新的视角。Shelly Dotors着眼于成人、青少年和伴侣的工作，利用依恋理论的研究和洞见来充实自体心理学的理论和临床实践，为本书贡献了内容丰富的一章。第一部分的最后一章来自Dorienne Sorter和Jaqueline Gotthold，内容是关于"内隐关系知晓（implicit relational knowing）"概念及其对临床理解和实践的贡献。他们就与儿童和成人工作的分析师如何从一种自体心理学框架出发，来整合波士顿变化过程研究小组的认识和见解，并提出了重要的思想。这些贡献正在融入自体心理学辞典，并丰富自体心理学"大厦"的众多"侧厅"。

第二部分是关于当代自体心理学思想在儿童治疗方面的应用。在自体心理学文献中，与儿童的工作迄今尚未取得与成人的工作同样的关注，这部分中有两章填补了这方面的空白。Rosalind Kindler做了很多工作来改变这种对自体心理学视角下儿童工作的忽视状态。她在文中提供了丰富的临床案例，说明了与儿童工作中自体心理学取向的治疗效果。在这一章里，Amy Joelson将自体和交互调节（self and interactive regulation）的概念应用于儿童治疗，这个概念来自婴儿研究但更常被应用于成人治疗（Beebe & Lachmann, 2002）。在一个特别有趣的案例报告中，Joelson描述了她是如何与来访者母女进行调节过程的检验的。

第三部分检验了当代自体心理学思想在各种治疗方法中的应用，而这部分往往较少文献涉及。Carla Leone就当代自体心理学和主体间系统思想在家庭治疗中的应用写了一篇全面的论文。面对多主体一起相互作用所提出的挑战，她的革命性工作贡献了新的认识和见解。同样地，Arthur Gray将当代自体心理学方法用于团体治疗——另一个没有被文献所涉及的主题。与家庭工作类似，团体中多主体地相互作用对团体治疗师及其理论提出了挑战。Judith Teicholz讨论了督导过程中的自体心理学方法这个主题。她将自己的方法标注为"激进的/彻底的"，因为她的督导模式与自体心理学治疗非常类似，在其中，被督导者的主观体验被视为过程的核心。第三部分中的每一章都提供了丰富而生动的临床材料。

最后部分收录了当代自体心理学对于进行中的治疗过程的贡献。科胡特，还有Morrison及其他人，都曾就羞愧感写过大量文章。在这个部分中，Andrew Morrison详述了自己从自体心理学角度对羞愧感在诱导秘密（instigating secrets）中的作用的理解。他饶有趣味地引用菲利普·罗斯（Philip Roth）的小说《人性污点》（*The Human Stain*）中的角色来生动说明自己的观点。Ellen Shumsky和Donna Orange的主题是活现（enactment），就这个概念的效用及其在治疗中的应用提出了重要的问题。Max Sucharov以对话的方式来检视创伤体验，留在创伤体验中的幸存者被冻结在一个非对话空间，没有能力生成意义。参照卡夫卡（Kafka）和科胡特的著作，Sucharov使读者关注到分析师作为一个对话的他者角色，努力帮助幸存者理解存在于通常话语范围之外的一个世界。Amanda Kottler利用后现代观点和科胡特未发展的双生概念，去考察治疗性二人关系和治疗社区（therapeutic community）两者之间差异的主题。最后，Philip Ringstrom将即兴表演的概念引入了治疗过程。即兴表演是自发的、非计划的、好玩的且撩拨人的，能使治疗过程向多元的新的可能开放。

本书中的章节充满着临床智慧和理论洞见。我们希望，你能够如Alan Kindler在1996年那样，"自如地穿梭于'自体心理学'大厦，拜访每一个居住者，尝试他们的理论是否舒适合宜"（Kindler，1997，p.1）。希望阅读本书的过程，会使你产生共鸣，开卷有益。

参 考 文 献

Beebe, B., & Lachmann, F. (2002). *Infant research and adult treatment: Co-constructing interactions*. Hillsdale, NJ: Analytic Press.

Coburn, W. (2006). Introduction: self psychology after Kohut—One theory or too many? *International Journal of Psychoanalytic Self Psychology, 1*, 1-4.

Goldberg, A. (1985). Preface. *Progress in self psychology: Volume 1*. Hillsdale, NJ: Analytic Press.

Kindler, R. (1997). A biased view: Report on the final panel of the twentieth self psychology conference.

Kohut, H. (1971). *Analysis of the self*. New York: International Universities Press.

Malin, A. (2004). Personal reflections: Fifty years of psychoanalysis. *Progress in self psychology: Transformations in self psychology, vol. 20*. Hillsdale, NJ: Analytic Press.

第一部分
理论贡献

1 精神分析的复杂性：新酒直饮[1]

William I. Coburn[2]

> 诸事之初（今已大成之事亦是如此）皆渺小微弱，无人敢信其终有燎原之势。
>
> ——Matteo Ricci et al.（1622）

> 从未停息的是，哲人们发现他们自己有责任再次审视、再次定义最有根有据的概念，创造新的概念，使用新的语词命名，进行一次真正的改革……
>
> ——Merleau-Ponty（1968）

> 当你存在于世界上，生活是如此地美妙绝伦。
>
> ——Bernie Taupin（1969）

试戴一副新眼镜，刚开始常常会令你感到有些不安。世界看起来太污迹斑斑、太明亮清晰、太扭曲变形或者可能太令人害怕。对于我们许多人来说，在临床上或者其他方面尝试复杂性理论透镜（complexity theory lens）时也不例外。于我而言，它一直让人兴奋、转换思维，有时令我费解、烦恼不安。但是总而言之，我发现这个迅速发展的视角在临床上非常有用，尤其是应用到精神分析心理治疗时，极度挑战我们惯常和熟稔的概念，例如发展（development）、移情（transference）、反移情（countertransference）、防御（defense）、创伤（trauma）和治疗行为（therapy action）。我将在本章分享对于我们的领域而言相对比较新的一个视角，这个视角涉及多个方面而且有时会不严谨地被称作非线性动力系统理论（nonlinear dynamic systems theory）、突变理论（catastrophe theory）、混沌理论（chaos theory）、复杂适应系统（complex adaptive system）、自组织系统（self-organized systems），等等[3]。我更喜欢**复杂性理论**（complexity theory）这个命名，因为这听上去更显而易见。有时，我认为它是**惑论**（perplexity theory）。本章亦指出，我从这样一个广罗万象的框架中得出的特定推论和优势，仅在单个章节内充分阐述是不可能的，即使是用一本书的篇幅也勉为其难。

本章无意把读者推入复杂性理论翻腾搅动的复杂性水域之中，尽管它可以被分子生物学家或天体物理学家理解，而是意欲邀请心理治疗师和精神分析家们更加认真地考虑多学科感受力（multidisciplinary sensibility）所具有的丰富性和效用，这已经彻底改变关于情绪生活的涌现（emergency）和转换（transformation）的各种假设[4]。我相信精神分析复杂性感受力（psychoanalytic complexity sensibility）的治疗优势，根本上当然不是体现在技术方案或者是发展性期望（developmental expectations）方面，而是表现在治疗师对于患者和治疗关系的基本态度和预先假设。希望本章能够阐明部分态度以及它们如何决定了治疗结果。

精神分析复杂性为我们带来更加丰富的体验世界和意义的范式，借此我们能够向人类体验（human experiencing）的复杂性致以深深的敬意。其次，它帮助我们更加深刻地理解到情绪体验以及我们对其赋予的意义的高度情境化本质。最后，它彻底改变关于人类发展、所谓的精神病理和改变过程的概念。在很多方面，它是各种精神分析范式合乎逻辑的延伸，并且是可论证的概念超结构（conceptual suprastructure），例如主体间系统理论（Stolorow, Atwood & Orange, 2002）、特异性理论（Bacal, 2006）和其他更加激进的情境化观点——在理解体验和意义以及情绪发展的不可预测性和流动性方面,这些理论集中于理解情境所扮演的角色和作用。而且,并不令人吃惊的是,复杂性理论直接反对当今心理治疗和精神分析中许多更加传统的方法所凭借的哲学和实践假设⁵。它已经逐渐地渗入许多我们更熟悉的范式,包括自体心理学(self psychology)。它的后现代哲学意义深远地改变了我们已然习以为常的世界观,总是挑战我们根本的或者说感到更舒适的假设:关于真理、现实、治疗关系,以及更加广泛地、关于情绪体验的起源和情绪的意义。精神分析复杂性关注情绪体验从多组件的自组织和合作中的涌现(emergence)和模式化(patterning),关注带来适应性变化的必备条件,关注对明显的随机性赋以意义的过程。生物物理学领域的Henri Atlan(1984)评论:"如果随机可以有意义,它就是一种秩序;从随机中生成意义的任务就是自组织的全部意义"(p.110)。

范式的理论偏好和不可通约性

在详细探讨复杂性理论究竟是什么以及它的理论价值和临床价值之前,我想简要讨论有关理论偏好(theory preference)的议题和有关范式(paradigms)的不可通约性(incommensurability)的问题(Kuhn, 1962)。新的思想即将浮现之时,常常(尽管并非总是)都使用一种恭敬的言辞表达。我们能看到这一点——当海因兹·科胡特开启精神分析奥德赛式的艰难历程时,这段历程成就了自体心理学。他1959年影响深远的论著,不仅反映了他变革性思想(包括共情、生活体验的首要性以及观察模式和理论之间的关系)的起源,也表达了对西格蒙德·弗洛伊德工作成就的深深敬意并且附带限定词——科胡特和同事们所说并无新意。他后来对此评论,"往旧瓶里"倒"新酒"(1984, p.114),他重新定义了种种经典精神分析概念(例如,防御和阻抗)的含义(meanings)和意涵(implications),却维持熟悉的精神分析术语。通过引用互补性原则［引自Bohr和Mottelson（1957）］（并延展其意义），他指出，他和**缺席的**导师（弗洛伊德）之间的观点，在根本上是相容的——对科胡特而言，这意味着截然不同的思想以一种有效的方式能够彼此共存、互相补足。

直到科胡特事业后期，也就是20世纪70年代后期，他宣称关于自体的心理学是**更本质、更根本**的纯粹的科学心理学，科胡特才因此更加明确地与上述观点拉开距离。自体心理学能够解释更加宽广的人类体验范围及其发展变迁。弗洛伊德的理论越来越被融入这个新的视角，或者实际上，它完全被反对和拒绝。其中的一个例子就是科胡特不断发展他对俄狄浦斯期体验及其变迁的理解。陈述以上这些是为了强调：我们可能期望将复杂性理论范式整合到更加熟悉的思想里或者与之综合，实际上最终的结果却是其与传统观点的不可通约，后者固守于真理和现实（包括心理现实）的客观性、实证性假设。

科胡特和同事（1984）主张，"那么，消除［精神分析］术语，只有在它们导致实际的概念性错误的长期存在时，才是必要的"（p.115）。精神分析复杂性并不赞同消除自体心理学的术语或通行的精神分析术语，而最为重要的是，要习惯坚持在这两种术语之间做出区分：一种是指有活力的、主体性的体验；一种是理论解释。这种区分避免了同时使用体验性的语言（现象）和理论语言（解释）所导致的混乱。"自体（self）"这个术语就是一个鲜明的范例：通过精神分析复杂性理论透镜，它显示的是**体验的维度**（a dimension of experience），**不是**对这个体验的理论解释。这个观点与主体间系统理论一致。

精神分析复杂性确实喜欢炫耀不同寻常的、令人印象深刻的一长串术语，这些术语是为了进行理论解释，而不是进行现象学描述。例如，复杂系统（complex system）这个术语，不是指一个人**感觉**（feel）到复杂或者混乱，不是指**体验**（experience）到世界是混乱的，尽管我们有时确实会这样感觉、这样体验。确切地说，复杂系统这个术语是指受到多个原则的松散性地控制，这些原则包括自体-组织（self-organization）原则、非线性（nonlinearity）原则、涌现（emergence）原则、不可预测（unpredictability）原则和转换（transformation）原则。精神分析复杂性，没有描述或规定自体和他者应该如何**感觉**（feel），而是致力于理解并解释我们体验的涌现和变迁以及我们对它们所赋予的意义。所以，精神分析复杂性并非预示了消除我们熟悉的语言和术语；更确切地说，它有助于确定某个特定的术语（例如，自体客体），是**体验维度**（dimension of experience）还是**理论建构**（theoretical construct）；更加详细地说明我们选择使用的术语的意义，这是它认为很有必要的工作。

我们可以不再认为我们的世界，包括我们的体验世界（experiential world），容纳的是彼此分离的、互不相干的部分。不仅仅是整体大于部分之和，而且这些部分——**所有**的部分，**没有例外**——密切交织并持续地嵌入在一个更大的背景里，尽管某些系统理论家们不会这么说。精神分析复杂性和我们通常的假设在根本上是全面矛盾的，我们通常的假设是：自体和他者的分离、个体心灵的独特性、真理的稳定和静态性、人类情感发展的渐成说（epigenetic）和目的论（teleological），宇宙本质是基于规则（rule-based）和基于设计（design-based）的，等等。

精神分析复杂性和对个体体验的责任

复杂性理论一直是多学科和跨学科的。没有人发明这个理论。它的基本理念之一即自组织，自组织体现在复杂性理论的本质中——它是如何发展而来，并继续被那些高度创新的思想家所详细阐释，这些创新思想家来自不同的学科领域，仅举数例：数学（Poincare, et al., 1900；Thom, 1974）、物理学（Bak, 1996）、生物学（Waddington, 1966；Kauffman, 1995）和气象学（Lorenz, 1993）。在心理学、心理治疗和精神分析领域，越来越多的理论家发现复杂性理论的魅力和有效性（Galatzer-Levy，1978；Sashin and Callahan，1990；Moran，1991；Spruiell，1993；Thelen & Smith，1994；Stolorow，1997；Shane，Shane，& Gales，1997；Palombo，1999；Miller，1999；Lichtenberg，Lachmann，& Fosshage，1992；Varela，Thompson，& Rosch，1991；Scharff，2000；Magid，2001；Bacal and Herzog，2003；Ghent，2002；Harris，2005；Shane & Coburn，2002；Seligman，2005；Thelen，2005；Weisel-Barth，2006；Pickles，2006；Steinberg，2002；Orange，2006；DuBois，2005），每一个人看起来都有涉足。引述Kauffman（1995）之言，它就是它自己最简短的描述。它不能被简约至比它表面状况更简单。而且能确定的是，它的表面状况并不简单，而必定是优雅的、刺激的和不安的。

而且体验世界（experiential worlds）就是这样的一个例子；它们就是它们自己最简短的描述并且不可被持续简约（irreducible）。它们不可简约为自体和客体表征，或者自体客体体验。实际上，复杂性理论避开了内在心理表征（intrapsychic representation）的概念（不要和有意识地以符号进行表征的行为相混淆）[6]，也避免源自内部心理空间（这个空间关注对**外部客观世界**的各种表征进行管理）的情绪体验和意义的概念。奥林奇（Orange，2001）从主体间系统的视角对此做出重要区分。她描述笛卡尔（和最终地，临床的）关于情绪体验的潜在来源的假设，表明要么存在于个体心灵内部，因而受个体主观性的扭曲作用，要么存在于外部真实世界，是真理和现实最终的真正仲裁者。她恰如其分地评论道，"这种二分法（dichotomy）在临床工作中是非常危险的。患者和分析师可能变得持续沉溺于竭力确定一个特定的现实存在于哪里，是内部还是外部，或者哪里要为一个反应、一个生活模式或者某些人际灾难负责"（p. 291）。与其说是体验"外部世界"、接着"内化（internalizing）"它，"表征（representing）"它，并且为了将来的适应性使用而以某种方式安排它，不如把情绪体验来源描述为**遍**及许多关系系统更加有用。从这层意义上来说，在**解释**的意义层面，没有人创作或者拥有他们自己的情绪体验。从现象学（phenomenological）的意义上来说——也就是，我们实际上如何体验事物——可能我们感觉我们就是我们体验世界的创作者和所有者，尽管未必是（参考 Atwood, Orange & Stolorow, 2002）。引述 Merleau-Ponty（1968）的话，我们不再说，这是我的和这是你的。

　　进一步扩展奥林奇的视角，精神分析复杂性的优势（advantage），是它不仅在尝试解释情绪体验的来源及其相应的意义的过程中消除内在/外部的二分，而且消除了这样的假设：这类体验和意义只能被唯一地归因于个人历史背景，归因于个体当前的（**内在**）精神状态，或者归因于个体此刻的（**外部**世界）环境。这种伪三分性（false trifurcation）是另一个临床陷阱，我们深陷其中去寻求个体体验的"真正的和真实的"来源（例如，哪一个导致了你的体验？是你的过去还是你的现在，是我还是你？），走出这个陷阱的方式就是能够意识到，个体体验世界的来源在任何一个时刻都不能被归入这三个中的任何一个，更进一步，我们在任何一个时刻都不能在任意三点之间（例如，一点是你的过去，一点是你的现在，还有一点是你所处的环境，等等）画一条真正的直线（进行**解释**）。从精神分析复杂性视角来看，这样做类似于用一只鸟解释整个鸟群的飞行轨迹（flight trajectory）。三者之间划定界限（demarcation）等同于声称，任意时刻、同时知道亚原子粒子（subatomic particle）的位置和动量[7]。使用这种解释性假设具有深远的临床意涵，我接下来将涉及这个内容。

复杂性和复杂适应系统

复杂性理论和复杂性概念,可以从各种角度加以描述,可以以不同方式进行讨论。确实,在应用于心理治疗和精神分析的过程中,每个论著于此的作者突显了这个思想的某个或某几个特定的面向。有些是突显初始条件的重要性,有些突显自组织的特性,有些关注自我临界性(self-criticality)[或者是一个特定的系统倾向于在临界点(tipping point)左右徘徊],还有些强调系统的动力性(dynamism)、流动性和不可预测性,其他人强调扰动(perturbation)在改变系统轨迹中的作用,还有人是强调涌现的特征和非线性系统的规则驱动(rule-driven)或设计驱动(design-driven)的观点。这个理论还有许多其他的描述性面向,理论者们可视其为有用的隐喻,以便理解人类体验和治疗行为。

简要地,让我们一起看看**复杂适应系统**(complex adaptive systems)的特性,典型的**复杂性**常与之密切相关。我在前面描述了这样的系统所具有的基本特征(2002)。复杂系统包括大量的元素(elements);这是一个复杂系统的必要非充分条件。这些元素必然以动力学形式交互作用;这个交互作用(interaction)并不必然是物质的,常常只涉及从一个组元(component)向另一个组元的信息转移。这必然是**富**(rich)交互作用,也就是这个系统的任何一个成分都影响其他众多成分,同时也受到其他众多成分的影响。交互作用是**非线性的**(nonlinear):"非线性……让小因大果成为可能,反之亦然"(p.4)。非线性交互作用的影响范围常常很小。例如,一个人能立刻影响到物理位置紧邻的另一人;一个神经元仅仅直接地即刻影响相邻的神经元。但是这样的相互作用的影响范围也可以很广泛,影响到位于远端的组元。更进一步地,**循环性**(recurrency)是一个复杂系统中的所有元素的共性,也就是,"任何活动的结果都能返回它自身,有时直接地,有时是在数个干预阶段之后"（p.4）。

就Thelen和Smith（1994）所描述的意义而言，复杂系统是**开放的**（open）；这就意味着复杂系统与系统环境能够交互影响。正如Gilliers（1998）所述，"与其说系统的范围是［复杂］系统本身的特征，不如说系统范围通常是由系统**描述**（description）的目的决定，因而常常受到观察者的位置影响"（p.4）。**框架化**（Framing）是一种定义特定系统的方式，可将其定义为系统（system）、子系统（subsystem）或者超系统（suprasystem）；任何一个元素都可能被看作是一个独立的系统，就如任何一个系统都可以被理解为一个元素，这取决于观察者的视角。封闭系统无须进行框架化，它已经被它的边界所"框定（framed）"或具体限定。如之前所提及，复杂开放系统在偏离平衡态的条件下运作；人类生活环境中，"平衡是死亡的别称（p.4）。"而且，复杂系统有一个历史：Cilliers（1998）论述，"它们不仅在时间上向前演进发展，而且它们的过去对它们当前行为负有共同责任"（p.4）。例如，这揭示了朴素的建构主义者（naive constructivist）或者"此时此刻"视角的局限性，它们认为，两人之间产生的心理现象是在那一刻"被建构的"，与双方的关系历史无关并且与此多多少少有些隔绝。

最后，复杂系统的本质（nature），"系统中的每个元素并不知道整体系统的行为方式，它仅仅对它在本地可获得的信息进行回应……如果每个元素"已经知道（knew）"整体系统正在发生什么，复杂性的全部将不得不在**那个元素那里**存在"（Cilliers，1998，p.4-5）。Cilliers认为，每个元素"知道（knowing）"系统全部成分（constitutes）的状态"在物理上不可能（physical impossibility）"，或者跳入形而上学的描述中（Coburn，2002）[8]。

粗略地介绍了一下复杂适应系统，让我们转向复杂性概念。复杂性的定义方式多种多样，其中有两个特别令我感兴趣。一般来说，它是指以某种方式（一个系统）彼此关联的成分的集合所具有的属性或特征（例如，生物细胞、民众、政府）。它假设这样的系统——**开放**的系统——能够：（1）吸收和使用能量流；（2）自催化行为［自我生成（self-generative）和自我转化（self-transformative）］；（3）适应环境以确保生存和增加效能。开放系统有很多其他的特征（如之前讨论），但是考虑这些基本要素，（表明）复杂性指的是一个开放系统的相对状态，这样，它就或多或少准备并且能够改变。这就是复杂性理论家提及"稳定在混沌边缘（posed on the edge of chaos）""自我临界性（self-criticality）"和"临界点（the tipping point）"时所表达的含义。所以复杂性可以被理解为系统的一种状态，系统内一方面有足够的流动性和随机性（或"混沌性"）以便能够创新、新奇和变化，另一方面也有足够的次序和清晰的结构使得发生的那些变化得以维持和持续。按照这种方式进行理解，一个系统**越复杂**就越集中地稳定在这个连续谱的两端（次序和混沌）之间。越少复杂的系统，可能就太过有序，转换就相当地缓慢，并且/或者是可以忽略的；或者它可能表现得太过随机，这样变化就非常迅速、疯狂，并且/或者是不可持续的。这是一种讨论复杂性的方式。

也请记住，当我们在心理治疗和精神分析的背景下谈及人和复杂系统，很容易不知不觉地想到把单个的人（individual person）设想为探索中**这个**复杂系统并且作为我们致力于改变的目标。是的，一个个体可以被设想为一个复杂系统，但处于动力性、情境性的人类关系世界，在这个世界中每个个体都可以理解为更大的复杂适应性系统中协同适应、交互组织的组元（components），关键是我们**至少**把为治疗二元关系（therapeutic dyad）看作探索中的这个系统。之前我评论道，"一个人自己不会改变，系统会改变——并且是在多个层面上……显然，改变是反复发生的或者**遍及**所有系统及各个成分，正如那些成分**支持**首先发生的改变或者是改变的**原因**"（2002）。这仅是一个初步的概要性观点，考虑到属于一个特定二元关系的每个个体，又可枚举其他的关系连接，过去的、当前的和将来的，这些大量的互相连通的体验世界，如此之多以至于我们永远不能知道所有，而它们就是个体情绪体验涌现的最后的原因。Martin Buber说没有汝（Thou），就没有我（I），进一步扩展，我们可以说没有更大的关系系统，就没有自体。

复杂性的第二个定义尤其吸引我，即**不可压缩性**（incompressibility），这个术语来自数学和信息论（参考Chaitin，1990）。数学家和信息理论家感兴趣的常常是一系列数字、概念或过程能够被简约或**压缩**的程度，以易于表征化。这可以通过算法实现，利用"算法压缩（algorithmic compression）"（Taylor，2001）、一系列逻辑语句（例如，计算机编程）旨在使用比事物本来占据的更小空间来描述（而且可能是给出方向）。举个具体的例子，100个数字8，写成800这样的三位数就很方便。这比写100个8容易多了。高程度的压缩意味着低程度的复杂性，反之亦然。一串随机选择的数字有非常高程度的不可压缩性；它不能被简约成一个算法语句（例如"数字8乘以数字100"），这个语句比这串数字简短得多。实际上，如果我们以**表征**（representing）某物的方式思考，我们可以说它（一串随机选择数）就是它自身最短描述，它只能**自己表征**自己。并且人类、体验世界和相应发展的情绪内涵，也是如此。扩展复杂性的这个定义（也就是，不可压缩性）至人类体验和意义-制作过程，对于我们如何理解人（以及治疗，在这个术语的两种意义上）就具有非常丰富的意涵。按照这个观点，并且假设我们人类（human beings）构成各个复杂系统，我们就能够不再把我们的体验世界理解成可压缩的或者**可表征的**，例如，理解为驱力或者驱力衍生物、一组客体关系、神经生物学联结结构、有缺失的自体结构或者任何其他有关人的缩略形式。[把诊断分类法看作是一种实质性的（substantial）或有意义的方法的观点，复杂性系统感受性（complexity system sensibility）对此深恶痛绝]。弗洛伊德学派把个体简约为他的俄狄浦斯情结的各种变迁，就是可压缩性的讽刺性例子。

但是我们本身就是一个复杂适应系统，其中的每一个人（和我们是所在的更大系统的一部分）都能够识别、压缩和储存关于情绪体验的重要信息（复杂适应系统的标志之一，区别于海浪或天气模型）。对于这种情绪知识的压缩，我们可以隐喻性地设想为Stern等（1998）和其他人所指的"内隐关系知晓（implicit relational knowing）"，但是要记住，这类知晓当然不是起源于一个关系真空，也同样地从来不会单独出现。内隐关系知晓总是过去、现在和想象未来与他人关系的产物和特性（Loewald，1972；Stern，2004），而且能够被理解为遍布在更大的、互相渗透的各个关系系统中。在这个意义上，关系期望是"被压缩的（compressed）"，对此可以隐喻性地表达为，类似于各种关系**可能性**得以**完成**，并作为环境的产物和资产而进入生活。在这里，关系环境（例如，分析师）的面向不能被简单地理解为个体-心智模板的破坏分子（provocateur），而是作为系统的一个成分，它**实现**了一种可能性[9]。有时颇为痛苦（sometimes-excruciating）地重复关系期望和模式时，你不能坚持单独的个体需要为这些承担责任，这些是在一个二元关系情境中涌现的。

体验世界有着很高程度的复杂性或者不可压缩性，不是因为它们完全是随机或者混沌的——那就表明无法识别其形状、感受或者意涵——而是随着分析和治疗过程本身慢慢展开感受体验，借助这个媒介，在这个意义上来说，体验世界能够有可能被表征或被证实。换而言之，我们也许会说，通过在治疗关系的情境里逐渐地展开和探索，体验世界也许能以算法"描述"（algorithmically "described"）。它们不能以一个声明或者一幅图画的方式进行截取，必须理解为不断展开、涌现和持续展现的景色，这个景色一直持续不断地被个体的历史、当前状态和环境所塑造——如我之前所陈述，三者之间的分割线总是模糊不定的。在这个意义上，我们活现的生活，慢慢地就成为它们自己最简短的描述。治疗行为部分地是源于对这个假设明确清晰的理解。这与奥林奇引用谬误论概念（1995）一致，对于我，这不仅强调有必要淡然处之地持有我们的理论，而且淡然处之地坚持**真理和真实**的涌现和累积，日复一日、年复一年地在分析二元关系将两者相联合。因此，随着体验世界的涌现，体验世界也在变化，并且在变化时又有新的涌现。正如复杂性理论家常言，"游戏的结果改变游戏的规则。"

复杂性和临床工作

精神分析关系带来人类体验和关系的转变是不可预期、出其不意、有时还是令人震惊的，与之相比，复杂性的工作也许就没那么显而易见。杰克的案例就是如此，他一直痛苦地挣扎于自尊枯竭、社交退缩和孤立中。在很小的时候，母亲把他遗忘在户外的婴儿床里，自己在屋里享受着麻将和马丁尼酒，等她意识到她的疏忽并把他找回来时，科罗拉多山脉的暴风雨已经把他完全淋透了。他要么是被轻易遗忘的，要么是滑稽可笑的。一周3次的分析进行了两年半时，有什么就像闪电霹雳般击中了我们两个，虽然我认为我比他更震惊。杰克，45岁，进入治疗前已经离婚一段时间，一直在考虑网络约会和未来关系（或者缺乏这些关系）的可能性。尽管他非常渴望亲近和亲密，但是他知道他未来的女性伴侣很快就会发现或是看清楚他的嘴脸、他真正的野兽般的本性。他认为自己就像弗兰肯斯坦*创造的怪物。当然，他的这些关联，让我想起玛丽·雪莱（Mary Shelley）小说中非常优美地刻画的怪物的孤独、隔离、暴怒、自我憎恨和渴望，当我做出这样的关联，他偶尔会从原本抑郁低沉的情绪状态中活跃振作起来，那种抑郁低沉的情绪状态常常让我们双方都处于一种感觉命运凄惨的氛围中。是的，他说，那就是当我向一位女性表现我看起来是怎样的时候，她对我的体验。尽管我断断续续地诠释，也许他对自己的某些感觉（像个怪物，不可接近，令人厌恶的）已经渗入并扭曲他对自己外形的体验，但是他无法撤回对此的深信不疑。透过他的双眼，他确实看起来像个怪物，虽然没有可怕到让人尖叫地跑开，但足够让人害怕，他要么是粗野和讨厌的，或者好一点儿的就是在他人的眼里和心里很快就被忘记。他很少照镜子。照相通常是不可能的。

---

* 弗兰肯斯坦是玛丽·雪莱创作的长篇科幻小说《弗兰肯斯坦》中的人物，是一个疯狂的科学家。后来用以指代"顽固的人"或"人形怪物"。——译者注

当他最终壮着胆子请一位略懂摄影的同事为他照相时,他的这些自体体验维度变得激烈起来。他的网络约会进入僵局,他发现他确实需要公布一张照片——考虑到他野兽般的本性,可预见有些事情是他讨厌去做的。在焦虑地等待数码照片的过程中,他备受折磨。毫不意外地,杰克立刻讨厌上这些照片,而我默默地猜测那是他约会的终结,没有什么比痛苦的情绪化信念被证实更让人难受。然而,所涌现的让我们都非常吃惊,他惊叹地认为他的照片应该拍得更好一些,而且实际上他冲出去购买了一部相机,自己拍照并且立刻张贴在他的约会网站上,所有这些都在一天之内完成!他对自己的成就、对自己照片中的形象感到相当自豪。两年半以来,我一直在应对的怪物去哪里了?

对于此处所涌现的,可能有多种推断和理解方式,但是无疑,容易被忘记的(虽然现在令人难忘)杰克和他时不时的悲观厌世以及沮丧的分析师,已经在他们的联合体验世界中经历了一个转换。这就是BZ化学反应(Belousov-Zhabotinsky reaction)的治疗等价物——在一个原本清澈、稳定和可预测的化学溶液中,突然并且不可以预测地涌现出显著的、可辨别的模式和颜色——可预测性和线性崩溃地出现,揭示了柔性—组合吸引子状态(soft-assembled attractor state)的实际流动性和不可预测性[10]。这也是复杂适应系统的**自催化行为**(autocatalytic behaviour)令人印象深刻的一个例子,因为杰克、我和杰克生活中各种其他必要的人(过去、现在和想象的未来)所组成的关系系统本身,以一种自组织(self-organized)的方式成为自己的改变动因(agent of change)。在这个意义上,考虑到众多变量在起作用,我们不可能准确地指出那个动因是什么。在分子生物学领域(molecular biology),我们也许能够通过回溯来识别导致细胞结构转换的特定催化剂,但是一旦考虑情绪体验介质,就没那么容易了。

这个特别富有启发性的实例发生在治疗早期。在这之前我体验到的杰克,情感受限、高度谨慎并且下意识地有条理地选择他的措辞:他正在对着观众表演，只要他显露出丝毫的情绪生活或创造性的痕迹，这个观众就会严惩他。他早已有所准备，一个完整的、预先设计的卡片索引，以帮助他回应任何目的在于鼓励反思或试验的问题。我是无情的面试官，他最好给出正确答案，否则我会忘了他或者发现他很怪异：询问越模糊，他就越焦虑。

在一次特别焦虑的交流过程中——我们两个都很焦虑——他谈起他的生活没有空间感，在这个空间里，在他感兴趣的绘画和建筑方面本可以更富创造性，我问他，对于他开始感到如此受限和受抑制是否有什么想法。当他去抓取标准议题的卡片索引，我注意到他犹豫起来，他的眼睛一眨一眨地看着地板，仿佛被困在本该快节奏的十万危机的"危险边缘（Jeopardy）"游戏中。但是，尽管焦虑，我也短暂地注意到一丝温和、柔软和有活力的表情拂过他的脸庞。我感到我有一刹那地瞥到一个充满活力的、可以接近的和富有创造性的杰克，看起来是我一直在等待的杰克，尽管我并没有意识到我一直在真正等待什么。当他很快地从他感到羞耻的迟疑中恢复过来时，并没有落在他试图搜寻的特定卡片上，而是发现了另外一张卡片，我很快打断了他并询问他刚才是否注意到了什么。他说，哦，没有，真的没有；并问我什么意思？我和他分享了我一刹那的体验，描述他很容易接近、有活力、不确定和不知所措。他微笑着承认，说那就是他从未允许自己成为的样子。接着，他的呼吸开始变得急促并啜泣着，确切地说，实际他不时地透过泪水凶狠地瞥我一眼。当他猛地从椅子上站起来，很明显是准备快速撤走时，我说也许现在值得我们再待上一会儿。当他坐回椅子，我说我认为我们偶然发现某些富有意义的事情、也许是某些他追求的事情，也许我们可以谈一谈。看起来他被这些话语触动了，他的眼睛睁得很大。接下来是密切且详细地交流，涌现这样一个突然的反应让他感到恐惧和羞耻——这个反应是他不可能理解的。这次不是来自卡片目录的回答。我告诉他，我认为可能我确认了他的某些特别之处——那一刻的杰克，没有预制的回应、没有过滤以避开我必然的攻击或者抛弃，那一刻是真正生命和情绪性的存在——而且可能相当地触动他，随后也相当地吓到他。他表示同意。我认为这非常关键，将我们之间的关系推到新的方向，我们的系统轨迹发生了转变，现在我们以不同的方式协同适应彼此。当他走出房门时的最后一次交流，也许标注或反映了这个转变。杰克说："天啦，对这一切，我感到很抱歉——我感到，我应该抱歉"——我风趣地说："没关系；随它去吧，但仅此一次。"当他傻笑地看看我，我再次看到一种惊异和活力感拂过他的脸庞。在那个短暂交流时刻，我们证实了快速交变和竞争吸引子状态（attractor states）[11]，不断在治疗过程中涌现并且成为我们关系的特征[12]。

也许这里可给出一个复杂性视角，我向另一个**重复系统**（repetitive system）提供了一个**扰动**（perturbation），带来可预期的焦虑，暂时把它转变为一个**转换系统**（transformation system）（Lachman, 2000）。但是强调这一点很重要，就是我们不能准确地声称这个扰动是什么。在治疗系统中，谁正在真正地扰动谁？这里的扰动是系统的涌现性，正如我相信它总是这样，在这个例子中不是我对杰克做了什么产生治疗作用。就如我扰动这个系统一样，杰克也正在扰动这个系统，通过他简短的、不可预期的并且充满活力的"为难"。他短暂和突然滑入羞耻和道歉的门把手，正在微扰我和我们的系统，就如我的反驳也微扰了他和我们的系统。

这里是使用精神分析复杂性理解和描述的实例，涉及更加丰富和有用的变化形貌、涌现和不可预测的意义、系统的自催化倾向、在"临界点"周围存活的好处、承认对于情绪体验和情绪意义的责任，这些遍及系统的各个成分。是以何种方式，我们可以说理论在临床工作上得到了**应用**呢？[13]它看上去可能是什么样子呢？实际上，这个理论有多大用处呢？

首先，精神分析复杂性视角，确定无疑地涵括了精神分析关于治疗行为的相对可靠、真实的假设。这包括探索、理解和阐释患者主体间性地衍生组织主题，这些勾勒出患者的体验世界；患者和分析师的自体/他人结构，在治疗关系的情境下得以呈现、参与并体验性地活现出来；患者的自体客体需要且不可避免地在治疗关系中破裂修复、循环渗透；患者/分析师（非符号性的和非语言符号的）的内隐关系，可能从未显露出来，但常常决定了联合体验世界的最终轨迹。从这大象般庞大的体系中选择你想要的任何一个部分。其次，这个部分的突变效应（mutative effects）绝大部分在于它灌输的态度和（或）分析师的要求，以及对于治疗二元关系最终抵达的态度。

从某种立场上来说，有人当然只赞同**不一致理论**（disconfirmation theory），这个理论认为正是我与杰克关系期望之间的不一致带来杰克的"转变（transformed）"，我的确没有发现杰克是他自以为的那个受羞耻折磨、易被忘记的怪物。或者，可能有人选择支持**整合理论**（integration theory），杰克的突变（mutative）是我们共同的意愿，意图让许多之前被隔绝和（或）分裂的自我-他人结构（self-other configuration）在我们的关系环境内得以复活。也可能有人仅支持（如果必须）**洞察力理论**（insight theory），如此而来，我们探索和理解他的体验的起源，引导他理解他是如何以他的方式来体验他自己和体验世界的。也许有人支持**缺陷理论**（deficit theory），杰克自体结构的缺陷必须被修复或者是**填补**（fill in），因为在治疗过程中同调的自体客体在场，能够容受不可避免的对幻灭和破裂的负向移情。也许以上都不是。

我反而相信，证实有用的是——至少在这个特定的治疗中，杰克和我在我们的关系过程中所抵达的关于情绪体验和情绪意义的系统化衍生态度（systemically derived attitudes）。慢慢地，我们开始能够识别系统中活现出来的是过于有序还是过于随机。通过探索和试验，我们了解到杰克的情绪体验是一种涌现性（emergent property）——源于我们的联合历史、当前联合情绪状态和联合关系性环境，并且了解到情绪体验是动力学的、并非源于孤立的主体性精神装置（也不是源于像淋个雨那么简单）。

从根本上而言，我认为精神分析复杂性的有用性，在于它改变了我们对人的基本假设和态度，反过来，这改变了我们与他人（患者）互动和关系的方式。它传达了一种人类的情感感受，也就是，本质上你无须为你的情绪体验负责,即使最终你可能想要为此**承担**起责任——有时,**必须**承担起责任。它表明你没有创造你自己,虽然你可能想要——而且**能够**——对你的所想、所感和下一步所做拥有发言权。它宣称,你的情绪发展是非线性的,如此一来,由于更大的协同适应复杂系统内其他无数组元的运作,你将成为谁以及如何成为,是不可预测的、潜在流动的并且是涌现而来的。另外也表明,你不是被指定的某个属类,是被定义、贴标签、处理和遵循标准的。并且它声称,人**能够**改变,并且我们从未能真正先验地知道,什么可能带来变化或者变化是否真的会发生。

更广泛一点地说,治疗行为可以被概念化为持续探索、理解患者体验世界的过程,尤其是包括这个体验世界的特定感受的来源和起源。正如我们所知道的,**分析师有必要探索和理解他自己的**体验世界,包括治疗对话情境中慎重的谈话方式。它也包括持续理解(并且充满希望地,连贯地)体验性和关系性学习中内隐的非符号化维度,强有力且偶然地促成两个个体一起协同构成关系世界协同适应、相互组织的面向。(到目前为止,很显然,探索患者的体验世界意味着探索并试图解释更大的环境,我们每一个人都是它的不可分割的成分。)它也要求持续地敏感于并详细表达情感上最为活跃的、自我扩展的、自我整合性的感受是什么,并持续深化人际关系。这对各种精神分析范式的立场而言并不鲜见(参考这些人的工作成果:Strachey, Stern, Winnicott, Kohut, Loewald, Gill, Stolorow, Atwood & Orange, E. Shane, Mitchell, Aron, Daies,此处仅列示少数)。但是,更具体地说,二元关系协同抵达并在感受上觉察到这些来源和起源——过去、现在和想象的未来,对此的**扩展性**(expansion)在关系系统微扰中起着重要作用,如此一来,这个阶段就是为新的、更有用的体验模式的涌现做准备。重要的是,这些**更加有效的体验模式**不应该被建构成意味着**更加基于现实的、更加客观的或者更加真实的**。最终,这些新发生的**体验性构造**(experiential contours)是可持续的,因为它们不断重复,**长此以往**,并得到患者生活中互相渗透的各个关系系统所支持，并贯穿于这些关系系统。

这个**扩展性**是治疗作用的核心，它看起来是怎样的？而且为什么这个扩展性对改变至关重要？我们暂时回到杰克这里。经年以来，杰克的（和我的）兴趣，不仅仅是他**如何**体验他自己（在这以前，是容易被忘记的和怪异的）、他的历史（在这以前，是可怕的）和他的环境（在这以前，有时顺利、有时危险），也对**为什么**感到好奇？在很长一段时间，杰克一直认为这就是因为父母的情感缺失所致。他把自己描绘成没有能力从过去的家庭环境中解脱出来，在这个家庭环境中，他的自体感一直被束缚成**容易被忘记的和（或）怪异的**，并且对于世界的感受是无法掌控的**苛刻和（或）抛弃性的**。随着在我们的关系背景中（这些自体-他人结构断断续续地复活）探索他的这些特定体验维度时，对于我们两个来说越来越明显的，不仅仅是我们的关系再现了他的关系历史并成为其管道，从而有效地"抽取血液（drawing blood）"并复活"往日幽灵（ghosts of the past）"（Mitchell，2000），而且我们共同**即时地**、**逐渐地**构建他的体验，如此一来，他的关系性历史**和**他对关系性未来[14]的感知一样，我们成为必不可少的一部分而影响他的体验世界。

治疗关系并不仅仅是一种"修通某事"或者是"解决冲突"的方式，而且可以更有意义地理解为个体的个人历史和当前心理状态一同成为个体体验世界的最重要的来源。在治疗上，我们希望不要一起得出我们情绪生活的结论并驻留于此，这没有意识到情绪生活的起源和来源持续的复杂性，而且剥夺了情绪生活感知到的情境脉络、过去、现在和未来，更确切地说是扩展我们对于持续进行、不断转变的多重来源的觉察，这些来源有助于此类体验。

或者说，如果感知、意义和关系方式的**可持续**变化，更可能发生在一个复杂适应系统内，这个系统或多或少处于次序和混沌之间或者是"稳定在混沌边缘"，那么当患者和治疗师的关系在朝向或处于那个方向上（也就是过于偏离次序或者过于偏离随机）时，他们最好能够觉察到并承认。这是通过对话完成的，没错，而且是经由构成精神分析关系基础的根本精神完成的——期望成为好奇的、探究的和理解的。Mitchell（1993）问及，"此处周围正在发生什么？"，在其之上我想补充，"事情还可以有所不同吗？"

容忍意料中的痛苦情感（不可避免的厄运和黑暗，不时地弥漫在我们的治疗工作中），并非仅仅是治疗师的意愿和能力，而且是治疗师内隐传达的感觉，也就是，对于患者、对于我们，还有些东西比我们迄今所知的要多得多；对于我们自身，还有些东西比起我们的历史、我们的上演、我们当下得出的结论还要多得多。

参 考 文 献

Atlan, H. (1984). Disorder, complexity, and meaning. In Paisley Livingston (Ed.), *Disorder and Order*. Saratoga, CA: Anma Libri.

Atwood, G. E., Orange, D. M., & Stolorow, R. D. (2002). Shattered worlds/psychotic states: A post-Cartesian view of the experience of personal annihilation. *Psychoanalytic Psychology, 19*, 281-306.

Bacal, H., & Herzog, B. (2003). Specificity theory and optimal responsiveness: An outline. *Psychoanalytic Psychology, 20*, 635-648.

Bacal, H. (2006). Specificity theory: Conceptualizing a personal and professional quest for therapeutic possibility. *International Journal of Psychoanalytic Self Psychology, 1*(2).

Bak, P. (1996). *How nature works: The science of self-organized, criticality*. New York: Copernicus.

Beebe, B., & Lachmann, F. M. (2001). *Infant research and adult treatment: A dyadic systems approach*. Hillsdale, NJ: Analytic Press.

Bohr, A., & Mottelson, B. R. (1957). *Collective and individual-particle aspects of nuclear structure*. København: I kommission hos Munksgaard.

Bonn, E. (2005). Turbulent contextualism: Bearing complexity toward change. Prepublished paper.

Chaitin, G. (1990). *Information, randomness, and incompleteness*. Singapore: World Scientific Co.

Cilliers, P. (1998). *Complexity and postmodernism: Understanding complex systems*. London, New York: Routledge.

Charles, M. (2002). *Patterns: Building blocks of experience*. Hillsdale, NJ: Analytic Press.

Coburn, W. J. (2002). A world of systems: The role of systemic patterns of experience in the therapeutic process. *Psychoanalytic Inquiry, 22*(5): 655-677.

DuBois, P. (2003). Perturbing a dynamic order: Dynamic systems theory and clinical application. Prepublished paper.

Galatzer-Levy, R. (1978). Qualitative change from quantitative change: Mathematical catastrophe theory in relation to psychoanalysis. *J Am Psychoanal Assoc, 26*, 921-935.

Gell-Mann, M. (1994). *The quark and the jaguar: Adventures in the simple and the complex*. New York: W. H. Freeman.

Ghent, E. (2002). Wish, need, drive. *Psychoanalytic Dialogues, 12*, 763-808.

Harris, A. (2005). *Gender as soft assembly*. Hillsdale, NJ: Analytic Press.

Kauffman, S. A. (1995). *At home in the universe: The search for laws of self-organization and complexity*. New York: Oxford University Press.

Kohut, H. A. (1959). Introspection, empathy, and psychoanalysis—An examination of the relationship between mode of observation and theory. *Journal of the American Psychoanalytic Association, 7*, 459-483.

Kohut, H., (1984). *How does analysis cure?* Ed. A. Goldberg. Chicago: University of Chicago Press.

Kuhn, T. S. (1962). *The structure of scientific revolutions*. Chicago: University of Chicago Press.

Lachmann, F. M. (2000). *Transforming aggression: Psychotherapy with the difficult-to-treat patient*. Northvale, NJ: Jason Aronson.

Lichtenberg, J. D., Lachmann, F. M., & Fosshage, J. L. (1992). *Self and motivational systems: Toward a theory of psychoanalytic technique*. Hillsdale, NJ: Analytic Press.

Loewald, H. W. (1972). The experience of time. *Psychoanalytic Study of the Child, 27*, 401-410.

Lorenz, E. N. (1993). *The essence of chaos*. Seattle: University of Washington Press.

Magid, B. (2002). *Ordinary mind: Exploring the common ground of Zen and psychotherapy.* Boston: Wisdom.

Merleau-Ponty, M. (1968). *The visible and the invisible.* Evanston, IL: Northwestern University Press.

Moran, M. G. (1991). Chaos theory and psychoanalysis: The fluidic nature of the mind. *Int Review of Psycho-Analysis, 18*, 211-221.

Miller, M. L. (1999). Chaos, complexity and psychoanalysis. *Psychoanalytic Psychology, 16*, 355-379.

Mitchell, S. (1993). *Hope and dread in psychoanalysis.* New York: Basic Books.

Mitchell, S. (2000). *Relationality: From attachment to intersubjectivity.* Hillsdale, NJ: Analytic Press.

Orange, D. M. (2001). From Cartesian minds to experiential worlds in psychoanalysis. *Psychoanalytic Psychology, 18*, 287-302.

Orange, D. (2003). Why language matters to psychoanalysis. *Psychoanalytic Dialogues, 13*(1), 77-103.

Orange, D. M. (2006). For whom the bell tolls: Context, complexity, and compassion in psychoanalysis. *International Journal of Psychoanalytic Self Psychology, 2*(1), 5-22.

Palombo, S. R. (1999). *The emergent ego: Complexity and coevolution in the psychoanalytic process.* Madison, CT: International Universities Press.

Percus, A., Istrate, G., et al. (2005). *Computational complexity and statistical physics.* New York: Oxford University Press.

Pickles, J. (2006). A systems sensibility: Commentary on Judith Teicholz's "Qualities of engagement and the analyst's theory." *International Journal of Psychoanalytic Self Psychology, 1*(3), 301-316.

Piers, C. (2005). The mind's multiplicity and continuity. *Psychoanalytic Dialogues, 15*(2), 229-254.

Poincaré, L., Guillaume, C. É., et al. (1900). *Rapports présentés au Congrès international de physique réuni à Paris en 1900 sous les auspices de la Société française de physique.* Paris: Gauthier-Villars.

Prigogine, I., & Holte, J. (1993). *Chaos: The new science: Nobel Conference XXVI.* St. Peter, MN: Gustavus Adolphus College.

Ricci, M,, Trigault, N., et al. (1622). *Entrata nella China de' della Compagnia del Gesv.* Napoli: Lazzaro Scoriggio.

Sander, L. W. (2002). Thinking differently. *Psychoanalytic Dialogues, 12*, 11-42.

Sashin, J. I., & Callahan, J. (1990). A model of affect using dynamical systems. *Annual of Psychoanalysis, 18*, 213-231.

Scharff, D. E. (2000). Fairbairn and the self as an organized system. *Canadian Journal of Psychoanalysis, 8*, 181-195.

Seligman, S. (2005). Dynamic systems theories as a metaframework for psychoanalysis. *Psychoanalytic Dialogues, 15*(2), 285-319.

Shane, M., Shane, E., & Gales, M. (1997). *Intimate attachments: Toward a new self psychology*. New York: Guilford Press.

Shane, E., & Coburn, W. J. (2002). Prologue. *Psychoanalytic Inquiry, 22*, 653-654.

Spruiell, V. (1993). Deterministic chaos and the sciences of complexity: psychoanalysis in the midst of a general scientific revolution. *J Am Psychoanal Assoc, 41*, 3-44.

Steinberg, M. C. (2006). Language, the medium of change: the implicit in the talking cure. Prepublished paper.

Stern, D. N., Sander, L. W., Nahum, J. P., Harrison, A. M., Lyons-Ruth, K., Morgan, A. C., Bruschweilerstern, N., & Tronick, E. Z. (1998). Non-interpretive mechanisms in psychoanalytic therapy: The "something more" than interpretation. *Int J Psychoanal, 79*, 903-921.

Stern, D. N. (2004). *The present moment in psychotherapy and everyday life*. New York: W. W. Norton.

Stolorow, R. D. (1997). Dynamic, dyadic, intersubjective systems: An evolving paradigm for psychoanalysis. *Psychoanalytic Psychology, 14*(3), 337-364.

Stolorow, R. D., Atwood, G. E., & Orange, D. M. (2002). *Worlds of experience: Interweaving philosophical and clinical dimensions in psychoanalysis*. New York: Basic Books.

Sucharov, M. (2002). Representation and the intrapsychic: Cartesian barriers to empathic contact. *Psychoanalytic Inquiry, 22*(5), 686-707.

Taupin, B., & John, E. (1969). *Your song*. Dick James Music, Ltd., BMI.

Taylor, M. C. (2001). *The moment of complexity: Emerging network culture*. Chicago: University of Chicago Press.

Thelen, E., & Smith, L. B. (1994). *A dynamic systems approach to the development *of cognition and action*. Cambridge, MA: MIT Press.

Thelen, E. (2005). Dynamic systems theory and the complexity of change. *Psychoanalytic Dialogues, 15*(2), 255-283.

Thom, R. (1974). *Modèles mathématiques de la morphogenèse: Recueil de textes sur la théorie des catastrophes et ses applications*. Paris: Union général d'éditions.

Trop, G. S., Burke, M. L., & Trop, J. L. (2002). Thinking dynamically in psychoanalytic theory and practice. In A. Goldberg (Ed.), *Progress in self psychology* (pp. 129-147). Hillsdale, NJ: Analytic Press.

Varela, F. J., Thomson, E., & Rosch, E. (1991). *The embodied mind: Cognitive science and human experience*. Cambridge, MA: MIT Press.

Waddington, C. H. (1966). *Principles of development and differentiation*. New York: Macmillan.

Weisel-Barth, J. (2006). Thinking and writing about complexity theory in the clinical setting. *International Journal of Psychoanalytic Self Psychology, 1*(4), 365-388.

注　释

1. 我非常感谢 Robert Stolorow, Donna Orange, Estelle Shane, Nancy Van Der Heide, Judy Pickles, Joye Weisel-Barth 和 Richard Siegel，他们的热情鼓励和对细节的密切关注，使本章经历了许多次的修订。

2. William Coburn 是哲学及心理学博士，《国际精神分析心理学杂志》的主编，并且是《精神分析探究》的编辑委员会成员。他是洛杉矶当代精神分析学院和俄勒冈州波特兰西北精神分析中心的督导、培训分析师及教员。

3. 这些名称在学术上指的是更加宽广的当代系统视角的不同面向；更加清晰的定义可参考 Taylor（2001）。

4. 更深层次的多领域切入（multidisciplinary plunge），可参考 Cilliers（1998），Kauffman（1995），Taylor（2001）和 Prigogine 和 Holte

（1993）。

5. 部分假设包括内在心理生活和相应的人格结构（或主体），源自生物驱力或者源自早期自体客体关系的内化（以及这之后形成的内在表征）；或者现实是客观的、具体的、静态的和可验证的，并且经由一个人的主观性，现实发生有可能会被扭曲（因而会发生移情）；或者"精神"与头颅之外的肉身相对分离并且/或者得到保护。

6. 参考奥林奇（2003）。

7. Heisenberg 的不可测性理论（也命名为玻尔模型）或者**不确定理论**（theory of indeterminacy or uncertainty），与单个粒子的可观察配对的测量有关，这样就增加了某个量的测量准确性，必然同时增加了其他量的测量不确定性。

8. 我非常感谢 Paul Cillers 对开放系统本质的深刻见解。

9. 这类似于 Varela，Thomson 和 Rosch 称之为的生物学领域的**结构耦合**（structural coupling）（1991）。

10. 在化学领域，这个现象是非平衡态热力学（nonequilibrium thermo-dynamics）的一个典型例子，复杂性理论者把它作为非线性动力学的可视化的有力例证（参考 Thelen 和 Smith，1994，p.45）。

11. **吸引子状态**（attractor state）这个术语可以被理解为一个系统或者情绪体验模式的成分的偏好结构，偏好（或重复）程度达到可确认的程度。

12. 作为一个复杂性导向的分析师，我对各种反常现象很感兴趣，"噪音（noise）"、偶尔的失常、偏离我们在关系上的理所当然（例如，关系系统太过有序或者太过随机）。这些偏离也许具有系统扰动的作用，把新奇有效地引入系统，相应地改变情绪和关系图景，或者它们标志图景中的重要改变，这个改变已经涌现并且我们开始体验并且尝试这个改变。这类似于温尼科特的观察，即诠释可能常常是改变已经发生的信号,这种理解完全不同于把诠释性干预视为改变的起因。这些自催化事件可能有或可能没有和患者一起进行有效探查。

13. 奥林奇(2006,私人交流)指出,谈到理论使用,也许更加恰当的意思是我们经历(live)理论,而不是应用理论。

14. 参考Loewald(1972)、史托罗楼、阿特伍德和奥林奇(2002),关于人类体验的聚合过程中,过去、现在和将来之间关系的扩展讨论。

2 依恋理论及研究在自体心理学/主体间临床工作中的应用

Shelley R. Doctors

本章关注依恋理论及其研究对自体心理学/主体间性临床工作方法的助益。尽管不可能进行全面的理论整合,但是可以有效地利用具有重叠性和贯通性的依恋概念。为了更清晰,我把这些概念分成三类:(1) 与安全、稳定和感到安全的体验有关的议题;(2) 依恋研究方法论,包括成人依恋访谈(Adult Attachment Interview, AAI);(3) 各种模式,这些模式刻画了人们如何最大程度地亲近安全和稳定的来源,对应于在研究中确定的不同依恋类型。随后给出的成人、青少年和夫妻治疗案例,将表明我的一个观点[1]——为了丰富各项临床工作而借鉴依恋理论和研究,没有必要以理论整合为目标。

因为我主要关注临床应用,所以仅简要论及对依恋理论和自体心理学或主体间性进行整合所面临的理论障碍。我不仅强调这些理论的**分歧**(disjunction),同时也指出这些理论之间的**联结**(conjunction)。分歧,使全面整合依恋理论变得不可能;联结,则突显它们的共性,界定了依恋概念能够在哪些领域有助于自体心理学和主体间性扩展其临床理解。

并入而非整合

依恋理论的基本信念认为人类生活的首要驱力是对安全和稳定的需要，这一需要促使婴儿和儿童去依恋照料者。鲍尔比（Bowlby，1969）把对依恋关系的需要定义为一种生物性既定事实（biological givens）。依恋研究阐述了在孩子和照料者之间协商依恋需要而发展起来的各种依恋类型，并且依恋研究认为在这个情境脉络中形成的心理模式对心理功能具有长久影响。拥有安全依恋的孩子，能够在引发焦虑的情境中自由地表达不安，并且有自信预期他们的不安将会得到安抚性回应。不安全依恋的孩子，缺乏这种获得安抚和抚慰的自信预期，因而发展出更加迂回费解的方式来处理恐惧和不安。

依恋理论认为婴儿期和儿童早期具有最高的决定性作用，但是给予任何一个发展阶段以特权地位的观点都与主体间性观点相对立。主体间性不认为发展取决于婴儿期，或者俄狄浦斯期，或者任何其他的关键阶段，而是关注更加广泛的心理领域，所有的生命乃至所有的发展在这个领域中得以展开。类似地，虽然自体心理学就像所有精神分析理论一样非常重视生命早期发生的事件，然而它的重要贡献——自体客体概念和共情——在人类关系中的独特作用却适用于整个生命周期。另外，主体间理论极力反对生物性既定事实的观点（正如它反对关于不同阶段重要性不同的观点），不认为某一心理冲突或心理问题在人类生活中是不可避免的或者居于首位，而是赞同持续且独特的主体间性交互作用的观点，并认为借助于此，我们所有人形成自己独特的意义结构。

但从现象学的角度来看，这些理论都是从孩子和照料者交互作用的心理世界情境脉络中来考虑发展。和自体心理学及主体间性一样，依恋理论强调关系的核心作用贯穿一生。每个理论都关注在这些关系中形成的**情感**

(affective)交流、模式以及期望。当然，依恋理论（主要强调恐惧和焦虑）强调的体验片段更加有限，而主体间性提供了一个更加宽广的情感体验理论并以更具综合性的方式看待人际互动。但是，这两个理论都强调通过情感交流构建起来的模式（patterns），将影响各种自体-调节和交互-调节[2]形式的建立。典型地，从临床人群来看，早期建立的模式导致关系困难持续存在。**通过情感互动建立起来的各种模式**（patterns established through affective interaction），是依恋理论、自体心理学和主体间性的共同根基，也是这一贡献的重要主题。

与依恋相关的各种行为，起初被认为是为了维持与照料者亲近的策略，具有保护个体不受猎食者伤害的生物性功能（Bowlby，1969）。然而，随后发展起来的更加纯粹的依恋心理学观点，非常类似于我们当代的精神分析理论。Sroufe和Waters（1977）把情感互动置于依恋领域的中心，并提出"感觉到安全"是与依恋相关的互动的目标和产物。他们认为双亲对孩子情感交流的回应性和感受性，构成孩子学习组织情感体验的环境。基于照料者的回应，孩子习得一整套"策略，以便维持自体-组织并亲近……照料者"（Main，1995，p.409）。这些策略或"注意力的/表征的状态（attentional/representational states）"最终被体验为提供一种安全感（Main，1995，p.409）。于是，人们试图维持并长久保留带来主观安全感的各种方式。

以非线性动力系统理论的术语表述[Thelen & Smith，1994，也参考Stolorow（1997）]，那么与感觉到安全有关的状态可以被称为"优选吸引子状态（preferred attractor states）"，是组织认知和情感体验的方式以及与他人建立关系的方式，人们一次又一次地返回到这些状态。"感觉到安全"，这个词组是为了解释依恋动机的心理作用，这一体验非常接近自体心理学/主体间性通常涉及的体验。组织体验的这些方式是患者感受到安全稳定所必需的，而且它们可以被理解为等同于患者迄今所知的唯一的自体-组织形式，这种理解有助于临床工作者意识到改变这些组织方式可能带来的内在威胁。

临床工作受益于这样的理解：执着于这些根深蒂固的非适应性模式，并非"强迫性重复（Freud，1914）"，而是维持自体-组织的策略以应对毁灭焦虑的威胁。

依恋理论、自体心理学和主体间性均探索相同的发展性交互作用；并且得出相同的结论，也就是情感联同互动两者共同塑造了人格。1984年，Daphne Socarides Stolorow和Robert Stolorow（1984/85）把自体心理学和主体间理论连结起来，指出自体客体功能主要涉及把**情感**（affect）整合进自体体验的组织结构；自体客体关系的需要，被概念化为贯通整个生命周期都需要获得对情感状态的同调回应。从这个视角来看，镜映（Kohut，1971，1977，1984）的功能是把骄傲、自负、效能感和愉悦的兴奋感整合进自体组织结构，而同调的安抚性回应功能是带来与力量和平静理想来源（idealized sources of strength and calm）的一体感（Kohut，1971，1977，1984），并且整合焦虑、脆弱和悲伤的情感状态。

确实，自体心理学和主体间性都很好地解释了各种关系性现象，这些现象正是依恋理论特有的研究范围。镜映自体客体体验和理想化自体客体体验，看起来就是安全依恋得以发展的条件。现实生活中我们不可能在这两种心理情境之间做出区分，即，最终获得"统整自体（cohesive self）"和最终发展出"具有安全感（secure）"。实际上，这两个理论都论及相同的一类互动，并且都认为理解心理困境的关键是去理解情感状态的调谐和回应所存在的各种问题。

依恋理论和自体心理学/主体间理论对心理生活的解释很相似，而且尽管主体间理论不认为任何一个议题具有特权地位，但是它的确假设存在对依恋的需要。至于发展，阿特伍德和史托罗楼于1984年写道，"当双亲的心理组织结构不能充分适应发展中的孩子的那些持续变化的、阶段特定的需要，那么孩子更具可塑性的、脆弱的心理结构就会去调节适应那些可获得的"（p.69）。虽然赞同确实如此不必解释为什么（why），但是主体间性的这个发展性论述和依恋理论及研究的第一个基本假设相吻合——婴儿要形成、维持和保留重要关系，是因为只有这么做他才能在情绪上和生理上存活（Slade，1999）。依恋理论坚持，婴儿做那些必须做的（情绪的、认知的和行为的），其动机在于维持他的重要关系。所以，在这些关系的实际生活体验中存有障碍，就会导致扭曲的互动模式。这些**模式**（patterns）缓慢地渗透扎根、被惯例化，导致之后个体在各种关系中功能运作的极大偏差。除了都认为**动机**（motivation）的特征是维护重要关系之外，主体间理论对发展过程（和它的病理性结果）的论述也与依恋理论相同[3]。

组织原则，内部工作模型和议题

如同生活体验的浓缩物般发展而来的各种模式，在主体间理论中被称为**组织原则**（organizing principles），依恋理论使用的术语是**内在工作模型**（internal working model）。虽然两者有类似的起源、发挥类似的功能，并且都和D. Stern（1985）的泛化的相互作用表征（Representations of Interactions that have become generalized, RIGS）紧密相关，但是它们在概念上却截然不同。内在工作模型是各种通用原型，是一种研究中的分类；组织原则更加个人化，产生于具体的主体间互动。表现出相同内部工作模型的两个个体，他们的组织原则却可能迥然不同。而且，部分个体表现出来的内部工作模型属于多个研究类别，所有个体的组织原则就更是种类繁多且各不相同。即便如此，组织原则和内部工作模型，仍然必须与心理**议题**（themes）这个更常见的概念相区别。

当某人开玩笑说，"我的组织原则是，'直到我放弃，我才停止购物'"，这就正在告诉我们关于他们生活中的一个**议题**。议题，就像是倾听梦的显性内容，组织原则或者内部工作模型就像是倾听梦的隐性内容。组织原则或者内部工作模型，包含了显性议题的特定发展起源的编码。"直到我放弃，我才停止购物，"这个议题的背后可能是众多迥异的组织原则。比如"当我感到悲伤无助，通过给自己购物，我试图感受到我有力量让某些事情发生。"或者是，"当我感到幸运，我就必须和他人分享我的运气，否则我觉得自己很自私自利、会有罪恶感。"这是不是习得的自我照顾模式，以便先行阻止抑郁？或者，可能是强迫性利他主义，以便调节嫉妒和尖锐批评引发的破坏性效应？或者它根本就是另外一回事儿？

组织原则，描述了个体的心理反应序列——一系列情绪和行为的连锁反应，典型地，固化过去和另一人之间反复发生的互动。一种感受和对这个感受的回应，两者被混合在一起并构成某个个体的心理领域。觉察人们"关于他们感受的感受"，在临床上非常有用。尽管依恋的议题在整合互动体验方面常常起着重要作用，但是这些紧贴在一起的序列所涉及的情感体验并不会直接地关联到依恋。

案例说明：海伦，中年女性，童年的大部分时光是在恐惧中度过的，并且受到惊吓时，常常得忍受父母恼怒地贬低她的恐惧。恐惧和自我贬低因而成为她现在生活中的一个**议题**，童年期很长一段时间，她的恐惧和父母对此的回应被混合裹挟在一起。在分析过程中，她说道（注意其中的情感），"我害怕回到学校，但是我也对自己很恼火。这很愚蠢。没有人会有那样的感觉。"她的话语揭示了一个组织原则——她自身的情感与他人曾经对此的回应方式混合在一起，两者紧密协调。她的恐惧和父母对此的回应，现在被裹挟在一起，以至于现在当她受到惊吓时，她对自己的恐惧的恼怒和贬低反应就**如同她父母曾经所做的**。她调节适应父母对她的看法，暗示了存在依恋的议题。

尽管内部工作模型最为大量的阐述涉及依恋关系中的自体和他人模型，但是和组织原则类似，它们是对**所有**体验到的互动模式的表征。就像组织原则一样，这种优先事务模型（models of prior transactions），使思维、感受和行为产生偏差。

有安全感的个体会有自信预期,可以依靠某个或者更多可信任他人来获得情绪支持,并且困难时将得到他们的帮助。这种安全感促使个体能够在各种关系和活动领域中,直接且创造性地发挥功能。就如科胡特(1977,p.253)把自体客体体验类比为氧气,一个人平时不会觉察到氧气的存在,但是一旦缺乏,就会非常痛苦地觉察到。虽然具有安全感的个体认为获得情绪支持是件理所当然的事情,那些发展出不安全工作模型的个体却创造出各种迂回的策略,借助这些策略,他们确信可以在最大程度上获得所需依恋对象的身体亲近和心理上的可获得性。自相矛盾的是,尽管具有不安全感的个体在关系中更加努力,但是他们当下的期望和策略却限制了这些努力的有效性并令他们踌躇难行。

当依恋对象的支持不能被视为一件理所当然的事情,就会依照不安全依恋的内在模型组织成思维、感受和记忆的模式,这需要我们特别专注地理解来自机能失调家庭的心理余波。就如组织原则一样,它们是一个人的心智与另一个人的心智进行互动的结果。情感同调的程度和范围以及不同调的形式,决定性地塑造了每个个体的个人体验世界和内在工作模型的特征。

不安全依恋模式

我将简要地回顾依恋研究者们确定的不安全依恋类型(Ainsworth, et al., 1978; Main, Kaplan & Cassidy, 1985),并且阐述我将如何在临床上应用这些研究方法论,然后使用案例来说明典型的不安全依恋模式的内部工作模型。

鲍尔比认为,孩子为了维持他们的依恋,组织他们自己(思维、感受和记忆)的方式,是以付出其心理功能运作为巨大代价的。他解释道,思维和感受的扭曲是在童年期对环境失效的一种适应。这个结论得到Mary Ainsworth和同事们(1978)的证实,他们的研究显示生命第一年,母亲回应性和感受性的差异导致了孩子**寻求照顾和表达情感的不同模式**。在观察研究的基础上,她设计了一个母亲-孩子分离和重聚的研究,被称作"陌生人情境实验",并第一次依此形成对依恋的分类——安全(B)、回避(A)和对抗-矛盾(C)。

表2.1的左栏描述的是孩子与母亲分离及之后重聚的行为。Ainsworth识别出不同的模式,例示了孩子学习组织情感体验的方式,这些体验是对双

表2.1 (改编自Hesse,1999)

Ainsworth:婴儿在陌生人情境中的反应	Main:成人依恋访谈
安全型(B) 第一次分离时,有迹象表明会想念父母,第二次分离时哭泣。主动迎接父母,例如,立刻爬向父母,而且常常会寻求拥抱。和父母短暂地接触后,平静下来并继续玩耍。	安全型/自主型(F) 描述依恋相关的体验及影响时,使用前后一致的、合作性的话语,无论对这些体验喜欢与否。认可依恋的价值,同时对任何特定的时间或关系保持客观性。
回避型(A) 分离时不会哭泣,整个过程中都把注意力放在玩具或环境上。重聚时,主动回避和忽视父母,走开、转身,或者抱起时身体后倾。没有愤怒,也没有悲伤。	冷漠型(Ds) 对双亲正常化、积极的描述("出色的,非常正常的母亲"),没有特定事件的支持或自相矛盾。所说的负面体验只有很少或者根本没有影响。叙述很简短,因为经常一再坚持缺失记忆。
对抗-矛盾型(C) 整个过程中,非常关注父母,可能显得很愤怒,或者既寻求又反抗父母,或者显示出更微妙的愤怒,同时行为被动。重聚时,无法平静下来或者无法继续探索,典型地,会继续把注意力集中在父母身上并哭泣。	迷恋型(E) 被体验所占据,看起来很愤怒;混乱且被动,或者淹没在恐惧中。有些句子语法混乱或者充满了模糊用语("哒哒哒")或者心理学术语。叙述很长:部分回应不相关。
Main & Solomon,1986,1990: 紊乱型/迷茫型(D) 父母在场时,婴儿行为紊乱和(或)迷失方向,表明行为策略暂时性瓦解。例如,婴儿可能神情恍惚地僵住,可能在父母进门时扑倒在地、缩成一团,或者可能一边大哭并且身体后倾、回避目光接触,一边又黏着父母。婴儿可能在其他方面也符合A、B或C类型。	Main & Hesse,1990,1992: 未解决型/紊乱型(U) 讨论丧失或虐待时,个体在监测其推理或论述的过程中,表现出令人吃惊的错误。例如,个体可能简略地表明,一个去世的人依然在身体感觉层面活着,或者这个人是被童年时期的一个想法杀死。谈话者可能陷入冗长的沉默,或者歌功颂德般地演说。谈话者通常在其他方面也符合Ds、E或F类型。

亲不同回应的反应；孩子行为上的差异，与双亲对孩子情感沟通的感受性差异有关。

后期的研究更加令人关注。Mary Main等（1985）设计了一个用于成人的访谈程序，被称为成人依恋访谈，简称AAI（George，Kaplan，& Main，1984，1985，1996）。通过询问成人在童年时期与照料者的关系，对所获得的叙事加以分析，结果表明成人的模式和孩子的特征行为和心理状态类似。成人的模式呈现在表2.1的右栏。研究者们慢慢地把关注点从引发的记忆内容，转变为成人整合依恋相关体验的能力，包括以合作性的方式叙述前后一致的故事，并对他们自己、访谈者和他们的故事保持觉察，而没有被情感带离正轨。Mary Main认为安全/自主型（F）的成年人的组织特征与Ainsworth的安全型（B）婴儿类似，而情感冷漠型（Ds）的成人对应Ainsworth的回避型（A）孩子。类似地，Main的迷恋型（E）成人展现的模式和那些对抗-矛盾型（C）的孩子有相似之处。这项研究首次表明，依恋相关体验对自体-组织有深远影响。

AAI评估依恋相关事件的记忆和组织**方式**被Mary Main（1995，p.409）称为注意力/表征的心理状态，与依恋体验有关。所报告的记忆内容，即使是重度创伤性内容，也不能以此判定是安全型还是不安全型。正如我们所看到的，安全型成人有能力以一种具**一致性**（coherent）、**灵活性**（flexible）和**关联性**（related）的方式，围绕着早期各种生活事件表达思想和感受。这类成人能够叙述连贯一致的故事，同时觉察他们的故事对于他们自己和倾听者的情感影响。不安全型成人，要么过度调节情感和感受（就像回避型孩子），要么无法容纳和调节想法或感受（就像对抗-矛盾型孩子）。组织思维和管理情绪的不安全模式，反映出特定的协商安全稳定需要的孩子-照料者系统。所以，个体组织模式的特征反映出更早期的互动和主体间系统。

Main和Solomon（1986，1995）后期进一步识别出一种不安全类别——紊乱型-迷茫型，描述之前无法被归类的孩子恐惧且怪异的行为。左侧栏最下面，描述了婴儿在陌生人情境实验程序中的行为，Main和Solomon称为紊乱型-迷茫型（D）的依恋。在右侧栏的最下面，描述了Main和Hesse（1990，1992）确定的未解决型/紊乱型（U）依恋的父母的行为，他们的孩子是紊乱型依恋。孩子混乱的行为被认为与父母脆弱的解离状态有关，这源于父母自己的创伤和丧失没有得到解决。这类父母无法解释的、受惊吓的状态会让孩子感到恐惧，依恋对象"立刻成为……警报的……起源和解决者"（Main & Hesse，1990，p.163），表明了孩子面对的内在冲突。

尽管这个冲突常常源于双亲的身体或性虐待，但是有时仅仅是双亲的心理反应也可能成为警报的来源；父母未被解决的创伤导致混乱的想法或感受，从而引发父母既受到惊吓又做出令人害怕的行为，这导致孩子对互动的两难。孩子感到令其害怕的人也是他寻求安慰的对象，当不能找到解决这种矛盾处境的办法时，孩子的组织策略就会瓦解，混乱的心理状态成为孩子整体心理能力的一部分。接下来是一个成人的紊乱型心理状态的案例，使用的是AAI评估方法。

阿德里亚娜 Z. 与成人依恋访谈（AAI）

我有时在我的评估性会谈加入AAI方法，并且发现以此收集的资料非常有助于精确调整我的临床理解。

阿德里亚娜 Z.，15岁，意大利裔美国人，总是处于焦虑情绪中，并有惊恐发作初期和恐惧症倾向的迹象，我认为也许与她早期痛苦的医疗程序史和住院史有关。她也抱怨她的母亲。阿德里亚娜说，"她很疯狂，"但是她不能再做进一步的解释，只是说，"她说的一切都没有意义。"

为了弄清楚阿德里亚娜试图表达的是什么，当我会见她的父母时，我使用AAI结构问卷。我请Z.夫人描述她和她母亲之间的关系，并且用两个词形容童年时期和母亲的关系。她的回应是"照顾的（caring）"和"敏感的

(sensitive)"。接着,再一次依据AAI的方式,我请她分别用具体事例来说明每个特质。

"关于照顾的",Z.女士说,"我有一段记忆。我一定是5岁或者6岁……而且我认为这是我第一次参加圣餐仪式,因为我非常清楚地记得我当时穿着一条白色的连衣裙。而且我一定是跌倒在泥地里或者诸如此类的地方,因为我记得浑身上下都脏了。我的母亲……我能够记得她当时……划亮火柴并把它们放在我的光屁股上。"

Z.夫人似乎既没有留意到她的注意力的转变,也没有留意到她丈夫的震惊。她继续微笑着,没有因为她的叙述内容而受到影响。记住,我们不关注记忆的内容,而是关注事件**如何**(how)被记忆和被组织。Z.夫人的回应缺乏**一致性**(coherent)——形容词和事例之间不匹配。理想化一个有问题的关系,在回避型当中非常典型,但是这个例子却较之更加失常。缺乏**合作性**(collaborative)——没有理解到我或者她丈夫是倾听者。她在那个时候有能力监测(monitor)她的功能运作吗?她能**反思**(reflect)她的反应、她的记忆、她与她自己的关系以及她与周边那些人的关系吗?Z.夫人的回应如此地不一致、如此地非合作性,如此缺乏监测和反思自身反应的能力,所以我认为她的记忆导致了她的混乱甚至迷失。关于"敏感的",Z.夫人给出的事例是那时她尽管手臂骨折了,她依旧爬进一扇窗户,而不是告诉母亲她出了事故,因为她不想让她"过度敏感"的母亲担心!阿德里亚娜母亲的反应,展现出思维和感受混乱且不一致的表征模式——混乱的而且实际上是解离的心理状态与依恋有关。

Z.夫人不能整合她的创伤体验,一旦焦虑就陷入混乱和迷茫。探索阿德里亚娜的生命故事时,我发现只要阿德里亚娜在医疗中引发恐惧的事件令Z.夫人感到焦虑,Z.夫人的行为立刻就变得很紊乱。Z.夫人混乱的回应令阿德里亚娜很害怕,导致阿德里亚娜应对焦虑的能力变得复杂难解。当父母管理自体-调节的不安全模式成为孩子的交互情境,结果常常是非适应性功能运作方式的代际传递。

AAI打开了一扇进入Z.夫人恐惧和焦虑反应的窗户；她的失效（lapses）使得我能够理解，当阿德里亚娜说她的母亲不可理喻时意味着什么。在临床上，我完善了关于早期住院和医疗程序影响的假设，并且聚焦在阿德里亚娜关于她的母亲参与那些体验过程的记忆。这引导我们进入关键的创伤记忆，这些记忆成为接下来工作的基础。

有着相同虐待史的人，**如果**相关的想法和感受得到更好的整合，对这个事件的解释就更具一致性，理解到这一点至关重要。这样的人也许会以不同的方式谈论相同的经历。为了加以说明，请考虑这个虚构的例子："我的母亲……我想说，神经质、甚至很冲动，我能告诉你为什么。我的母亲在很小的时候，与她父母分离了好几年，并且从未从中恢复过来。当有什么事情吓到她了，她就会付诸行动，有时会做出些吓人的事情。她可能变得非常令人害怕、令人痛苦。当我还是一个小孩子时，我就学会了当我感到沮丧或者受伤时就离她远点，这样就可以避免她的冲动行为。我甚至不让她知道我手臂骨折，因为她只会让事情更加糟糕。很难克服那个习惯，但是为了我自己、我的丈夫和孩子们的缘故，我已经尽力了，谢天谢地。"

AAI开启了一扇窗户，透过这扇窗户可以径直看到个体在多大程度上整合了与依恋有关的心理状态。AAI让我们看到个体能够在多大程度上，同时监测他自己的心理状态和当前关系环境之间的关系。这种能力与智商、教育水平或者社交能力无关，而是与心理功能的整体运作能力有关，并且和缺乏这个能力导致的情感功能和自体-管理的不良模式的代际传递有关。

日益明显的是，有时，（父母经验的）继承者用来协商依恋需要的组织方式是理解主体间性的一条"捷径"。对于不安全依恋的不同形式，接下来给出两个成人和两个青少年的具体案例，将表明内在工作模型的知识如何扩展对组织原则的理解。每个案例都阐释安全稳定问题投下的长长阴影，并且阐释不同模式的特征是如何被组织起来的，从而最大程度地亲近安全稳定来源。虽然所有的案例都聚焦于通过情感互动所形成的模式，但是青少年案例强调不安全依恋在双亲与孩子之间的代际传递。

所有这些综合案例，都是为了阐释在研究中确认的各种模式。但是在现实生活中，个体常常和不同的依恋对象形成不同的依恋类型——例如，与某位双亲是安全依恋，对另一位双亲是不安全依恋。再者，依恋类型组合比起研究得出的分类更为常见，也就是，个体和某位双亲建立起安全型关系但是混合着某些回避型依恋的特点，对另一位双亲的依恋特征组合又有所不同。需要理解到，真实的个体更应该得到具体的临床诊断，而不是再被简约地归于研究的某个分类。在第一个案例中，对依恋的理解，帮助我理解了治疗过程中破裂的意义。

成人个体精神分析心理治疗：杰奎琳

当杰奎琳再次回来治疗时，她刚与男友分手，她本欲与之结婚，这让她非常痛苦。在此之前，她曾与我有过两年成功的心理治疗，在那次治疗中她摆脱了多年来让她丧失能力的惊恐障碍。虽然她之前的症状没有复发——她没有体验到躯体症状，也没有感到濒临死亡而被送到急诊室——但是她极度抑郁并且颤抖得很厉害。

杰奎琳爱冒险，意志坚定，工作努力并且通晓各种有趣的主题。自体心理学和主体间性是理解她的发展困境（她害怕寻求安慰、缺乏理想化对象、镜映不足）的坚实基础，尤其是，有助于理解与极度胆小和恐惧的母亲一起生活对她产生了怎样的影响。

尽管起初杰奎琳说她来自"美国中产阶级家庭，传统、平常以至很无聊"，但我们还是看到另外一面。杰奎琳的母亲很容易就变得沮丧，家庭尽力回避那些可能会"消融"母亲的环境。饭店的一位女服务员曾经给母亲一份错误的菜单，因为不能够或者不愿意纠正女服务员的失误，杰奎琳的母亲崩溃地无声落泪。轻柔但是不成功地安慰母亲之后，杰奎琳和其他的家庭成员埋头吃饭或者环顾四周来转移自己的注意力，在隐忍的沉默中陪着母亲的眼泪，因为他们知道，再进一步和母亲沟通只能让母亲更加痛苦。

治疗的第一个阶段，我们发现杰奎琳经常担心她的情绪表达可能会让母亲很痛苦并立刻滑入令杰奎琳深感恐惧的心理崩溃。为了避免无助地面对母亲的痛苦，杰奎琳只会向母亲表达那些她认为对母亲不具有威胁性的情感。焦虑的杰奎琳恐惧会目睹母亲难以解释的崩溃。我们已经理解她的惊恐障碍构建了"对于感受的感受"——对于恐惧感受感到恐惧——恐惧她的恐惧将触发某些更加令人恐惧的东西。随着杰奎琳对她的焦虑和恐惧情绪的反应变得越来越有觉察时，她的惊恐障碍消失了。认识到她早期情感体验无法表达的部分，帮助她驯服惊恐焦虑，并打开了一条接近情感并表达情感的道路。

她再次回来治疗，是为了重获社交自信并设法理解在和前男友迈克的关系中她的行为。她非常高兴和他在一起，并且抓住每个机会开心地对他絮叨，他是怎么得出她有时无动于衷、寡言少语这个结论的？

回顾关系中的各种事件，我们发现她和前男友在一起时，一旦她体验到不安全就会撤回，自动假设（依照儿童时期和母亲一起时建立的模式）她不能和迈克就他引发的关于关系的焦虑进行沟通，而是必须得自己处理。当我们认知到她的不安全内部工作模型所带来的影响，我们先前识别的问题组织原则——对她自身焦虑的恐惧性反应——得到更进一步地详细阐释。她的焦虑不仅令她感到害怕，而且她对焦虑的反应是从互动中**撤回**，她的无意识恐惧是一旦表现出焦虑将导致依恋对象的混乱并随后失去依恋对象。她的依恋类别是冷漠型（D）或回避型（A）的一个变体。面对分离或预期到分离时，回避型孩子不会表现出悲伤。虽然他们表面看起来泰然自若，但是他们在心理层面上被高度唤起。杰奎琳根据旧有的危险情境自己处理并维持一段依恋关系中的心理和身体上的距离，这是因为童年期的恐惧让她已经学会如此，但她不会知道这些行为可能带来的互动结果：隐藏重要情感反应，让迈克认为她无动于衷——尽管实际并不是如此。

治疗工作进展迅速，9个月以后我们就再次接近结束。她不再抑郁，并且已经开始了一段新的关系，在这段关系中，她能更有成效地认知到不安全的时刻，谈论她在关系中的各种反应，以及更加有效地维持关系。对无端恐惧的认知——让关系伙伴紧张会令她恐惧，并且恐惧会因此失去依恋对象——促使她努力改变她的模式并且做得很好。而且，她对财务状况感到担忧，因为账单不断增长，她的收入有限并且保险分文未付。我很喜欢杰奎琳，当她遇到麻烦就毫不犹豫地回到治疗中，并且她很确信我们会找到解决之道。

9·11事件以后，工作压力迫使杰奎琳多次取消会谈，有时仅仅是在面谈前几个小时。这样取消几次面谈以后，我在给她的一则短信中说到，9·11之后被取消的会谈肯定不会被收取费用，但是想和她谈谈如何理解对方以及如何避免更多的取消，因为在最后时刻取消会谈仍然会被收取费用。她彻底发飙了！短信、电话交流、接着在办公室，她都在表达要为**曾经**错过的一节会谈付费感到非常震惊、难以置信和激动愤怒。

我感到目瞪口呆，不能理解发生了什么。我尽力把注意力从具体的费用和规则上转移开，但是发现自己不能理解这个久经世故的世界公民怎么就不知道错过的会谈需要收费。我没有在其他的治疗中提过吗？她从来没有看过账单吗？我也感到很恼火并越来越生气。

所以，在我的办公室，我们就在这时进入"破裂和修复"（Beebe & Lachman, 1994）的工作。询问她我说了什么、做了什么或者没有说、没有做什么，只能让我们停滞在具体事件的层面上。但是当我问她，这个事件如何影响了她对我的感觉时，她悲伤地、小心地回答我，"我本来以为我可以依靠你来帮我照看着，可是……你没有。"她的失望和委屈非常明显。一开始，我没有跟上她所说的，但是我和她的这句话语待在一起，因为我的不理解提示这里可能有相当个人化的意义。接着，这个意义慢慢来到了，于是我对她说，"哦，当然。最终，你可以假定有一个人在那里，我在那里，照看着各种事情并处理需要被处理的事情。这样你就可以自由自在地做事情，自信地知道如果发生令人不安的事情，是可以依靠我去处理的。你能够继续你的活动，自由快乐地无须监测他人——我。对此感到理所当然是多么地美妙，被动摇是那么地糟糕。我的短信看起来意味着我需要你照顾我、提醒你小心别来烦我。毫无疑问，这令人非常沮丧。"

这个诠释为我们打破了僵局。换个角度来说，费用事件中断了之前一直未被认知到的发展性前行。移情的自体客体维度一直静默地、愉悦地居于恰当的位置，她在与我的关系中逐渐发展出安全感。她不必担心要照顾我，并且她可以安心地依靠某个人，这个人既能够照顾自己，也能够照顾到她的稳定和安全。理想化自体客体移情出现破裂，她感到很不安，狂暴地想要让我"做出正确的行为"，确保她的安全，以便她能够不必顾虑她的反应，因为她害怕这些反应会让我心烦意乱。

和杰奎琳的工作是沿着自体心理学/主体间性的路径开展，但颇有建设性的提升来自我对特定依恋议题的理解——安全感和她在童年时期发展的依恋内部工作模型，以及在治疗过程中重新建模的过程。通过镜映和理想化自体客体体验，杰奎琳和我的关系中发展出安全型依恋。她和我的争辩，是要让自己确信，作为这个过程的参与者我是可以让她依靠的，她不会重返不安全型姿态，她在这种姿态中不得不独自恐惧地照顾一切，并且假装一切安然无事，实际一片混乱。

伴侣治疗：加布里埃尔和乔治

接下来的这个案例是另一种不安全型依恋模式——对抗-矛盾型（C）依恋。尽管人们直觉性地认为回避型和冷漠型的依恋议题最难治疗，但是研究表明对抗-矛盾类型的治疗效果甚微。这种依恋类型的人，在孩子时就在寻求和抗拒父母之间交替不定。分离后的重聚并不能让他们从中得到安慰，而是继续哭泣并且无法安静下来。

在夫妻治疗前，加布里埃尔和乔治都分别接受了长期的个人治疗。他们在一起有很多年了，但是加布里埃尔感到他们的生活和工作已经导致他们日渐疏远，乔治认为情形相当暗淡无望。

从一开始，就有一个非常明显的互动动力。乔治抱怨加布里埃尔没有和他在一起，尽管他知道他自己的模式是连续数月生闷气却什么也不说。加布里埃尔很关心乔治的抱怨并且希望乔治不开心的时候能告诉自己。可是如果乔治不确定已经得到直接明确的关心，他就无法表达对关注的需要。乔治想立刻得到安抚，但是加布里埃尔更担心被控制。加布里埃尔需要更多的情绪空间，希望用语言表达需要和愿望，可是乔治没有办法让自己直接提出他想要什么。

加布里埃尔承认信任对于他而言是有一些困难，并且知道他的恐惧会对关系造成影响。还是个孩子时他的兴趣就表现出与他人不同，他的父亲因此对他非常愤怒，他的伙伴们会揍他，并且那些他本以为关心他的男性会攻击他。加布里埃尔需要时间发展亲密性，他感到和乔治（发展亲密）是有可能的并且不断有进展。

乔治的故事有着不一样的悲伤。他对神经化学的兴趣可追溯至和精神分裂症母亲一起生活所承受的痛苦，他的母亲在他的儿童期、青少年期和成年早期曾无数次住院。当她精神没有错乱的时候，母亲和他的关系亲密有爱。发作间歇期，她是一个溺爱孩子的、甚至保护性的母亲。乔治的父亲专注在他自己的事业上，他在情绪上隐性抛弃了妻子和乔治，因为在父亲所处的中西部路德教会社区，（精神分裂症的妻子）是羞耻的来源，（乔治的境遇）变得加倍艰难。母亲住院的时候，乔治常常独自待很长时间。他似乎总是想象着幸福地重聚，却又承受着令人痛苦不堪的失望。曾经，他兴奋地看着母亲，但是她甚至都没有认出他。

很容易理解，乔治需要感到某个人确实在那儿，尽管他无法言语化他对关注的渴望。同样清晰的是，加布里埃尔对于被控制感到焦虑不安，这曾经发生在那些创伤性情境中。他需要直截了当但乔治做不到，因为开放性能让加布里埃尔跟上建立亲密稳定关系的步伐，温和的步伐令其确信他不会突然被他人的需要所压倒。

我们一开始的工作是帮助他们理解彼此带入关系的脆弱性，并集中于他们的需要和恐惧是如何影响他们双方目前的互动方式。他们之间一再发生并让彼此兴味索然的场景，那就是在加布里埃尔正在烹饪的时候，乔治会以一种神经质的方式在（加布里埃尔旁边）跳舞，这两个男人都承认这种方式是为了吸引注意。这让加布里埃尔感到很恼火，尽管加布里埃尔的恼怒让乔治感到受伤，但乔治依旧重复这个表演。

当我指出乔治对直接要求更多的注意力感到恐惧，我们的工作得到了深化。乔治小心翼翼地尝试着建立他渴望的联结并获得极度渴望的亲密，但是有可能不被满足、不被认可，（例如加布里埃尔心烦意乱的表情）让他在心理上受到彻底毁灭的威胁。虽然焦虑地避开失望，但是能暂时最大化亲密，这是乔治的组织原则，对抗/矛盾型可能是他居于支配地位的依恋内部工作模型。

乔治很真诚地开放他的内心体验，而这个体验就是我想要强调的过程，因为我相信它反映了对抗-矛盾型模式常常会在那些体验到不一致养育的人身上看到。我们开始看到，当乔治想要的回应来得不够快，他就开始感到受挫、被击倒并告诉自己,"加布里埃尔再也不会……"接着,"我再不想要它了。"当可能暗示加布里埃尔不在乔治的触及范围之内,即使这一暗示非常微小也足以导致乔治的退缩。他对连接的渴望迅速转变为愤怒的退缩,并进入一种对抵制互动参与的心理状态中。如果乔治确实抱怨他感到孤独,加布里埃尔的回应(包括爱意和关心)几乎总是被他体验为"太少太迟"。乔治听不到加布里埃尔说的话,他已经深陷在自己的孤独中,忿恨地咀嚼着他所受到的伤害。对任何一点点意兴阑珊之处的准确辨识,就足以导致乔治一再糟糕地自我抱怨,"无论我说什么,都等于什么也没说。"乔治同意我的诠释,他那种愤懑的方式总是紧跟着他,一直很活跃。

他们之间的互动方式很引人注意。乔治回忆起一次对话,在那次对话中他向加布里埃尔提起一个问题,看起来似乎加布里埃尔给出了一个周全缜密的思考结果,但是乔治却感到没有被听见、没有被认可并感到愤怒。乔治想要更多的回应却感到被加布里埃尔忽略时,他就会撤回。加布里埃尔通常不知道他们之间有件事还没完结,但他想知道是什么事,这样他就可以有所回应。随着他开始越来越能直接询问乔治想要什么,乔治开始注意到他模糊的感觉,感到如果他主动纠缠加布里埃尔,某件东西将会被破坏乃至被毁掉。我相信,将被破坏的某件东西就是在创伤情境中获得的依恋模式,丧失了这个依恋模式将威胁到熟悉的自体感。无论是组织原则还是内部工作模型,都是尽可能多地获得关注的同时又尽可能少地拒绝风险,乔治的这个策略提供了一种感到安全的主观体验。

为了阐明乔治寻求情感互动的模式中的组件,我提到乔治的"预警系统"令他对分神极为敏感并先入为主。他认为分神的伙伴会让他撤回到一种自我包裹的位置,他在这个位置上自我沉溺地回顾他经历的各种事件,"舔他的伤口"并不断累积怨恨,他学会对母亲无回应的起始迹象保持警觉性同调。他不愿意直接寻求他的需要,这能帮助他不去向母亲索求她**无法**给予他的,保护他避免进入一种可怕的对抗状态,在这种状态中他感到**孤苦**

伶仃、失去亲人（all alone and bereft）。

治疗到这个阶段，我了解到乔治的母亲也患有癫痫，并且乔治对此的同调有着不可思议的准确性，他可以在他人癫痫发作前一天就觉察到。由于乔治高度警觉，他能准确地捕获到加布里埃尔一丁点儿的分神迹象。但是在现在的关系中，他对那些迹象的含义的自动化**诠释**却并不准确。治疗中的挑战是帮助乔治更有意识地觉察到这个模式，更具灵活性地做出自己的选择。

这里，再一次，主体间性理论的组织原则和依恋理论的内部工作模型产生交叠。乔治已经了解到，当他渴望连接时，他人不可获得的迹象都预示着情绪灾难。在那个时刻，他转入这样一种心理状态：在情感上被抛弃是不可避免的结局。再次体验到他人缺席、遗憾、哀伤和怨恨。在这种心理状态下，他抗拒真实的接触，尽管从心理层面上，他在儿童期（以这种方式）维持了最大程度的亲近可能性。曾经和母亲互动的戏码，被凝缩为一种人际模式——一连串的自动化情绪反应。首先寻求连接；然后感到没有回应，很绝望，接下来就再也不想要了。

依恋理论会在这个图景之上补充些什么呢？首先，这个故事的关键在于获得安全连接。第二，它阐明了与难以捉摸的客体保持心理亲近的模式，与感觉到安全有关。第三，理解依恋的观点使干预集中于距离的调节——身体的和心理的。在可怕的有害的情境下，乔治已经协商出一种母亲心理状态允许的情感连接的方式，同时这种方式也能保护他避免心理上的毁灭感。当更亲近的连接变得不可能时，他愤怒的自我包裹能够维持自己隐蔽的连接体验（private experience of）。在治疗过程中，乔治逐渐意识到接近加布里埃尔时他的恐惧，他感到自我容纳比尽力和加布里埃尔待在一起更加安全。这个理解至关重要，使得他们早先的陈述（乔治渴望连接，而加布里埃尔害怕连接）变得更加复杂。

我感到乔治微妙地校核距离，由此我阐释了那种从寻求加布里埃尔到拒绝加布里埃尔的一触即发的转变。我们发展出一种在关系中的定向语言，细粒度地觉察他人是在走向关系还是远离关系。我们仔细思考造成撤回的心理环境（在每个参与者的周围和内在），并论及需要做些什么来推动关系的进入并转化各种模式，这些模式在一个机能不全的系统中是有效的，但在成人时期却是失去功能的。加布里埃尔学会了调整他对潜在侵犯的恐惧所引发的应激反应并支持他的伙伴和治疗，乔治变得越来越能够更好地涵容失望并发展出表达他的需要的新信念。随着在治疗过程中得以解释和理解，并且随着新的主体间性开始产生影响，旧有的模式不再会自动地重复。

青少年治疗：阿曼达和瑞贝卡[4]

两位14岁有轻微自割行为的青少年的例子，将用来说明与依恋相关的理解有助于和青少年的工作。这两个女孩的行为看起来相似，但是其意义和有效的干预方法都不一样。导致不安全感的经历迥异，治疗推进也各异。然而在这两个实例中，依恋理论和研究都对理解每个女孩的主观体验做出了贡献。

阿曼达和J夫人

J夫人要求咨询，是因为她女儿的同学告知阿曼达多次自割。阿曼达的饮食睡眠缺乏规律，并且不完成学校功课。访谈医师形容J夫人态度生硬、很有控制性，并提到J夫人认为她和阿曼达的关系被同居男友的可憎行为破坏了，她自己没有能力有效地保护她的女儿（阿曼达），也不能坦诚地和女儿就此进行沟通。

在和J夫人的初始会谈中，让我印象深刻的是她不同寻常的高智商以及显而易见的异常沟通模式。她的面部表情明显缺乏情感，即使呈现出面部表情也和她的话语不匹配。她的叙述不具备合作性——叙述怪异行为时并没有相应地认知到我可能对她的描述会有所反应。我任何试图进行回应或参与的努力，都被坚决地推至一旁、置之不理。

我对于观察资料的理解取自AAI。J夫人的叙述显然存在互动和自体调节障碍（参考Beebe和Lachmann，2011）。当叙述内容充满情感，她似乎消除了自身的情感并且和周围环境失联。这种不安全依恋的迹象让我不由得想知道母亲和女儿之间的互动、母亲的不安全依恋对于女儿自体调节的影响、是否J夫人对于阿曼达而言是一个混乱迷失的母亲。

在我们的第一次会谈中，阿曼达描述自己常常说些"没有任何意义"、"很突兀（just out of the blue）"的话，的确如此，她的叙述相当杂乱，但是和她的母亲相比，她具有初级的洞察力，这能帮助我理解她；她比她的母亲更开放，让我可以和她建立连接，这是一个良好的预后指标。阿曼达谈到这样一些情境，她的母亲看起来突然地、令人难以理解地"僵住了"，例如当某人在桌子上洒了些什么。虽然阿曼达笑着，但我说她母亲反应的强度、她脸上的表情和她的声音其实很吓人。阿曼达看起来很高兴我理解到这些。由于我们的会谈就要结束了，她脱口而出，"哦，还有一件事。我母亲被我吓着了，她其实……信任我"，对此，我能够回应的是，"我想我理解，她不仅有时会被周围环境的东西吓着，她也常常吓到她自己，当她看起来被你吓着的时候，你其实一直在那里。"

我相信，这个例子就是母亲的混乱依恋模式影响了与女儿的互动以及自体调节方式。母亲的叙述失效（narrative lapses），反映出她对自身依恋体验（本节没有对此进行描述）缺乏整合。同时，缺乏整合干扰了她和阿曼达的互动过程。阿曼达不得不应对关系突然丧失的主观体验。心理层面上来说，没有任何警告她的母亲就消失了，并且她没有支持性的伙伴来帮助调节她自己的情感反应，包括她的母亲无法解释的行为激起的恐惧。安全型的孩子相信在感到不安的时候，可以获得情绪上的支持，而阿曼达的不安全型显示她习得的是另外一回事儿——感到不安的时候，她不期望她可以求助任何人来帮助她调节自己的感受。

尽管沮丧，但感到极度孤单的体验是自割体验的情绪核心，我们把这两方面放在一起进行讨论。我能理解她在那些时刻的心理状态，我能够轻柔地把那些状态和许多过去类似的关系体验联系起来，这些回应帮助了阿曼达。我不仅仅提供洞察，而且以理解性在场带来的情绪安抚为她提供了新的体验。在阿曼达的治疗过程中，我对情感同调和情绪整合的重视，促进她在多个领域内的重新组织。

阿曼达在利用这段新的关系的方面展示出令人振奋的能力，这是我们对和青少年工作一直保持兴趣的原因。她在睡眠和学业方面的困扰获得改善，自割行为消失了，情绪不再抑郁。在6个月以内，阿曼达的沟通变得越来越流畅、越来越具有自我反思性。家庭互动依旧存在障碍，但是阿曼达能够更有效地管理这些（尽管是以退缩的方式）。她的母亲想要进行母女会谈，我向阿曼达提议但是她拒绝了。虽然自割已经被我们抛在身后，但是治疗依旧继续着。无论是谈起她的同性朋友、她的老师或者她特别的"迷恋（crush）"对象、我们互动特征的二元过程持续促进她的自体调节和交互调节的再组织。

瑞贝卡与父母

瑞贝卡同年级的女生很担心她，因为瑞贝卡自割、滥用药物和酒精，并且参与大量引起社会骚乱的活动，于是学校建议她接受咨询。初始的咨询评估会谈，首先是和瑞贝卡本人进行，在得到瑞贝卡同意以后，也和她的父母进行会谈，即A先生和A夫人，会谈表明这个青少年在她和同性及异性同学的关系中感到激愤、困惑和被情绪淹没，而且不相信父母可能会帮助她处理她的不安。虽然她预期热衷于学术研究的父亲会不屑一顾地把社交忧虑称为"愚蠢的"，但是她与母亲关系中的受挫另有原因。瑞贝卡和母亲之间的冲突非常突出。当瑞贝卡和母亲分享自己的担忧时，她母亲倾向于把这个担忧重新构造，以符合她和她自己的母亲的故事特点或体验特征。

A夫人报告，她会和自己的母亲分享所有的一切，甚至她的第一次性经历。我猜测，当A夫人和女儿瑞贝卡互动时，很可能A夫人母亲的反应支配了A夫人的想法。A夫人没有回应女儿正在表达的感受和瑞贝卡的现实问题，而是开始谈起她的母亲在类似情境中可能的做法，每一次都不触及瑞贝卡的实际问题和现实情况。合并其他被忽视的细节，我得出这样的结论：A夫人和她的母亲的依恋模式是迷恋型。她的行为表现体现出她期望瑞贝卡和她的关系，就和她与母亲的关系一样，也就是绝对服从自己的想法和情绪；A夫人不能认识到，她女儿的实际状况完全不同。

虽然A夫人很聪明并且在专业上高功能，但她完全忽视瑞贝卡和她有着不同的爱好和兴趣。由于A夫人专注于学术成就，所以她关心的是成绩。她自己不太具有"社交性"，从来没有尝试过毒品，所以她对药物使用漠不关心，仅仅让瑞贝卡无论何时酗酒或使用药物告诉她一声。无意识地，她期望控制瑞贝卡，就如她被她的母亲的欲望所控制一样。

母亲把自己的兴趣和体验麻木地替换为瑞贝卡的，瑞贝卡把母亲的这个行为看作"侵入性"，并且通过陡然地不予理会来应对这些"侵入"。瑞贝卡试图逃离难以理解自己的母亲，但这使她无法反思并且容易冲动。尽管瑞贝卡也非常聪明并且在某些方面很有能力，但是她漫不经心、轻蔑地对待人际互动中遇到的各种问题。简而言之，瑞贝卡毫不关心她是如何管理自己的——在社交方面和学业方面。

尽管和父亲交谈显得更为容易，但瑞贝卡与父母的依恋模式依然是不安全型的。有不安全感的孩子进入青春期，特别需要被重视并且确认他们自己是谁。常有的情况是，瑞贝卡把社会环境体验为她获得认可的第二次机会。比起女孩们，瑞贝卡感到和男孩们在一起更加舒适，而且她很漂亮，13岁时瑞贝卡被一些较大的男孩们瞄上并开始"鬼混"、酗酒、使用药物。和一位进食障碍者短暂调情之后，在学校的社会骚乱群体中开始拉开自割的序曲。较大一些的女孩憎恨她的存在，瑞贝卡成为污秽的、贬抑的流言蜚语的目标。然而她对他人情绪的理解能力不足，而且不能预期他们对她的行为会有怎样的反应，以至自身社交上的拙劣让她的痛苦变得复杂化。

在社交方面瑞贝卡感到被情绪淹没。通过个人谈话的方式讨论这个问题，让我们都很受启发，我们慢慢看到瑞贝卡常常不考虑结果，不能设身处地为他人着想，而其他的女孩可以做到。从这里可以看到心理组织模式的代际传递，当父母不能理解孩子的心理和心灵状态，就会导致孩子同样缺乏这些能力。瑞贝卡既不能自我反思，也不能共情他人。她感到痛苦且困惑，并且让我了解到这一点。

治疗发生了一些很有意义的变化。我认为她需要运用所有的才智来有效应对她的社交困境，并且单刀直入地解释为什么克制饮酒和吸大麻也许有帮助——让她安心地做自己能做的，以便感到更少的丧失感。她采纳了我的建议。

我对她的家庭的评论，让瑞贝卡很感兴趣，于是我们附加了几次家庭会谈。家庭工作的任务是鼓励父母在女儿的想法和他们与女儿的沟通当中，能够为女儿的观点腾出空间。我试图促进的互动方式是瑞贝卡能够开始在互动中阐明她关于自己和关于父母的观点。我的目标是合理地扩展他们的技能，并关注有问题的互动方式，这有助于瑞贝卡更好地领会她在情绪方面的需要、挫折和选择。

在这些家庭会谈中，无论瑞贝卡多么努力地尝试，一旦她感到无法让母亲倾听她，我们就能够观察到瑞贝卡体验到的难以忍受的张力。以前瑞贝卡会从有些"歇斯底里"式的这些体验中"逃开"，并且几乎不能认知到父母对她的影响。在并行的个人治疗中，我告诉瑞贝卡，我认为与母亲关系中的挫败让她体验到可怕的张力，在某些方面，和她自割时所处的状态有关，她激动地说道："绝对是，我感到我要爆炸了，只能以可视化的方式思考它。"她说，"我不得不让它流出来。于是我让自己流血。"

她的家庭开始"倾听她",并且随着她不断表达观点,她变得更加能自我觉察并且更加擅长自我管理。在没有告诉任何人的情况下,瑞贝卡停止服用抗抑郁药,这是她以前的治疗师开给她的。尽管如此,她的情绪得到极大的改善,也包括她的学业。瑞贝卡逐步地让她的社交生活平静下来。并慢慢从社交快速通道中撤回,重新开始她之前放弃的同性友谊,关系中的稳定帮助她进一步发展她的社交情绪能力。

讨论和结论

这些案例说明了我的观点,也就是,从依恋需要协商过程中浮现出来的心理组织,能够成为一条通向自体心理学/主体间理解的"捷径";通晓依恋理论和研究领域获得的情感模式,也许可以深化自体心理学/主体间理解。

对杰奎琳情感抑制的依恋相关结构的理解,为她崩溃后的工作提供了指导,认知到依恋相关的模式能够帮助理解关系破裂具有怎样的意义,这个破裂本来可能导致治疗过早结束。第一阶段治疗发现的组织原则——担心表现出她的恐惧会让事情更糟糕——得到富有成效地阐释,并且加深了我对回避-冷漠型依恋风格的理解。我的手机短信破坏了自体客体移情,看到理想化和镜映自体客体体验和发展安全依恋两者之间的联系,对"修复"我们的连接至关重要。

依恋方面的理解有助于有效识别乔治应对方式的发展起源和功能运作,这是为了应对母亲心理疾病情境性发作所导致的反复无常的教养方式。除了展示一个叠加的依恋相关模式之外(乔治是对抗-矛盾型,而杰奎琳是回避—冷漠型),这个案例打开了一扇窗户,可以展现根深蒂固的、适应不良的心理模式,这个模式在治疗过程中拒绝改变。就像这个案例所展示的,详细地探究分析这些复杂模式,能够促使患者认知并调整习以为常且适应不良的惯常行为方式。内在感到安全才能最大程度地接近依恋对象,认识到这一点加深了对失去熟悉的自体感的恐惧的理解。患者担心丧失重要的依恋联结从而一直维持这些模式,这样的理解有助于治疗师保持耐心并重新构造那些在另一方面看起来又是有害的阻抗。

回顾两个青少年的案例,我们可以非常清楚地看到不安全依恋模式的代际传递,以及因此导致的缺乏自体调节和交互调节的能力。有些家庭如A夫人和瑞贝卡一样,孩子的功能缺陷直接源自和双亲的互动。A夫人不能在心理层面抱持儿童期的瑞贝卡并反思,那么成长为青少年的瑞贝卡就不能反思她的想法、感受和行为结果。"代际传递"还有可能以更加拐弯抹角的方式运作。阿曼达母亲的混乱依恋实际上常常把阿曼达置于没有伙伴的情境中,导致她过度依靠自己管理自己,因此干扰了阿曼达发展更恰当的自体调节模式。

此时应该给出一个重要的限制条件。为了阐明依恋相关理解的临床应用,我突出各种**模式**(patterns),并让这些模式处于心理前台而把其他细节归入未明示的后台,我还使用分类图式来表达我的观点。然而,依恋分类[5]从来不能充分地捕获到个体心理生活的丰富性和复杂性。类似地,好的临床工作从来不按照预设的"食谱"操作,无论有关这个问题的是一本依恋手册还是一本诊断操作手册。

我对于依恋分类的思考与我对诊断的看法类似。虽然两者都能够让临床工作者对功能运作类型更加敏感,但是两者都不能充分地捕获到个体的人格特征,也不能自动地开出治疗方案。可以类比于北美地图,大城市的位置可以让你确定温度趋势并大致接近实际状况,随着定位更加的熟练,你也许甚至能预期区域重点情况,但是地图无法提供设身处地体会到的细节。并且正是在患者体验的特定细节周围展开的新的二元互动,促使了治疗性再组织。

我以还原论"烹饪书"方式阐述我对临床工作的观点,选择的两例青少年案例都有自割的症状并和不安全型双亲建立不安全型依恋。在每一个案例中，依恋理论和研究扩展了我在心理层面对于她们和双亲互动的主观体验的理解。利用AAI知识，我认知到J夫人和我一起的行为方式，反映了J夫人在自体调节和交互调节方面的重大问题，这帮助我理解了阿曼达的沟通方式，就如认知到A夫人与她自己的母亲的迷恋型依恋模式，有助于我最终领会到沟通困境是如此挫败瑞贝卡。依恋概念帮助我理解这两个女孩的症状所反映的心理问题并依此展开治疗。虽然这两个心理治疗都非常有效地开启了辅助性的发展机会，转化存在的方式从而改善整体功能运作并消除了症状，但即便是知道不安全型依恋是一个因素，也**没有单一**的方式治疗14岁有自割行为的女孩。尽管阿曼达和瑞贝卡也许乍一看很类似，但是她们的不安全依恋却源自不同的主观体验，自割行为的意义不同、功能不同，因此针对她们的治疗需要与这些差异匹配。

阿曼达和瑞贝卡，杰奎琳，加布里埃尔和乔治，稍许简要的海伦和阿德里亚娜，每个案例描述了与依恋相关的情感互动建立起来的各种**模式**，及其对于临床阐释和转化适应不良的自体调节和交互调节所具有的重要性。我认为，依恋理论和研究在**模式识别**（pattern recognition）方面做出了贡献，并入以自体心理学/主体间视角展开的临床工作将会有所助益。既然情感互动创造的**模式**是自体心理学、主体间性以及依恋理论的病理学核心和心理健康的核心，那么如果一个人未能完成与全面**整合**有关的议题，就应该考虑运用从依恋理论和研究中得到的概念。

从依恋理论和研究中获得的理解，对于从自体心理学/主体间视角展开的临床工作具有重要贡献，这是本章的结论。通晓从依恋关系协商过程中浮现出来的各种模式，可以帮助临床工作者更迅速地认知到这些模式的意义及其重要性，从而支持治疗工作。这些图式的局限性给出一个启示，那就是不要缩减对于理论和研究的热情，它打开了临床工作者的智慧和心灵，为老问题引入新视角。

参 考 文 献

Ainsworth, M., Behar, M., Waters, E., & Wall, S. (Eds.). (1978). *Patterns of attachment*. Hillsdale, NJ: Lawrence Erlbaum Press.

Atwood, G., & Stolorow, R. (1984). *Structures of subjectivity: Explorations in psychoanalytic phenomenology*. Hillsdale, NJ: Analytic Press.

Beebe, B., & Lachmann, F. (1988). The contribution of mother-infant mutual influence to the origins of self- and object representations. *Psychoanalytic Psychology, 5*, 305-337.

Beebe, B., & Lachmann, F. (1994). Representation and internalization in infancy: Three principles of salience. *Psychoanalytic Psychology, 11*(2), 127-165.

Beebe, B., & Lachmann, F. (2001). *Infant research and adult treatment, co-constructing interactions*. Hillsdale, NJ: Analytic Press.

Bowlby, J. (1969). *Attachment and loss, Vol. I*. New York: Basic Books.

Caligor, J., Fieldsteel, N., & Brok, A. (1984) *Individual and group psychotherapy: Combining psychoanalytic treatments*. New York: Basic Books.

Doctors, S. (2003). Advances in understanding and treating self-cutting in adolescence. In A. Streeck-Fischer (Ed.), *Adoleszenz-Bindung-Destrucktvat*. Germany: Klett-Cotta.

George, C., Kaplan, N., & Main, M. (1984). Adult attachment interview protocol. Unpublished manuscript, Univ. of California, Berkeley.

George, C., Kaplan, N., & Main, M. (1985). Adult attachment interview (2nd edition). Unpublished manuscript, Univ. of California, Berkeley.

George, C., Kaplan, N., & Main, M. (1996). Adult attachment interview (3rd editon). Unpublished manuscript, Univ. of California, Berkeley.

Freud, S. (1914). Recollecting, repeating and working through. S.E., Vol. XII, London: Hogarth Press, 1955.

Freud, S. (1920). Beyond the pleasure principle, part III. S.E., Vol. XVIII, London: Hogarth Press.

Hesse, E. (1999). The adult attachment interview: Historical and current perspectives. In J. Cassidy and P. Shaver (Eds.), *Handbook of Attachment*. New York: Guilford Press, 1955.

Kohut, H. (1971). *The analysis of the self* Ed. A. Goldberg. Chicago: University of Chicago Press.

Kohut, H. (1977). *The restoration of the self.* New York: International Universities Press.

Kohut, H. (1984). *How does analysis cure?* Ed. Arnold Goldberg. Chicago: University of Chicago Press.

Main, M. (1995). Recent studies in attachment: Overview, with selected implications for clinical work. In S. Goldberg, R. Muir, & I. Kerr (Eds.), *Attachment theory: Social, developmental, and clinical perspectives.* Hillsdale, NJ: Analytic Press.

Main, M., & Hesse, E. (1990). Parents' unresolved traumatic experiences are related to infant disorganized attachment status: Is frightened and/or frightening parental behavior the linking mechanism? In M. Greenberg, D. Cicchetti, & E. M. Cummings (Eds.), *Attachment in the pre-school years: Theory, research, and intervention* (pp. 121-160). Chicago: University of Chicago Press.

Main, M., & Hesse, E. (1992). Disorganized/disoriented infant behavior in the strange situation: Lapses in the monitoring of reasoning and discourse during the parent's adult attachment interview and dissociative states. In M. Ammaniti & D. 'Stern (Eds.), *Attachment and psychoanalysis.* Rome: Gius, Laterza & Figli.

Main, M., & Solomon, J. (1986). Discovery of a new insecure-disorganized/disoriented attachment pattern. In T. B. Brazelton & M. Yogman (Eds.), *Affective development in infancy* (pp. 95-124). Norwood, NJ: Ablex.

Main, M., & Solomon, J. (1990). Procedures for identifying infants as disorganized/disoriented during the Ainsworth strange situation. In M. Greenberg, D. Cicchetti, & E. Cummings (Eds.), *Attachment in the preschool years: Theory, research, and intervention* (pp. 121-160). Chicago: University of Chicago Press.

Main, M., Kaplan, N., & Cassidy, J. (1985). Security in infancy, childhood, and adulthood: A move to the level of representation. In *Growing points of attachment theory and research. Monographs of the society for research in child development, 50* (1-2, Serial No. 209), 66-104.

Slade, A. (1999). Attachment theory and research: Implications for the theory and practice of individual psychotherapy with adults. In J. Cassidy and P. Shaver (Eds.), *Handbook of attachment: Theory; research and clinical applications*. New York: Guilford Press.

Socarides, D., & Stolorow, R. (1984/85). Affects and selfobjects. *Annual of psychoanalysis, XII/XIII*, 105-119.

Sroufe, L., & Waters, E. (1977). Attachment as an organizational construct. *Child Development, 48*, 1184-1199.

Stern, D. (1985). *The interpersonal world of the human infant*. New York: Basic Books.

Stolorow, R. (1997). Dynamic, dyadic, intersubjective systems: An evolving paradigm for psychoanalysis. *Psychoanalytic Psychology, 14*(3), 337-346.

Thelen, E., & Smith, L. (1994). *A dynamic systems approach to the development of cognition and action*. Cambridge, MA: MIT Press.

注　释

1. 由于隐私和信任是患者有可能去信任另一个人的基本要素（Caligor, Fieldsteal 和 Brok, 1984, p.xiv），所以示例的案例糅合了多个案例，用以说明依恋相关的模式。

2. Beebe 和 Lachmann（1988, 2001）关于内在和关系过程的交互发展共同建构的思想，就探索了这个领域，并且提供了另一个相适宜的语言来谈及从互动中涌现的模式和期望。

3. 多年以后，主体间性理论者 Bernard Brandchaft 描述了病理性涵容结构，这个工作成果更加明确地承认了依恋需要的影响。

4. 这些糅合的案例的部分细节请参考 Doctors（2003）。

5. 确实，本章暗示依恋状态可能随着心理治疗而发生改变，这个观点和重要生活事件可能改变依恋状态的研究结果相一致，尽管依恋类型的总体趋势是持续的。

3 前行：对自体心理学和波士顿变化过程研究小组的反思

Dorienne Sorter；Jacqueline Gotthold

在对与错的界域之外，有一片旷野之地。

我将在那里与你相遇。

当灵魂躺在那片青草地上，世界的丰富，超越言语所及。

观念、语言乃至"你我"这样的语句，都变得毫无意义。

——Rumi

重重地落在分析师对面的沙发上，17岁的女孩——几乎就是一位成年女性——以一种夸张的方式宣告自己抑郁了。"我今天太……太……太抑郁了。"Becky悲伤地说。尽管低声抱怨的时候，她避开眼神的接触。随着宣告的完成，缓慢地，她抬起双眼，知晓她将迎上分析师凝视的目光。随着目光的交汇，她的分析师似接纳、似叹息、似微笑。"那么……发生了什么？"

对于持续5年、一周3次、每次45分钟的治疗中的这种15秒（诸如上述这个片段），多年以前我们或许会问，我们可以怎么理解它们。我们可能已经讨论过病人的历史、移情和反移情和（或）完整的对话记录。然而现在随着我们重新定义焦点，咨询室的这些时刻丰富了对治疗行为（therapeutic action）的深刻理解。上面的片段中言语内容仅仅由9个字组成。然而，从Becky重重地落在沙发上开始，一直到患者和分析师之间眼神的交汇，这个交流的过程已经"说出"大量的内容。我们如何理解这种交流的丰富性，就是本章的重点。

我们将检视成人治疗过程和儿童治疗过程的最新发展，依据波士顿变化过程研究小组（Boston Change Process Study Group，简称为BSG）的工作成果来详细解释。BSG小组专注的治疗领域落在言语、意识和无意识之外，落在内隐-内隐关系知晓（implicit-implicit relational knowing）的维度。或者用BSG的话来说，就是治疗过程中"更多的东西（something more）"。作为一个（研究）领域，精神分析显然准备纳入这样一种阐释和语言，从而能够探索治疗过程中的起效要素，迄今为止这些要素难以捕捉。涉及这个探索的大量论文、演示和课程都证实了这个结论。

在以前的章节中，我们注意到BSG的工作可应用于依循各种精神分析理论展开的治疗（Gotthold & Sorter，2006）。在自体心理学框架内开展工作的分析师，如何整合BSG的研究成果呢？

对于患者和治疗师之间逐步展开的互动过程，当代自体心理学和主体间理论家们一直致力于进一步完善对此的详细阐述。他们持续探索并扩展自体心理学理论的基石：共情的功能，自体客体移情以及患者/分析师关系中的破裂和修复周期。自体心理学已然壮大的智囊团中部分贡献者，包括史托罗楼（1997），史托罗楼和阿特伍德（1992），史托罗楼、布兰德卡夫特和阿特伍德（1987），以及奥林奇、阿特伍德和史托罗楼（1997），把我们的注意力引向治疗过程中的主体间性和情境性领域。还有Bacal的特异性理论（1998）指出分析师对患者需要的特定回应的核心作用，以及利希滕贝格（1989）和利希滕贝格、拉赫曼及福斯吉（1992）提出动机系统理论。所有这些自体心理学新视角，都关注精神分析情境中持续的、二元的、"关系的"维度。

婴儿研究（Sander，Tronick，Stern）和系统理论（Thelen & Smith，1994；Coburn，2000；Fossage，1997，2003，2005）文献把自体心理学理论引向另

一条扩展之道。拉赫曼和毕比（1966a，1996b，2002）把婴儿研究成果和系统理论应用于成人治疗。这些研究领域中的成果，引导我们依据影响和被影响的二元双向系统的方式来理解治疗关系。这些理论发展新领域的具体化，有助于我们接受以下思想：在治疗关系中共同创造期待、自体和他人互动调节的作用、非言语部分在所有互动中不可或缺的作用。

由于自体心理学理论化过程的持续发展、扩展和包容性，BSG的研究成果使得我们可以更精确地阐述治疗过程的各维度，这些维度过去没有得到考量但一直在发挥作用。BGS在"局部层面（local level）"上工作，再次把我们的注意力转向比全局焦点——同调的回应、破裂和修复、共情浸泡——"更多的东西（something more）"。他们强调，外显的陈述域和内隐的过程域在所有互动中相互交织，这赋予自体心理学双边交互调节的、同调回应的治疗二元关系以新的意义和理解。

本章中，我们将探究这些方面是否得到足够重视：（1）"前行（moving along）"过程，这在BSG以前的论文有所阐述（1998，2002，2005）；（2）治疗过程中的陈述性/外显的维度（declarative/explicit）和非陈述性/程序性维度（nondeclarative/procedural）的相互影响；（3）BSG致力于建立统一场域理论（unified field theory），最近的扩展和应用是否不至于过早？

BGS的初始参与者是精神分析组织的杰出成员，迥异的背景增加了他们工作的丰富性。Lou Sander，Daniel N.Stern，Edward Tronick，Jeremy Nahum，Karlen Lyons-Ruth，Alexandra Harrison，N. Bruschwiler-Stern 和 Alexander Morgan，都做出了贡献来逐步演进对治疗行为的阐释。到其早期出版物发行时（Stern, et.al., 1998；Lyons-Ruth, 1999；BSG, 2002），这个领域正在达成共识：比诠释"更深的东西"在推动治疗过程。

BSG开始密切检视治疗过程，以便最终界定这个难以捉摸的"更多的东西"。他们参考了发展研究结果、系统理论和精神分析的临床过程，提出理解治疗行为的新方式。BSG认为，言语（陈述性的）诠释不足以解释治疗行为，认为"更多的东西"不必是言语。他们发现，变化的推动常常发生在非言语领域，或者在BSG所理解的程序性（记忆）领域。在认知心理学文献中，我们知道"陈述性记忆"这个术语（Cohen & Squire, 1980）是指"有关信息处理的记忆系统，个体能够有意识地回忆起来并声明还记得"（Davis, 2001, P.451）。程序性记忆，则是一种非陈述性记忆，它影响了体验和行为但典型地不能被外显地或有意识地回忆起来（Squire, 1994；Fosshage, 2005）。

程序性记忆包括以非言语形式获得信息，它与高度熟练的行为序列有关联。一旦习得，这种知晓（knowing）就变成自动的并且不必总会象征性编码。大多数体育运动就是使用这种程序性信息编码，例如，一旦习得，骑自行车就成为程序性的。一个人不再会去思考"踩踏板同时必须把握方向盘。"一经获得，程序成为一个人无须有意识思考的行为技能。

BSG认为，我们与他人一起做事的方式，也是程序性编码。他们把这种程序性编码互动称为"内隐关系知晓（implicit relational knowing）"。最近一部被热捧的电影让我们印象深刻，它生动地演示出内隐关系知晓——《穿普拉达的女魔头》(*The Devil Wears Prada*)。这部电影中，每当"女魔头"老板Miranda Priestly出现，整个杂志社都迅速转身、避开目光接触。当"女魔头"走进电梯，无论谁在电梯里，都会径直走出来——没有丝毫犹豫。就仿佛"啊哈她来了"会自动发生。Miranda一出现，所有人都散开，这些回避行为已经成为程序性编码。

BGS努力提升对治疗行为的精准理解，为此他们回顾了一个又一个小时的精神分析过程。他们被这些时刻所吸引：看起来咨询室出现了化学反应，或者是在言语交流的领域之外，似乎很重要的东西正在发生。他们发现这些"时刻（moments）"，常常转变患者和分析师彼此在一起的方式。BSG把这些时刻称为"相遇时刻（moments of meeting）"或"现在时刻（now moments）"。

接下来的片段就是一个带电时刻（electric moment）。琼（Gotthold & Sorter,

2006；Sorter，1996）径直走向办公室角落的组合沙发。眼睛睁得大大的，坐下时尽可能地挪进角落里，以至于双脚离开了地板。办公室的坐椅带有滚轮，当我坐下时，起初把坐椅向前滚动了一点，到达我觉得恰好的位置，并且通常这是患者和我可接受的距离。琼的眼睛睁得更大了，她抬起后背，把自己往后带以尽可能地远离我，这个行为清晰地表明她需要身体和心理上的距离。她一个字没说，也无须多言就让我明白了，我已经侵犯了她的空间，并且她正竭尽所能地远离我。不假思索地，我立刻把我的椅子向后推，琼明显回正身体并继续我们的会谈。这个令人吃惊的行为是我们未曾预料的，它对我们双方而言就是一个现在时刻。在BSG看来，现在时刻是一种特殊类型的"当下时刻"（Stern，2004），一个人"情感上"被点燃，导致双方共享的内隐关系被引向公开化。在数秒之内，一个字也没说，琼和我就对彼此有了很多的理解。这个主体间共享体验被认为是无须言语化的。BSG断言，这种患者和分析师的主体间场域的交汇，带来日益增多的复杂且整合一致的回应。这种相遇时刻塑造了我们在一起的方式。

如上描述，会谈时刻的自发性行为把患者和治疗师拉入斯特恩（2004）称之为的"当下时刻，也就是活现的非言语时刻（lived nonverbal moment）"。持续展开的、共同创造的、交互调节治疗过程，是相遇时刻、现在时刻和当下时刻得以浮现的情境。BSG和斯特恩（2004）把这些步骤称为"前行过程（moving along process）"，换言之，其构成治疗材料。

斯特恩（2004）在《心理治疗和日常生活中的当下时刻》（*Present Moment in Psychotherapy and Everyday Life*）一书中，用了整整一章论述"前行"过程。他把前行定义为日常对话，适时地推动治疗对话向前。正是对句子、停顿、面部表情的汇集，构成了斯特恩以术语称之的"局部层面"。局部层面，被定义为"患者和治疗师之间构成关系移动的秒秒瞬息交流，涵盖言语和非言语的发生，例如口语、沉默、手势以及手势或主题的转变"。"时刻"从这个局部层面浮现出来。Stern称之为的"当下时刻"包括：(1) 关系的移动,那些当下时刻是个体觉察到但尚未进入长时记忆的;(2)有意识的当下时刻,区分为一般性的现在时刻、当下时刻和相遇时刻。有关这些特殊时刻的详细解释,请翻阅斯特恩(2004)的相关文章。

BSG在随后的工作中,重点强调治疗过程中的"协调性(fittedness)"和"松散性(sloppiness)"。Sander(1995a,1995b,1997,2002)基于对双亲/婴儿互动的研究评估,在BSG的词汇体系引入"协调性"这个术语……尽管Sander最初的协调性研究是关注生理状态的调节,尤其是睡眠状态,但是BSG把这个术语从生理层面的协调性扩展纳入主体间状态转变的协调性。其他一些术语也被用来描述这个现象。BSG(Stern,2004)几乎互换地使用"意图的协调性(fittedness of intentions)"、"协调性的识别(recognition of fittedness)"和"相遇时刻"。

BSG把非线性系统理论的原则延展至治疗改变的行动化理论(enactive theory of therapeutic change)的领域,因此纳入松散性的概念(2005)。这是他们力图在局部层面捕捉治疗关系所具有的即兴的、松散的、凌乱的和自发的特性。在BSG(2005)看来,松散性是指"患者和分析师之间意义交流的不确定性、非条理性或者近似性"(p.694)。在2005年的那篇论文中,他们反复重述这个信念:治疗发生在局部层面上,这正是内隐关系知晓上演之所在。局部层面的广义应用,是设想经典精神分析概念(例如,冲突和防御)既浮现于局部层面也在局部层面上发生转化。这意味着深度心理学转变为局部层面的精神分析,那么,BSG将翻转精神分析地形学。

在更早期的工作中,我们秉持质疑精神来检视BSG的构建(Gotthold & Sorter,2006)。我们想知道这些构建,例如内隐关系知晓、相遇时刻、现在时刻等BSG提出的这些术语,是否增加了描述改变过程的特异性和清晰度。那时,就像现在,我们觉得在精神分析词汇中加入这些有关捕捉"更多的东西"的术语是非常有价值的。

再一次把注意力聚焦在"前行"的重要性上,我们认为它是理解治疗行为的关键。我们理解内隐关系知晓——勿与无意识过程混淆——最初源自婴儿和照料者之间共同创造、互动调节的过程。正是建立在规则之上的这套期望，构成了孩子浮现的内隐关系知晓，并在发展象征性语言之前进行了程序性编码。正如Lyons-Ruth（1998）所主张的，"如果一切顺利，孩子的'内隐关系知晓'将会逐步发展得'更加清晰、更加整合、更加复杂'"（p.285）。我们相信，治疗情境中也是同样的。治疗性的活力和治疗行为既是从外显编码的在一起的方式中呈现出来，也是从独特的、主体间性的、共同构建的二元程序性的在一起的方式中呈现出来。如果治疗过程一切顺利，对于患者和治疗师，内隐关系知晓都将变得越来越清晰、整合和复杂。

我们继续探讨前行过程少有着墨之处。Nahum（1998）、Tronick（1998）和斯特恩（2004）阐述道，前行过程说明了这样一个逐步推进的治疗过程，即通过一系列必然的互动调节序列，自体感和自主性能够越来越整合一致。我们相信，不仅前行过程是理解那些时刻的关键，而且共同创造、互动调节的双元关系体验的不断展开，启动了一个治疗性背景（a priming of the therapeutic canvas），于是患者和治疗师在这个背景下发展出一种情境——一种认识彼此的方式——如此，这些内隐关系时刻具有转化作用（transformative）。我们认为，每个时刻都嵌入持续进行的程序性和陈述性情境，该情境由特定二元关系共同创造。如下的片段就是这个过程的示例。

保罗是一名玫瑰专家，经过多年治疗之后，他在关心他人方面获得更加充分的发展，他告诉我他打算买一份礼物送给自己的合作伙伴。"多丽丝，这个精美的小花瓶，插上无与伦比的玫瑰，非常适合放在你那里的壁炉架上。"根据我们过去大量的互动，我明白每当他的男高音嗓音发生变化并柔和起来，就表示他在关心我，而他多年来为发展关心他人的品质经历了很多挣扎。他，基于对我们过去互动的感受，知道这个想法对我有何意义。我知道尽管他实际上从未带礼物给我，这个言语化的想法是一个亲密和深切感受的交流，它足以说明我们的关系已经演进到何种程度。此时没有必要探讨是否会有在现实层面上给出礼物,我推测这种探讨很有可能是破坏性的,我们两个都很清楚,不会给出礼物。

此时没有必要陈述性地说明我是如何理解这个沟通蕴含的意义。我们两个人都理解它所蕴含的更深的意义和感受到的体验(自体客体联结的强度)。它表现出一个内隐关系知晓——我们在一起的方式(way of being together)。这个时刻由我们各自的一套关于期望的程序性编码所促成,并通过前行发生转化——背景启动过程(canvas priming process)——推动我们内隐关系知晓的转化和扩展。我们想要强调的是,互动调节治疗过程的"持续性(ongoingness)"(前行)具有转化作用(transformative),它借助与非语言沟通的盘错交织而出现,这包括面部表情、语调的转变、彼此在一起所使用的方式及陈述性沟通。尽管变化既是因为特殊时刻的涌现,也是治疗前行的结果,但是我们相信对于双方而言,变化的核心是一步一步地共同创造在一起的方式。

在上面的片段中,这个相互交织的外显沟通和内隐沟通,塑造了持续进行的临床过程。和BSG的观点一致,我们早期已经提倡以一种合作性的方式处理这些时刻,就如上述片段所呈现的。这种处理可能涉及也可能不涉及对治疗关系的陈述性诠释。它并不仅仅是在某个具体时刻进行合作性处理,更是一个随时间持续发展的合作性过程,从而扩展我们的内隐关系知晓。

随后这样一个问题就会浮现出来:为了具有转化作用,治疗的内隐关系/陈述性互动序列(那些曾经被感受到的或者被发现的)必须以言语的方式表达吗?就陈述性/非陈述性的这个论辩,斯特恩在其最近的一本书(2004)中提出自己的观点。他提出,"变化是内隐的。没有必要让其外显并进行讨论。变化将成为患者内隐关系知晓的一部分。"(p.152)他继续谈到,这个转化的结果就是为"外显资料和诠释方式有新的探索"做好准备(p.165)。

我们无意针对论辩双方表明态度。我们相信前行过程促使患者和分析师双方的内隐关系知晓都发生转化，并影响双方在一起的情境和方式。我们进一步主张，以程序性方式发生共同创造的互动调节性交流自身具有转化性并转变自身，从而具有诠释性（interpretive）。这些论述不是让我们沿着一条线性路径，也就是从程序性领域铺就一条直接通往陈述性言语诠释领域的道路。它不是一条单行道，而是程序性编码交流同时伴随着陈述性交流的双向影响。我们相信，有时必须停留在程序性过程领域。正如我们在片段中所呈现的，言语化那些无须言说的东西，会削弱参与者双方的共享体验。

毕比和拉赫曼（2002）对此的视角稍有不同，上面的片段可以视为二元系统的持续调节过程的一部分。和我们上述观点一样，他们赞同治疗行为可以是以一种内隐处理的方式进行，没有必要转换为外显的言语模式（p.290）。

正是通过对儿童和成人分裂世界的心理治疗的理解，我们逐渐重视程序性领域和陈述性领域对于诠释过程和转化过程的贡献。我们注意到，在游戏或非言语治疗过程中，儿童和成人分析师的内隐关系知晓创造的主体间交叉场域，对于纳入和理解程序性领域是至关重要的。儿童治疗案例清晰地证明了在重新恢复发展、改变行为和心理以及重获自主感上，陈述性领域并不居于第一位。

接下来分别呈现与成人工作和与儿童工作的两个案例。我们的意图是为了阐明这个基本过程的普遍性，即，临床过程的陈述性和程序性这两个维度相互交织、咨询室中呈现的特定心理发展能力无关程序性。在这些案例中，我们的重点是前行过程。

保　　罗

奥林奇（2006）指出，整体大于部分之和。她用这句话提醒我们，我们所有的时刻都发生于一个整体性的情境脉络之中。保罗现在快60岁了，在我这里接受治疗的时间已经超过20年。现在，当我们坐在一起时，他所取得的成就以及关系的发展状况都令我非常惊讶。保罗和我都自豪且愉快地注意到他的状况已经发生非常大的变化。

治疗起因于保罗的孩子就读学校的转介，学校建议保罗和他的妻子一起参加夫妻治疗。在夫妻治疗过程中，保罗感到了我的稳定在场并且值得他信赖，从而发展出对我的信任感。在这之前他从未体验到这种信任感，这种体验使得保罗决定开始和我的个人治疗。感到我在场以及我愿意与他会谈，形成了一个自体客体体验的潜在可能性。

当夫妻治疗结束时，保罗开启了和我的分析工作。他的早期生活充满了创伤性断裂。我一直没有理解到这对他有着非常严重的影响，直到我们开始试图对他的个人历史理出头绪并进行排序。随着竭力把叙述的历史放在一起，我们都感到很迷惑。保罗很难让混乱变得井井有条，与此相对应，我也很难记住他叙述的细节。但我们在前行，我想出一个办法，解决我的细节记忆问题。我开始使用稍许松散但仍然是有序的方式做记录。当我决定把这个个案详细记录下来的时候，我找齐所有这些小纸片，纸片上记录了事件和日期。

因为他把我当作一个参与者和见证者，从而一遍又一遍地述说，因此下面就是我们共同创造的关于他漫长生命故事的一部分。当保罗4岁时，他6岁的哥哥约翰尼死了。关于约翰尼的死因存在着巨大的混乱，而保罗相信是他的父亲杀死了他的哥哥。在这次悲剧性事件之后，保罗的父母离婚了。我记录内容中有一段写着，"哥哥死了以后，妈妈离开了家，留下弟弟和我。妈妈不时地出现在我们面前，每一次都是和不同的男人……我有一个保姆，我很爱我的保姆。我和弟弟甚至住到保姆家里——或许住了有几周。突然，我们的保姆也离开了。她消失了。"

保罗试图理解这件事情可能是怎么发生的，这时他的眼里充满了困惑，我也感到惊讶。为了从他的混乱中理出头绪，保罗感到理出事件发生的年代顺序是非常重要的，所以我们开始搜寻这些事件发生的实际日期。"我的父亲也必定去了某处。也许搬到医院去了，他在那里有个办公室。我猜保姆就是在这个时候出现的……他会出现并带我们去海边。我很害怕。他会游出很远，我很肯定他会淹死，留下我独自一人照顾弟弟。"

保罗和我挣扎地一起（前行）无数次地重复这些事件。回忆对保罗而言很痛苦，倾听对我来说也很痛苦，但我们坚持了好几个月。另一张卡片记录着，"我不知道我的父亲在哪里，但之后他娶了艾娃并且把我们送过去。我们被送上一架飞机，到达关岛。艾娃很漂亮，让我们做任何想做的事情。我们没有时间约束、吃饭时间没有规律，我们可以吸烟，做任何我们想做的事情。我打算长大后娶她。"

保罗最终告诉我艾娃后来自杀了，散落的药片从前门延续到卧室，伴随着这样的讲述他哭了起来。我的记录上写着，"我们的父亲退缩到黑漆漆的书房里，沉溺在酒精中。当我不得不进到那个房间、要些钱买汉堡包时，我害怕极了。弟弟和我感到非常的困惑不安；我们艰难地穿过丛林、涉过海滩，收集各种圆石（大石块），把它们放进我的衣橱抽屉里。"

最后，保罗的父亲因酒精中毒被送进医院。一些陌生人来到关岛，突然抓住孩子们并把他们送上飞机。下了飞机以后，他们得和分住在不同"州"的亲戚一起生活。这种交换持续了好几年。

保罗和我开始理解到，在艾娃死后的黑暗时期收集的那些沉甸甸的圆石，代表了他们生活中唯一坚实可靠的事物。同时，我们理解到，那些圆石是他存在的确切证据。他可以打开抽屉、感受它们；他能看到它们，托高一些他就可以感受到它们的分量。随着我们关系越来越牢固，保罗体验到我就仿佛是一块圆石——他生命中的坚实可靠之物。理想化自体客体联结促使保罗相信，我们能够一起创作出连贯一致的生命叙事。那就是前行过程并且是具有转化作用的前行过程。

之后，随着保罗反复叙述他的故事，叙事开始有了一定程度的连贯一致性。我们意识到，记录纸片就像圆石一样，是他经验真实性的确切证据。每一次抽出一张张纸片并按年份找到它们的排序，我们就会查阅它们，看看遗漏了什么，修正需要修正的，并扩展叙事。

陷入在这场悲剧（约翰尼的突然死亡）的混乱中，这个家庭没人告诉保罗真实的故事，也没有任何一个人可以证实或纠正保罗对此事的理解——他的父亲杀死了他的哥哥。关于约翰尼的死因，家里的每一个人都有他或她自己的故事版本。一个亲戚意图让年幼的孩子们相信，约翰尼是从树上跌落、撞到头，那不是真相。慢慢地，随着保罗意识到他的父亲没有杀死约翰尼，他开始信任自己的感知。约翰尼显然是突然发病，然后跌倒过程中一头撞在桌角。他的父亲那个时候正在现场，抱起约翰尼、疯了般地试图唤醒儿子。治疗到了这个时间点，保罗就能够跟上事件序列，并且能够理解约翰尼的死将整个家庭抛入巨大的混乱。他能够理解他对事件最初的理解是从一个4岁孩子的眼睛看到的。

这个共同创造叙事的持续性过程中，某个时刻引起我的注意。在描述一个安静时刻时，保罗说，"你知道，今天早上我正躺在床上，很放松并一直在思索，我发自肺腑地感到我'知道'在当时的情境下，我的父亲竭尽全力了。"我觉得没有必要探讨这个反思。我们的目光相遇，我点点头。我们一起静静地坐了很长的时刻，沉浸在这个深刻的观察之中。这是会谈的惊奇时刻（amazing moment）。几乎就像是我们曾说过的，"啊哈，就是，我们明白了。现在我们知道了，而且我们的生活能够向前推进了。"假如我此时把这些说出来，确定无疑地将会破坏他宣称知道了时的撼人心魄。

我们可以怎样理解上述的过程呢？我们一起工作，踯躅前行，凌乱且支离破碎。上述工作反映的重要前行议题，是治疗过程中众多议题之一。我们一起的工作包括经典精神分析主题，例如，满怀罪疚感又对哥哥的去世感到一种隐秘的快乐。他带着羞愧透露这个隐秘，因为他回忆起他的父亲告诉他"现在，你是我的长子。"成为长子的兴奋也让他感到害怕。这些感觉淹没了他，使他很害怕和父亲单独在一起。他害怕父亲会像杀了约翰尼一样杀了他，他的恐惧伴随着各种置换，成为精神分析过程的一个背景。保罗的坦白充满了羞愧，此时，他恐惧我会羞辱他，就如他曾在孩子时感到被羞辱一样，这种恐惧弥漫在我们的会谈中。我们也时不时地回到他的早期生活，尽力理解那时的混乱。

任何一段漫长的治疗历程，都会发生破裂并修复那些破裂。还会有强烈时刻（heightened moments）（Beebe & Lachmann，2002），例如，前述我和保罗之间的"无与伦比的玫瑰花花瓶"时刻。我们俩都为复原长期停滞的（关心他人的）能力而感到欣喜时，也会有其他一些时刻。例如，他描述了他写就的一段文章，是有关他曾在花园中看到的一只鸟。心智的混乱令他失去"发表言论"的能力，即使仅仅是关于花园中的一只鸟，他也很担心他说些什么就会带来什么令人畏惧的事情。

回顾时，我们都对我们一起所完成的一切感到很高兴。在这个二元治疗过程的前行期间，保罗和我逐渐了解对方。保罗现在拥有了更加整合一致的个人历史叙事，他不再害怕"发表言论"，并且实际上他是公司的执行董事。保罗现在能够"读懂他人"，理解他们并和他们交谈，不担心会受到惩罚，他的"内隐关系知晓"呈指数级扩展。我相信，如果我和Karlen Lyons-Ruth讨论这个个案，她会说，保罗和我都参与到一个持续过程，通向"越来越整合和复杂的内容。"那就是我的看法。

至此我已经完成了这份报告，不过我们还有一次机会看看我们一起所在的位置。保罗正在重新阅读三卷关于林登·约翰逊（Lyndon Johnson）

的人物传记，这是他极为钦佩的人物。当保罗讲述约翰逊的一些逸事时，我听得有滋有味，然后我问保罗，他是否认为他和我一起获得对他自己的理解深度，几乎就和这本书的作者对约翰逊精神的理解深度一样。他说了如下的话：

> 我学会具有策略性。我过去认为我必须绕着弯儿地做事情。（他用手在空气中划了一段弧线）我不能从一件事达到另一件事，因为我对结果感到非常恐惧（妄想狂，他补充到）。现在，我知道我能够信任自己，并且我能够信任他人。我能够以直接的方式从A到B。我理解他人并且不害怕行动。我能够发表言论并且知道会有人倾听。

从自体心理学的视角来看，在某种程度上，我的重点是放在病人的主体性以及我对这个二元体的贡献上。保罗以陈述性和程序性方式传达的主观体验，总是处于我们一起工作的前台。正如这则案例所突出的，前行过程促进了自体客体移情的浮现。

小 亨 利

本节的儿童案例，既是为了说明持续性（ongoingness）或前行过程（moving along process），也是为了说明一种情形，在这个情境脉络中，行为序列（action sequences）本身就很好地说明了这些。亨利，他在家中被称为小亨利，以一种坚定的态度走进我们小小的咨询室，他的咨询是一周3次。他的母亲在诊所对面的一家商店，为他装备了"课后特别点心"。在候诊室等我时，亨利紧紧地抓着这个装有零食、饮料和巧克力薄脆饼干的袋子。一进入我的办公室，亨利就开始"营业"了。他把零食、饮料和薄脆饼干在我的桌子一角上排成整齐的一行。小亨利默默无言地站在他的资产前,井井有条地按顺序品尝着每一样零食。起初,他一直如此、分毫不差。随着我们在一起的次数增多,消耗率的偏差取决于亨利心里浮现了什么。上学时是不是感到很沮丧?和另一个成人互动前,他是否需要些时间重组自己?或者,他是否认可、是否想要被认可并且是否期待这个已经熟悉的成人的认可?开启这个无声的、默默无言的、意义丰富的行为序列,接着亨利会向我打招呼并给出"信号(signal)",这使得联结及言语的联结成为可能。

我们共同创造的启动仪式浮现于早期治疗过程(治疗3个月之后),并持续到大约7个月之后的暑假前。我是如何逐渐参与到这个哑剧中的呢?起初,我感到被限制在沉默的观察者角色上。但是,我感到被迫进入的部分变成我自己的。我知道我们总是在一起、总是很投入并且我准备着。我开始知道等待的重要性——安静地坐着,富有意义地——等待着最后一块薄脆饼干被吃掉,等待着给我的暗示,等待着亨利准备好。

在我们默默无言的状态中,我理解了亨利需要感到他能够完全控制他与我的接近程度以及对我的回应。亨利竭尽可能地保护他自己,远离我的回应和我的主动性,否则会感到被我侵入。我体验到他"在滴定测量(titrating)我们的联结",以便让他有可能停留在一种与我的关系空间中。亨利非常清楚如何在精神层面上让自己远离和他人有关的、潜在的淹没性痛苦体验。然而,在我们刚刚萌发的关系中,他理解和被理解的迫切希望,推动着他努力尝试自体调节。

回溯和亨利进行的这个工作,那时场域的这类沟通、治疗行为序列或者时刻,是由于更加难以对其进行动力和意义沟通。亨利的序列、暂停、扫视、转变及后来他越来越具有的自体调节和互动调节能力,在当时是其他分析师很难有所理解的,甚至有时候我自己也无法理解。然而,作为他的治疗师,即使是在沉默中,我体验到他是我们二元互动调节治疗关系中的一个"他者(other)"。我敏锐地意识到,只有在他的沉默中、在他的行为序列中并且在那些时刻，自体客体移情才能展开。如此，互动体验和陈述性诠释才具有转化作用，场域和治疗均言无可言。

小亨利很聪明、善于口头表达，但深受注意力问题困扰，8岁开始治疗。他是由学校转介进入治疗，因为他的注意力分散到让班级都无法正常上课。当亨利能够待在教室里时，他会在座位上东倒西歪，并且常常假装用机关枪扫射他的同学。尽管亨利的父母觉得"他终归是男孩"，但是学校对此非常关心。亨利相比同龄孩子矮小，所以家庭昵称他为小亨利。他沉默寡言的状态令他显得更矮小，以至于几乎不存在似的。他的父亲，大亨利，非常的高大、声音洪亮。他要求小亨利得"像他一样"，而且必须如此。这个要求甚至达到这种程度：小亨利上学时不是穿校服，而是得穿夹克并且打领带。大亨利不能被否认、不能感到失望。小亨利以满足父亲情绪需要的方式行事，同时，他保护自己的方式是退回到暴力的、异想天开的、自大的场景中。后来小亨利和我理解到，正是这种动力导致他的没有存在感、被侵入的恐惧、冲动和看似随机出现的愤怒时刻。

小亨利的母亲，桃瑞丝，尽管总是处于淹没性的恐惧和脆弱状态中并且思维混乱，还是试图在家中"进行干预（run interference）"。桃瑞丝恳求丈夫允许他们的儿子"做一个孩子"。大亨利咆哮着回应，而这常常导致她在床上躺上一周，留下小亨利自己照料自己。看起来母亲的在场带来的最好的情况是小亨利能体验到最低程度的保护，但带来的最糟糕的是侵入性的背叛感。有时，小亨利会把愤怒聚集在母亲身上，这让她在尝试"照料"时变得更加犹豫不定和难以胜任。

和许多母亲一样，对于桃瑞丝而言，让自己的孩子接受治疗会让她体验到自己作为母亲的能力在受到判决。桃瑞丝谈到她感到自己不够格、恐惧和罪恶感，与此同时她也在我的回应中寻找我评价和认可她母性本能的迹象。我理解她提供的滋养物——点心——就是她母亲角色的具体化。点心为我们的会谈设定了这一默默无言的场景。当亨利用点心调节渴望、他和我的联结、他的目标感和分离感的时候,他在某种程度上就把母亲带入会谈。

学年接近结束的一次会谈中,在点心堆当中的小亨利朝我这边看了一眼,拿起饼干并说"来一片?"我吓了一跳,以就事论事的方式回答,"当然……谢谢。"亨利掰了一块饼干,当我品尝时他满怀期待地看着我。"它确实很美味。"我说,带着享用完一顿大餐之后的心满意足。小亨利乍然露出难得的笑容。当他保持微笑的时候,我注意到他看起来既投入又在场。他看起来承认了我——一个双向识别时刻、参与的时刻、现在时刻、当下时刻?这是否表明,面对一个已知他人,小亨利现在越来越具备灵活的、整合一致的、复杂回应的能力?

在治疗取得进展的那个时候,大部分儿童治疗师对于我和亨利的工作可能已经"抓到要旨"。但是,困难在于如何对这些序列赋予意义且在精神分析师中进行讨论。尽管治疗过程依旧难以捉摸,但治疗的突变效应却很明显。

有人可能会怀疑,为什么一个治疗师以整装待发、安静寡言、专注倾听、小心谨慎并尊重有礼的姿态,观察一个孩子吃下午餐点会成为一种治疗。回答说"就是这样的"显然并不足够。亨利富有表现力的微笑,似乎预示着我们之间的关系特性与先前不同,数月的整装待发是这个工作的本质——前行。

当前的概念化方式和BGS的词汇提供了一种方法,用以识别那些交互调节的治疗行为序列的形成和意义。丰富的、可转化的、时时刻刻的行为序列,对于依据这两个维度进行理解是非常重要的,即非言语或无意识维度,以及和他人在一起的程序性编码方式——内隐关系知晓的维度。这显然就是一个有待理解的"更多的东西"。

这个片段说明了一个非陈述性诠释过程。我从未诠释亨利的"阻抗"或者用语言表达我的观察——他看起来需要保护自己,远离感知到来自我的侵入或要求。我以沉默和保持安静的方式,表达我尊重他需要控制时间、距离和互动步调的意愿。如果我对过程进行评论,我就重新创造了一种熟悉的家庭情境，在这种情境下我的外显要求以一种不调谐非共情的方式碾压了他的内隐关系能力。亨利和我共同创造了一个场所，他在这里可以"就是这样（just be）"并体验和另一个人在一起的感觉。

这个临床片段展现了如何在一个缠绕交织的程序性和陈述性领域，进行共情同调并发展自体客体移情。Gotthold（1996）在更早的一篇论文中强调，分析师（儿童分析师）需要向孩子表达他/她对孩子主观体验的理解，这能让孩子感受到并且觉得被理解。需要注意，分析师给出理解和相应的诠释，既可以是非语言"游戏"的方式，也可以是言语交流的方式。若是以更加现代的自体心理学对儿童治疗过程的理解，就说明了关于自体和交互调节的双向二元动力性持续过程，这个过程在交织着游戏、程序性沟通和陈述性沟通的领域中反复进行。亨利的沉默、示意我来游戏和说话、获得一片饼干后我谨慎地同调情感回应以及我们共同创造了一个独特的安全且自由的动力系统，这些都是发生在一个交互影响系统中程序性和陈述性地交织领域。

结　　论

我们强调从内隐关系知晓中浮现出来的前行过程和非陈述性诠释，因为我们确信那些过程的深刻性和丰富性。我们认为在任何一段关系中，关于缠绕交织的内隐关系知晓和陈述性维度，仍然还有很多尚待理解。

在前面的工作中，我们注意到BGS研究成果具有广阔的泛理论化价值（pan-theoretical value）。在我们看来，它适用于各个精神分析流派。但是正如临床片段所展现的，我们发现他们的贡献和自体心理学理论框架非常契合。随着继续赞同、应用和扩展他们的建构，我们同时也担心这个模型被草率地应用于范围日益扩大的临床现象。我们怀疑这个模型成为一种"统一领域（unified field）"方法的适切性。理论的敏锐性在于精度和细节，定位更多的东西中更加细小的元素。例如，内隐关系知晓越来越被称为"内隐的

(the implicit)"，因此带来了丧失术语确切意义的危险以及用内隐代替无意识的危险。BSG在这个领域中创造了一套独立可行的词汇库，使得我们能够近距离检视治疗行为，实际上这就是它的贡献所在。无论治疗是基于哪一种理论，当在这个框架内进行探索，就能带来灵活性、潜藏的互动维度和丰富性。如果BSG关于共同创造的时时刻刻过程的研究结果以不成熟的方式被延伸，并简单地代替更为成熟且被广泛支持的理论，例如防御和冲突，我们不知道将会得到什么？

参 考 文 献

Bacal, H. (1998). Optimal responsiveness and the specificity of selfobject experiences. In H. Bacal (Ed.), *Optimal responsiveness: How therapists heal their patients* (pp. 141-170). Northvale, NJ: Jason Aronson.

Beebe, B., Knoblaluch, S., Rustin, J., & Sorter, D. (2005). *Forms of intersubjectivity in infant research and adult treatment.* New York: Other Press.

Beebe, B., & Lachmann, F. (2002). *Infant research and adult treatment: Co-constructing interactions.* Hillsdale, NJ: Analytic Press.

Boston Change Process Study Group: Bruschweiler-Stern, N., Harrison, A., Nahum, J., Sander, L., Stern, D., & Tronick, E. (2002). Explicating the implicit: The local level and the microprocess of change in the analytic situation. Int. *J. Psychoanal., 83*, 1051-1062.

Boston Change Process Study Group. (2005). The "something more" than interpretation revisited: Sloppiness and co-creativity in the psychoanalytic encounter. *JAPA, 53*(3), 691-729.

Coburn, W. J. (2000). The organizing forces of contemporary psychoanalysis: Reflections on nonlinear dynamic systems theory. *Psychoanalytic Psychology, 17*, 750-770.

Cohen, N. J., & Squire, L. (1980). Preserved learning and retention of pattern-analyzing skill in amnesia: Dissociation of knowing how and knowing what. *Science, 210*, 207-209.

Davis, J. T. (2001). Revising psychoanalytic interpretations of the past: An examination of declarative and non-declarative memory processes. *Int. J. Psychana.* 82, 449-462.

Fosshage, J. L. (1997). Listening/experiencing perspectives and the quest for a facilitating responsiveness. In A. Goldberg (Ed.), *Progress in self psychology, vol. 13* (pp. 33-55). Hillsdale, NJ: Analytic Press.

Fosshage, J. L. (2003). Contextualizing self psychology and relational psychoanalysis: Bi-directional influence and proposed synthesis. *Contemporary Psychoanalysis, 39*, 411-448.

Fosshage, J. L. (2005). The explicit and implicit domains in psychoanalytic change. *Psychoanalytic Inquiry, 25*, 511-539.

Gotthold, J. (1996). It's as easy as child's play: Play, a self psychological approach. *Psychoanalysis and Psychotherapy, 13*(1).

Gotthold, J., & Sorter, D. (2006). Moments of meeting: An exploration of the implicit dimensions of empathic immersion in adult and child treatment. *International Journal of Psychoanalytic Self Psychology, 1*, 103-119.

Lachmann, F. M., & Beebe, B. (1996a). Three principles of salience in the organization of the patient-analyst interaction. *Psychoanalytic Psychology, 13*, 1-22.

Lachmann, F. M., & Beebe, B. (1996b). Self and mutual regulation in the patient analyst interaction: A case illustration. In A. Goldberg, (Ed.), *Basic ideas reconsidered: Progress in self psychology, vol. 12* (pp. 123-140). Hillsdale, NJ: Analytic Press.

Lichtenberg, J. (1989). *Psychoanalysis and motivation.* Hillsdale, NJ: Analytic Press.

Lichtenberg, J. D., Lachmann, F. M., & Fosshage, J. L. (1992). *Self and motivational systems: Toward a theory of psychoanalytic technique.* Hillsdale, NJ: Analytic Press.

Lyons-Ruth, K. (1999). The two-person unconscious: Intersubjective dialogue, enactive relational representation and the emergence of new forms of relational organization. *Psychoanal. Inq., 19*, 576-617.

Orange, D., Atwood, G., & Stolorow, R. (1997). *Working intersubjectively: Contextualism in psychoanalytic practice.* Hillsdale, NJ: Analytic Press.

Orange, D. (2006). The whole is more: The "local level" and Heinz Kohut's psychoanalysis. International Self Psychology Conference, Chicago.

Sander, L. (1995). Identity and the experience of specificity in a process of recognition. *Psychoanalytic Dialogues, 5*, 5579-5593.

Sander, L. (1997). Paradox and resolution. In J. Osofsky (Ed.), *Handbook of child and adolescent psychiatry* (pp. 153-160). New York: John Wiley.

Sander, L. W. (2002). Thinking differently: Principles of process in living systems and the specificity of being known. *Psychoanalytic Dialogues, 12*(1), 11-42.

Sorter, D. (1996). Chase and dodge: An organization of experience. *Psychoanalysis and Psychotherapy, 13*(1), 68-75.

Squire, L. R. (1994). Declarative and nondeclarative memory: Multiple brain systems supporting learning and memory. In D. L. Schacter & E. Tulving (Eds.), *Memory Systems* (pp. 203-232). Cambridge, MA: MIT Press.

Stern, D. N., Sander, L., Nahum, J., Harrison, A., Lyons-Ruth, K., Morgan, A., Bruschweiler-Stern, N., & Tronick, E. (1998). Non-interpretive mechanisms in psychoanalytic therapy: The "something more" than interpretation. *Int. J. PsychoAnal, 79*, 903-921.

Stern, D. (2004). *The present moment in psychotherapy and everyday life*. New York: W. W. Norton.

Stolorow, R. (1997). Dynamic, dyadic, intersubjective systems: An evolving paradigm for psychoanalysis. *Psychoanalytic Psychology, 13*, 337-346.

Stolorow, R., & Atwood, G. (1992). *Contexts of being*. Hillsdale, NJ: Analytic Press.

Stolorow, R., Brandchaft, B., & Atwood, G. (1987). *Psychoanalytic treatment: An intersubjective approach*. Hillsdale, NJ: Analytic Press.

Thelen, E., & Smith L. (1994). *A dynamic systems approach to the development of cognition and action*. Cambridge, MA: MIT Press.

第二部分

在儿童治疗中的应用

4 游戏室一瞥：一种与儿童工作的当代自体心理学方法

Rosalind Chaplin Kindler

对于自体心理学取向的儿童和青少年治疗师而言，这是令人兴奋的时刻。精神分析界开始关注自发性、创造性、即兴演绎、隐喻的使用、游戏、音乐以及艺术在成人治疗中的应用（Kindler，2005；Knoblauch，2000；Lachmann，2001；Lichtenberg，1999；Ringstrom，2001）。非言语、非解释性沟通模式的重要性，与分析性相遇中能被内隐知晓的以及共同构建的东西一样，现在已获充分认可（Stern，1998，2004；Gotthold & Sorter，2006），而这些因素在与儿童和青少年工作中早就是被切实关心的问题。这预示着成人治疗师和儿童治疗师之间出现了一种新的合作与包容的关系，为两者间的沟通架设了桥梁。

许多著名的学者早已从自体心理学视角对与儿童和青少年的工作做了许多描述（Marohn，1997；Palombo，2001；Ornstein，1974；Tolpin，2003；Miller，1996；Shane, Shane, & Gales，1997；Schave & Schave，1989）。然而，有一些值得注意的例外（Doctors，1995，1999，2000；Gotthold，2006；Hilke，2004；Lewinberg，1995；Smaller，2003）——鲜有从当代自体心理学立场去描述与儿童的工作。

为阐述本章的目的，我借用Coburn（2005）关于当代自体心理学的说法："（正）越来越多地分布在众多创造性、创新性的观点当中，（不仅仅是在传统的、主体间性的和关系学派的理论观点中)"。Coburn进一步陈述:"就这一点而言,(自体心理学)踪迹难定又无处不在。"

这一概念的不确定性并未难倒儿童治疗师们。当代自体心理学儿童治疗师早已安于这种创造性和创新性,也发现自己的工作处于以关系为基础的理论交汇处,这一交汇处包含发展理论,例如依恋和婴儿研究,其与临床基础理论——主体间和传统的自体心理学——有重要的重叠(Shelley R.Doctors,本论文集作者之一)。这些概念又如何在与儿童的临床工作当中帮助到我们? Doctors提出,这种关系理论之间发生的"临床重叠(clinical overlap)",有助于我们理解这一临床工作图景。例如,在讨论依恋理论和研究如何为自体心理学/主体间性发展做出贡献时,Doctors认为:"现象学上,(这些)理论全都将发展置于儿童与照料者相互作用的心理世界之语境中。依恋理论,像自体心理学和主体间性一样,强调了终其一生关系的核心作用。"进一步地,基于对"临床儿童"以及"婴儿"的直接观察而增加的关于儿童发展的理解,使得我们可以更为精细地识别儿童的常态和病理行为。本章将提供一些临床案例,以展示这一理论影响的应用,简言之,一瞥当代自体心理治疗室内貌。

据Coburn(2005)表述,准确定位当代自体心理学上的困难,反而导致了与成人工作的精神分析思考和实践的巨大转变。然而,对于我们这些与儿童工作的治疗师来说,许多这类重合研究成果的出现是深受欢迎的,甚至可能觉得来得晚了些。另外,这些特定概念的引入也是对已有临床工作的承认与肯定,那些我们已经直觉地了解并实践的东西,之前只是没有找到将之概念化的方式。

如今,用以描述与儿童来访者互动中复杂性的语言和文字体系已经成形。在许多这类概念当中,最具综合性和创新性的提法,来自波士顿变化过程研究小组(1998)。该小组由心理治疗、精神分析、发展心理学及儿科学各领域代表组成。他们的目标是研究在心理治疗性相遇中引起改变的那些因素。Stern提出了此类概念,如"相遇时刻""当下时刻"(Stern,1998,2004),以及"解释之外的更多东西(something more than interpretation)"(Stern,1998)。该小组吸收了认知心理学(Epstein,1994)关于内隐(程序性)知识的概念,即"知道(known)"或记住但处于意识之外之物,将之纳入现代精神分析思想谱系。这些概念得到儿童治疗师们的强烈响应。现在我们已经有了一种语言来表达那些"时刻",其时我们就是"知道"某种未命名的东西发生在儿童和治疗师之间;以及在那些时刻,我们深刻感受到某种重要的、互惠的东西得以交流。我们很清楚,在那些时刻语言不是必要的。Lyons-Ruth(1998)描述,儿童治疗师如此熟悉于这些有意义的时刻,对其的体验就如对"内隐关系知晓"的体验,那些时刻以一种前象征化或非语言的水平而发生并被体验。

追随母婴即时即刻互动的研究者提出了自体和相互调节(self and mutual regulation, Beebe & Lachmann, 1988)的概念。Stern(1985)介绍了情感同调(affect attunement,p.138)的概念以及泛化的相互作用表征。这些概念可以用以解释在紧跟儿童的情感基调和状态上的微妙变化时我们的体验。我们能认识到,在神秘、悲伤及失望的体验中,我们的存在给孩子提供可靠的支持,因而产生积极的结果。我们能认识到,我们的治疗工作促成儿童"活着的时刻(lived moments)",改变儿童的关系性内隐规则。我们能认识到,这些治疗当中的里程碑式体验,无论有没有语言化的解释,对于儿童的康复都是决定性的。

另外,"婴儿照料者"(婴儿研究者)给我们提供了一种语言,以解释众多我们"只是"与儿童在一起做的事。例如,无论是用玩具、艺术、音乐、戏剧角色表演,或只是谈话,我们现在能了解,与儿童"在一起"的质量不仅取决于我们对其主观体验的同调的共情沉浸(attuned empathic immersion),还有我们在互动过程中寻找意义的能力,对于孩子从语言到生理范围内的全部交流和回应。这些交流和回应包括:身体的位置和活动、声调、谈话及活动的节奏和特质。例如，当我们降低声调和/或放慢说话的速度以配合孩子，当我们移动到一个让孩子感觉舒适的距离，现在我们就理解到这些如何成为以及为什么是情感调节的有效手段。

在逐渐为人所知的波士顿变化过程研究小组发布其观点的时候，发展心理学家彼得·冯纳吉（Peter Fonagy）及其合作者的著作也出版了，这本书论及治疗性改变是如何以及为何发生，对儿童精神分析领域做出了创新性的贡献。冯纳吉的研究检验了儿童和父母之间的依恋质量与儿童心理功能或反思功能发展之间的联系，因此将认知情感发展的观点与精神分析视角结合起来。"心智化（mentalization）使得儿童能'读懂'他人的意思"（Fonagy & Target，1998，p.92）。换句话说，反思功能允许孩子能够"于内心接纳他人的经验"（Coates，p.120）。重要的是，这种"关于思考的思考"（Fonagy，1991）也给儿童以感觉，他或她能被他人纳于内心。这种内心接纳他人的能力在已出版的著作中被许多理论家们所提出和定义，如鲍尔比（1973）关于内部工作模式、自我心理学的表征世界（representational world of ego psychology）等概念，斯特恩（Stern）的RIGS（1985），以及主体间理论的组织原则（Brandchaft & Stolorow，1990）。无论如何，心智化的能力是评估和治疗儿童及成人的一种重要手段。

对儿童治疗师来说，自体心理学于关系发展的强调，提供了一个与依恋理论自然重合的领域。儿童治疗师和成人治疗师一样，深受鲍尔比及其追随者的革命性贡献的影响。对于当代自体心理学取向的儿童治疗师而言，在对儿童关于他/她的关系世界体验的理解上有重大帮助。一个关键补充是，通过成人依恋访谈（Main & Goldwyn，1991）——一种研究工具，用来测量成人在原生家庭内的依恋模式——可发现代际间相关和可预测的依恋模式。冯纳吉等人（1995）详细建构了该研究领域的重要理论。这一理论知识促使儿童治疗师进一步思考并了解儿童来访者父母的依恋模式，从而对可能隐含的代际间病理性依恋保持警惕。

这里展示的案例将阐明，这些重叠的理论和临床观点是如何影响我在临床情境中的理解和回应方式的[1]。

西蒙是一个9岁的男孩，有着玫瑰色的双颊，在同龄孩子中明显偏小，但身体结实。他有一头直直的金发，剪得很短。在等待室里我走近他时，他用淡蓝色的眼睛看了我一眼，然后飞快地跑开了，带他过来的母亲冲我赧然一笑。我和西蒙的母亲会过几次面，与父亲也见过。我从父母那里得知，西蒙最近过得很糟糕，特别在学校里。他拒绝上学，到了学校搞出很多麻烦，动不动就被送到校长室，或者被送回家暂停上学。他被其他孩子欺负，在课堂上有攻击和破坏行为，撕毁自己和别人的作品。还经常失控，让自己处于危险境地，跑出去或者在走廊里到处跑。

我对西蒙的表现有一些想法，觉得他有情感调节和冲动控制的问题。我想了解他对特定伤害的脆弱性，那些伤害会激起愤怒和羞愧的反应，而他试图用攻击性和对抗性行为来反向应对。我也想了解这些行为发生的各种情境以及是与谁发生的（自体客体失败的信号）。再者，作为一名9岁的孩子，西蒙似乎难以完成发展历程中的议题。在最好的情况下，这个发展阶段应当完成重要的关系、心理和认知的发展，这个时期的儿童可以在家庭外通过与同伴和其他成人的互动获得新的独立感、胜任感和效能感。

西蒙似乎能很快在玩彩色橡皮泥时变得舒适和安定下来。我坐在他旁边，在我们开始轻松的对话时，他专注地用橡皮泥做出平面的脸，再把它粘到冰棒棍上。他很安静。我告诉西蒙，他的父母已经来和我谈过话，并且达成一致让他过来见我。他用橡皮泥做了一个笑脸，然后说打算做一个悲伤的脸。我心中一动。"太好了！"我想，"这个孩子将会是一个适合工作的对象。"

我感到兴奋和鼓舞，因为西蒙看起来既能够恰当地辨识情感状态，也能够通过游戏表达出来，这说明他有情绪感受力。

我等待着。接着，我带着希望问他是否有什么事让他感到悲伤。"没有。""没有？"我又等了一会儿。"恐惧呢？""没有。"他表情冷淡地继续玩。尽管是否认的回应，但这个交流当中有某些东西，让我感到被邀请了，实际上，这当中有一种美好的、有节奏的、游戏的感觉。我决定继续这个游戏。"担忧？"我试探地问，轻轻地。我知道这样的提问是一种反问，并且我想他也知道。"没有。""嗯，"我继续等待，在一阵游戏的沉默当中。

西蒙接着主动说，以前在学校也玩过这样的橡皮泥，但是他现在不玩了。我问他，最近在学校里怎么样。他回答说很喜欢学校，喜欢在学校做功课，听起来学校没有什么让他不开心的地方。他继续很专心地玩橡皮泥，但很快让我再跟他说说父母两人都来见过我这件事。他让我一遍又一遍地重复之前说过的，他们两人是如何一致同意希望他也来见我，让我帮助解决他的烦恼。这对他来说是新的体验，他的父母离婚了，并且西蒙知道他们取得一致的事情不多。我猜他是想搞清楚我是不是也了解这一点。

我问他是不是想去工作室——我与他父母见面的地方——看看。我指给他看他们坐过的椅子。尽管知道他们不是一起来见我的，西蒙还是几次要求我指给他看他们坐过的椅子，就像一个要反复听自己最爱的故事的小孩。父母两人都来过我办公室这件事对他来说极其重要。

我相信，直接向儿童询问他们所表现出来的问题，通常是事与愿违的。一个因为大便失禁被带来见你的孩子，被直接问到这个令人羞愧的症状时，是不愿意愉快地做出回答的。大部分人都会同意，最好的做法就是等待这个孩子呈现问题。父母通常都会告诉我们最近孩子犯下的劣迹，并且让治疗师和孩子"在治疗中讨论一下这个问题"。我的经验是，这类面质会给孩子带来羞愧的感受，并且往往是弊大于利的。但是，在刚刚描述的面谈中，我发现自己被拉入这种游戏的、有节奏的、"一问一答"的来回当中。在这个过程中发生的相互认可的体验，带领我们两人往前，自发地走到那个"时刻"，即我决定给西蒙看他父母坐过的地方。这个"相遇时刻"（Stern，1998，2004），尽管是自发达到的，但同样也是因为我很确信，对于父母离婚的孩子，特别是处于高度冲突的情况下的孩子来说，极其重要的是给他们传递这样一种信息：他们的父母一致同意某件事，母亲和父亲能够为一个共同的目标——自己的孩子——联合起来。这样的体验能在很大程度上减轻他们对自我的责备、怨恨和无望，并且感到被确认和认可，体验到父母双方都是可被理想化的。西蒙是这对离异伴侣的唯一孩子。许多分离或离婚的父母彼此感到恐惧、愤怒并深受伤害，尽管如此他们还是爱孩子的。然而，通常在他们卷入旷日持久和令人痛苦的离婚官司中时，带给孩子的是极度的焦虑、混乱，甚至有时候会是心理创伤。

西蒙对他的父母亲来见我这件事很满意，接着走到玩具架跟前，挑选了救援直升机和救护车来玩。这个游戏有一种机械、无意识的感觉。人们受伤了，必须被救援，但是没有语言描述来充实这个游戏。他无法提供任何情感的内容，没兴趣补充说明这些人如何或为什么会受伤，也不介意受伤的人的感受。这些人需要被援助，他说不出为什么，他们需要被送到医院去。但是那个救护车司机是"疯子"，他无证驾驶，不断地撞毁救护车，从病人身上碾过。在看到这个场景一遍一遍重演之后，我评论道："这里每个人都经历着可怕的时刻，包括那个驾驶员。"他同意地点点头。当游戏结束时，西蒙（驾驶员）一边把玩具扔回架子上，一边咕哝了声抱歉。我问西蒙为何抱歉。他回答说驾驶员行为疯狂，造成了许多麻烦，每个人都对他很生气。我回应说，驾驶员看上去很心烦意乱，而且没有驾照还得去开车，也没有一个副驾驶员帮他。随着西蒙的治疗的进行，我会经常看到这个疯狂的救护车驾驶员。似乎是，每当西蒙的生活中有状况爆发的时候（如父母吵架），这个驾驶员就会（在游戏中）出现。

刚才描述的一系列游戏脱胎于之前发生的事：橡皮泥做的脸；"一问一答"游戏；他告诉我学校里的事，否认学校里的问题；我自发地决定给他看他父母坐过并且谈论他的地方。这些都使他确定，在这里可以按照他自己的想法来游戏。然后西蒙开始通过游戏告诉我他生活的真实模样，描述了他主观世界的动荡。这就是他象征性表达自我体验的方式，告诉我他对自己的感觉——对他父母的伤害和创伤要负责任。救护车应该帮助人，但他无法做到，且事实上，他确信自己造成了更多的痛苦。尽管西蒙允许我见证他的游戏，但没有明确邀请我参与。和之前的互动不同，他似乎只需要我做一个旁观者。这让我感到有点矛盾和疏离，因为我的个人风格倾向于更为积极。并且，在这个痛苦的世界里，当我被委以旁观者角色时，我很难和他在一起。当他把这个满怀歉意的救护车驾驶员抛回架子上时，我做了介入，有意想帮西蒙了解，尽管他可能需要抛开自己的痛苦体验，就像在会谈早些时候否认自己的苦恼一样，但我可以觉察到在他体验当中的痛苦和羞愧，并且我不会抛弃他。

除了学校里的行为表现问题，西蒙还是一个孤独的孩子，社交方面情况很糟。他母亲报告，西蒙在家里和她一起时，是一个"完美的孩子"，没有任何问题，很会关心人，会在她生病时照顾她。当和妈妈一起住时，他大部分时候晚上睡在妈妈床上。他父亲报告，和他在一起时，西蒙独自睡觉且睡得很好。这种保持联结的需要——保护并靠近妈妈，并且希望他不在身边的时候爸爸妈妈都会很好，也同样通过拒绝上学的方式被表达出来。

在治疗初期的6个月中，西蒙的游戏围绕在愤怒和无助的表达上。一个接一个暴力的木偶剧表演，在表演剧情中所有的木偶彼此攻击，受伤严重，并且不得不上医院。在这些演出过程中，西蒙拿眼睛看着我，就像审视我的反应。我能忍受他的行为吗？我会表示不赞同并把他扔出我的办公室吗？

然而，作为观众，我对这些演出的贡献是鼓掌，提问，并在可能的时候增加情感的内容。比如"哇哦！那一定真的受伤了！"或者"他现在看起来真的很疯狂。"或只是"发生了什么？"随后，逐渐地，在西蒙的游戏中开始出现一些故事情节和情感内容。

治疗很早期的时候，西蒙就开始修补游戏室里的东西。那天玩具屋里的家具坏了一片。我们一起把破损的那片东西粘上去。下次来的时候西蒙很热切地去查看是否还好。在治疗大约进行了6个月时的某天，西蒙说很遗憾我们没法玩商店的游戏。我回应说可以的，于是一起构思了一出剧本，西蒙扮演修理店老板，我演顾客。西蒙扮演的是这样一个角色，一个不眠不休疯狂工作的商人，孤单，没有帮手，并对自己的艰难困苦淡然视之，这个角色在接下来的几个月里不断演变和发展。他极其擅长这份工作，且抢手到不得不在任何时候都满足大家的服务要求，一点都不顾及自己休息的需要。他工作过劳，精疲力竭，却不生气，只是沉默地顺从。

只要我一个电话，无论是白天还是夜里，修理工先生都会在几秒钟内出现在我门口，手腕上绑着工具。我只要告诉他什么需要修理，他就会滑到沙发底下，就像机械工钻到车底下一样，用工具敲敲打打，直到宣布东西修好了。接着他会说："你还有什么别的需要修理吗，女士？"很快，他就把眼前的所有东西都修理好了。他说话总是不带情绪，非常平静的。不，他不需要帮助。是啊，他确实很孤独。而且，工作非常辛苦。事实上，一天可能只有十分钟的时间睡觉。噢，他很疲劳。很快，他也透露我"家"有的所有东西和他"家"里有的一模一样。在下一通维修电话里，他邀请我和他一起钻到沙发底下，看他并学习如何修理东西，然后马上给了我一份工作。我可以和他轮换上夜班。这些剧本由我们两个共同构建，但总是由西蒙发起，并且以某一种或另一种形式进行，直到治疗结束，大约持续了一年的时间。

西蒙的期望（Beebe & Lachmann, 1988）或者组织原则（Brandchaft & Stolorow, 1990）反映在对我呈现的移情上。他常常会问，在会谈结束后我会做什么，我会回家呢还是留在办公室？是独自一人吗？就像和他母亲在一起时他可能会担忧的问题一样，因为他不确定，我没有他也会好好的。这种移情可以从另一个方面来理解——当他表演木偶剧那些暴力操作时对我反应的仔细审视。我能忍受他那些攻击性的表达吗？我会把他看作一个坏孩子、一个捣蛋鬼，并且排斥他吗？移情的自体客体维度和重复性维度在这些交流中都是显而易见的。西蒙对镜映体验的自体客体需要，以及对理想化和孪生自体客体体验的需要均表现在由他发起然后和我一起构建的剧本中。事实上，他扮演的那个随时准备修理任何东西的角色也可以被理解为反映了托宾（2003）所说的移情中的自我扩展（self-expansion）的"前缘（forward edge）"体验。西蒙采取了一种不安全的依恋模式，依赖于住所与母亲保持连接，这是一种妥协的方式，并挫败了与他年龄相应的发展性努力（Brandchaft，1993）。

西蒙和我并未谈论很多他在学校的麻烦事。但是当事情进展顺利时，我们会谈论他的成功。我们也说到他的父母——那个疯狂的驾驶员，总是在父母发生冲突时出现，然后成为我们谈话的一部分，之后很少需要进一步阐述。我们都"内隐知晓（implicitly knew）"所有要说的都包含在这个象征性的人物身上。我的角色从一个不参与的旁观者转化为被积极邀请并参与的人，为西蒙提供了各种自体客体体验。他的游戏体现了一种自体体验的转变——从疯狂转变到胜任，从破坏性转变到建设性，并且尽管他的内在世界仍旧是翻腾不安的，但父母和老师的报告体现出他表现得比原来好了。我和西蒙的工作让我再次反省这个问题，什么是治疗中的治愈因素。尽管我无法促成父母之间的任何改变，但他们两个分别与我保持一种积极的治疗联盟这个事实，就足以使西蒙可以成功地修复或校正他自己（Lichtenberg，1989，p.327）。

和儿童工作的决定性因素之一是与父母的工作。温尼科特说过一句很著名的话，"从来没有婴儿这回事"（Winnicott，1985）。但直到不久前，大家才自然地遵循这样的原则——父母被邀请参与他们孩子的分析工作。在克莱茵、安娜·弗洛伊德甚至温尼科特对儿童的分析当中，父母只是被视为使得治疗持续进行的必要支持，是治疗过程中次要/外围的部分。Altman, Briggs, Frankel, Ginsler以及Partone（2002）这样描述这一重要转变："在某种程度上传统的治疗模式是单人模式，分析情境可以被理解为只存在于儿童和分析师之间。对（相应的）与父母的工作，弗洛伊德学派（Freudian）和克莱茵派（Kleinians）持有同样的看法，认为其只是确保分析过程的经济和道德上的支持……我们的观点正相反，父母和其他照料者是分析关系场域的内在部分"（p.11）。

与父母的工作及其在儿童工作中的重要性怎样估计都不会过高。此外，将父母带入治疗过程的意义因每个孩子和家庭的不同而相异。可以采取不同的方式：每周或每月与父母会面，父母与孩子一起的共同会谈，以及孩子不在场的父母会谈。无论采用哪种形式，与父母的工作都基于临床实践中指导我们的同样的理论和临床概念。在下面这个小案例中，我会呈报母子治疗的一个片段，说明这里提出的一些治疗理念的联合运用是如何带来临床图景中的变化的。

特莎是一个有着惊人美貌的6岁女孩。深棕色的眼睛和深色卷发显示她的南美裔特征。她父母描述她为"小魔头"。母亲保拉说感到被女儿"绑为人质"，自己不是被卷入无休止且残忍的权力争斗中，就是处于"如履薄冰"的恐惧状态，唯恐引发又一场发怒和尖叫。保拉，巴西人，在时尚业工作多年，风格鲜明热情。她认为自己的女儿需要纪律约束。保拉说，她需要有人协助让特莎承认自己并不是这个家庭的权威，而妈妈才是。但是她不确定什么时候该更（或更不）严厉，总是事后又自我批评。特莎的父亲，弗兰克，是一家著名大学的语言学教师。看起来他似乎不是那么担心女儿的表现，觉得妻子只是需要对孩子再严格一些就好。他们认为特莎的问题包括情绪转换（transition）、就寝时间混乱以及越来越粗暴地对待妈妈的头发，她总是边抚弄妈妈的头发边吸大拇指来自我安抚。保拉觉得，在玩弄妈妈头发的行为中包含某种攻击性，因为特莎现在会如此起劲地抓妈妈的头发以致常常弄痛她。保拉感到内疚、愤怒和无助，并且常常因特莎的行为而感到困惑。因为，首先这样的情况从来不在学校里出现，那里她表现得很合作，并且特别乖巧；同时，特莎不是在"愚蠢的小事情"上和妈妈进行激烈战斗，就是死命地黏附在她身上，以致保拉总是觉得被困住、十分绝望。

特莎有一个姐姐，索尼娅，大她6岁，有严重的残疾，一直需要有人看护。特莎在9个月大时会走路，16个月大时开始能说出连贯的句子。与之相反，索尼娅的发展十分滞后，无论在语言上还是身体上与特莎的快速发展都形成鲜明的对照。父母描述特莎在赶上姐姐的发展里程时，开始了解到自己姐姐的"与众不同（different-ness）"。然而，特莎与父母的战斗从来不牵涉到姐姐。正相反，她热心于照料索尼娅，并帮助她学习，但是最近她的控制性和对抗性行为变得更严重。

特莎的父母起初不是为自己的女儿来寻求治疗的。保拉的想法是在父母会谈中学习一些策略来做出改变。他们在一起接受了几次会谈，后来又分别接受了几次，详细讨论这些问题，并得以更好地了解发生困难的互动时其中的意义和内容。我的感觉是保拉在面对女儿行为时感到不堪重负、无力且羞愧于自己的无能为力。几次会谈之后的某天，保拉迫切地表达她想努力改善与特莎之间关系的愿望，并提出应该把孩子带来，这样我就能见到她。在我们讨论这件事的时候，保拉提议在带孩子来之前她可以"创造"某种确保能制造一场"灾难"的场合，这样我就能第一时间看到是怎么回事了。在表达对她需要我成为目击者的重视的同时，我坚决否定了这个想法。但我们一致同意，保拉和特莎可以一起来游戏室，这样我可以看到她们之间发生的事。

然而，在预定会谈的这天，保拉打电话给我，说尽管特莎之前对于一起来见我的提议反应良好，但在当天早上提到这次会谈的时候，特莎拒绝前来，并警告母亲若放学后把她接到我的办公室，她会又踢又叫。在电话交谈中我得知，保拉似乎处理好了这个情况，但还是很担心并想给我提醒。我发现自己在为他们的到来做心理准备，准备好迎接特莎的反抗和可能的临床表现及意义，考虑了所有我可能采用的处理方式以及这些不同的方式可能引发的情况。这是儿童治疗师会遇到的常规状况之一，但通常仍需要很多心理准备和自我调控。看起来保拉的电话似乎让我全力以赴为会见这个"小魔头"做好准备。

可结果却让我吃惊。我在等候室里遇到了保拉，她身边是一个平静的、有点警惕的小女孩，黑色卷发被扎成一个很时髦的马尾辫。我走过去见她们的时候，特莎有点不确定地站在离她母亲有点距离的地方。在我和她打招呼时，她回望着我，给我看她带来的几个小玩具。我有点讶异于她如此迅速并愉快地加入与我的工作。一进入游戏室，特莎似乎很快就适应了，查看玩具并对其发表评论，也对我和她妈妈发表评论。在这个新状况下，保拉尽管可以理解地表现得有点羞怯，似乎也能适当地参与和回应她女儿的言谈。

不过，在舒适地交谈了一会儿之后，母女俩就特莎提出的一个玩具的玩法开始了克制但逐渐紧张的争论，她们家里有一个类似的玩具。在这个交流中，我注意到她们之间有一种勉强克制的敌对感，特莎固执己见，而保拉拒绝退让。尽管她俩都想表现得很有礼貌，我觉得这是她们之间一种典型的互动方式，即使克制，也经常会升级到保拉所说的"灾难"。我还注意到两个人当中，保拉显得更不稳定和不确信。与之相反，特莎的眼里闪现的是决心和一种兴奋的预期。在观察了一会儿，并且考虑到这种交流方式不会有任何进一步建设性的发展之后，我决定介入居中调停（"有时候我们记事的方式是不同的"），看起来她们双方都满意并且可以改换话题了。

特莎接着开始玩木偶。我和她妈妈一起坐在地板上，特莎很快想出了一个"把戏"，先是给自己建造了一个多层的帐篷样的东西，她可以躲在里面，然后跳进帐篷里，带着两个之前给我们看过并且要求我们注意的木偶。

在我和保拉一起坐着的时候，我感觉我们是积极合作的，两人之间不怎么需要解释来进行沟通。我们交换目光，暗中达成一致，应该遵照特莎的游戏规则。两个人都不知道会发生什么，但我们都很乐意跟随特莎的引导。过了一会儿特莎探出头来，把两个木偶藏在背后："这就是我编的游戏，"她自信地宣布，"你们要猜我在想的是哪个木偶。"她会给第一个猜出的头奖，给另一个二等奖。这个游戏重复了许多遍，通常是妈妈很轻松地赢了，偶尔会给我发个头奖。特莎还创造了另一个变化的游戏，她挑选出一些玩具珠宝、耳饰等，选了12种，按照自己喜欢的程度逐一排列，然后把它们混在一起，轮流要求我们报出她喜好的正确顺序。结果还是保拉得到高分。

游戏结束后，我们才超越游戏的隐喻更直接地去表达她的体验。在整理游戏室的时候，我总结了我们一起谈论的话题和做的游戏，而保拉自发地问特莎对于姐姐需要如此多的关注有怎样的感受，特莎回答说有时候的确"让她有点抓狂"。离开治疗室时特莎很平静。

我震撼于特莎游戏中戏剧性的效果和可能的意义。在治疗设置下，我的回应有神奇的作用，会引起孩子的兴奋和好奇。特莎属于这些孩子当中的一个，她似乎马上就意识到这里可能发生好事——有机会在一个安全的环境下做自我表达。在思考与保拉和特莎的工作过程时，三个关键的时刻浮现出来，每个关键时刻都说明了临床情境下理论交汇是如何演进的。

第一个关键时刻，是保拉立场的转换，从不想要我见她女儿转换到想要。第二个关键时刻，是在母亲和孩子剑拔弩张时，我发表意见"有时候我们记事的方式是不同的"，无伤大雅又缓和了气氛。第三个关键时刻，是特莎所玩的游戏，几乎就像她设置好脚本，把我们两人当作演员。

我们的工作中发生了什么，导致保拉出现这样的心意改变呢？第一个转化表现出保拉的某些能力——能够反思她与特莎之间的关系，以及思考每个人是如何对他人的体验做出反应和答复的，也就是说，她们的情感状态是相互调节的（Beebe & Lachmann, 1988）。我们也可以推测，保拉提出带特莎来是在表达她对我逐渐增加的信任,她相信,假如我见证她丢脸的时刻,在某个"灾难"场合下看到她与特莎"最糟糕"的一面,我是不会给她负面评价,不会怪她是一个"坏妈妈"的。保拉心里也可能存有一丝期望——这样的会面最终是有用的。用术语来表达,一个自体客体移情地出现,使得保拉可以允许在与她自己的工作中把孩子囊括进来。同时,考虑特莎的主导性依恋模式(用Ainsworth的话来讲就是不安全-矛盾型依恋),我首先注意到代际间依恋模式的传递(Main & Goldwyn, 1991; Fonagy, et. Al., 1995)及其对这对母女关系的意义。保拉曾描述自己成长史中混乱的依恋,她是独生女儿,父母出门时经常会把她一个人留在家,单独待几个小时。她描述幼时的自己总是害怕和焦虑的,在家里来回走动,心里确信爸妈都死了再也回不来了,并且这样的体验是长期被父母所忽视的。

第二个关键时刻,我的介入"有时候我们记事的方式是不同的",有双重效应,首先,这为保拉示范了面对冲突状态时的不同回应和转移方式。同时这个微小的干预,也表达了对双方观点的共情以及对差异性的接受,允许特莎自由地发展游戏,把母亲和我纳入,作为她表达自己的重要工具。

第三个关键时刻来自特莎的游戏。这个游戏实际上有着游戏所具备的全部特征,由孩子主导来设定难题并宣布输赢,且不失幽默。我从这个游戏也捕捉到她们关系的某种本质,特莎抓住机会传达给母亲在她们关系当中关于她自己的某些体验。而与治疗过程尤为有关的是,特莎的游戏是一个清楚地表达她自己的机会,以隐喻的方式表达某些自我体验。这是服务于掌控权的游戏,进一步探讨游戏隐含的意义会深入我们之前讨论过的依恋和心智化相关领域(Fonagy & Target, 1998)。

在儿童的戏剧化游戏当中,角色的反转是很常见的。自我和他人的配置可以反转。游戏似乎抓住了她们关系中一个强大的主题:她母亲可以在内心抱持住她,"想她所想"(Fonagy, 1991),因而了解她的体验吗?游戏由特莎制定,由保拉和我来配合推动。用这样的方式,特莎以游戏的隐喻传达她的信息。保拉后来报告,尽管她和特莎相处时仍有困难,但是在她想起我的话时("有时候我们记事的方式是不同的")就能够释然,并且能成功地用这样的方式去避免又一次冲突。可以看到,这个理想化自体客体体验促进了保拉发展出共情地回应特莎的能力。

近来当代自体心理学栖居于一系列创新理论概念的汇流当中,这些概念来自关系和发展理论。这些理论概念彼此塑造与加强,指导着我们的临床判断,并提供一个背景敏感度以使我们的干预应运而生。这些概念为儿童自体心理分析师以及与之对应的成人治疗师们,提供了一个新的概念性框架,证实并丰富了他们的临床工作。这些的确是令人兴奋的时刻。

参 考 文 献

Altman, N., Briggs, R., Frankel, J., Gensler, D., & Pantone, P. (2002). *Relational child psychotherapy*. New York: Other Press.

Beebe, B., & Lachmann, F. (1988). Mother-infant mutual influence and precursors of psychic structure. In A. Goldberg (Ed.), *Frontiers in self psychology: Progress in self psychology, vol. 3* (pp. 3-25). Hillsdale, NJ: Analytic Press.

Boston Process of Change Study Group. (1998). Non-interpretive mechanisms in psychoanalytic therapy: The "something more" than interpretation. *International Journal of Psychoanalysis, 79* (5), 903-921.

Bowlby, J. (1973). *Attachment and loss. Vol. 2: Separation*. London: Hogarth Press.

Brandchaft, B. (1993). To free the spirit from its cell. In A. Goldberg (Ed.), *The widening scope of self psychology: Progress in self psychology, vol. 9* (pp. 209-230). Hillsdale, NJ: Analytic Press.

Brandchaft, B., & Stolorow, R. (1990). Varieties of therapeutic alliance. *The Annual of Psychoanalysis, 18*, 99-114.

Cobum, W. (2006). *Int. Journal of Psychoanalytic Self Psychology,* 1 (1), 3.

Doctors, S. (1995). Rachel's struggle: A self psychological perspective on late adolescent pathology. *Psychoanalytic Review, 82* (4), 499-513.

Doctors, S. (2000). Attachment-individuation: Clinical notes toward a reconsideration of "adolescent turmoil." *Adolescent Psychiatry, 25*, 3-16.

Doctors, S. (2007). On utilizing attachment theory and research in self psychological/intersubjective clinical work. In P. Buirski & A. Kottler (Eds.), *New Developments in Self Psychology Practice* (pp.). Lanham, MD: Jason Aronson.

Fonagy, P. (1991). Thinking about thinking. *Int. J. Psychoanalysis, 72*, 639-656.

Fonagy, P., Steele, M., Steele, H., Leigh, T., Kennedy, R., Mattoon, G., & Target, M. (1995). Attachment, the reflective self and borderline states: The predictive specificity of the adult attachment interview and pathological emotional development. In S. Goldberg, R. Muir, & J. Kerr (Eds.), *Attachment theory: Social, developmental and clinical perspectives* (pp. 233-278). New York: Analytic Press.

Fonagy, P., & Target, M. (1998). Mentalization and the changing aims of child psychoanalysis. In S. Mitchell (Ed.), *Psychoanalytic Dialogues*. Hillsdale, NJ: Analytic Press.

Gotthold, J., & Sorter, D. (2006). Moments of meeting: An exploration of the implicit dimensions of empathic immersion in adult and child treatment. *International Journal of Psychoanalytic Self Psychology, 1* (1), 103-119.

Gotthold, J. (1996). It's as easy as child's play: Play, a self psychological understanding. *Psychoanalysis & Psychotherapy, 13*, 19-26.

Hilke, I., Chaplin Kindler, R., Gottlieb, J., Smaller, M. (2007). How Does Analytic Child Therapy Inform Adult Treatment? Miss Nicht. In *Int. Journal of Psychoanalytic Self-Psychology* 2, 2, ed. W. Coburn.

Kindler, A. (2005). Improvisation and spontaneity in psychoanalysis. Presented at the twenty-eighth International Conference on the Psychology of the Self.

Knoblauch, S. (2000). *The musical edge of therapeutic dialogue*. Hillsdale, NJ: Analytic Press.

Lachmann, F., & Beebe, B. (1992). Representational and selfobject transferences: A developmental perspective. In A. Goldberg, (Ed.), *Progress in self psychology, vol. 8* (pp. 3-15). Hillsdale, NJ: Analytic Press.

Lachmann, F. (2001). Words and music. *Progress in self psychology, 17*, 167-178.

Lewinberg, E. (1995). Jacquie: The working through of selfobject transferences with a latency-aged girl. In A. Goldberg (Ed.), *Progress in self psychology, vol. 11* (pp. 125-140). Hillsdale, NJ: Analytic Press.

Lichtenberg, J. (1989). *Psychoanalysis and motivation*. Hillsdale, NJ: Analytic

Press.

Lichtenberg, J. (1999). Listening, understanding and interpreting: Reflections on complexity. *Int. Journal of Psychoanalysis, 80*, 719-737.

Lyons-Ruth, K. (1998). Implicit relational knowing: Its role in development and psychoanalytic treatment. *Infant Mental Health Journal, 19* (3), 282-289.

Main, M., & Goldwyn, R. (1991). Adult attachment classification system, version 5. Berkeley: University of California Press.

Marohn, R. (1997). Failures in everyday psychotherapy. *Adolescent Psychiatry, 21*, 289-303.

Miller, J. (1996). *Using self psychology in child psychotherapy.* Lanham, MD: Jason Aronson.

Ornstein, A. (1974). The dread to repeat and a new beginning. *Annual of Psychoanalysis, 2*, 231-248.

Palombo, J. (2001). *Learning disorders and disorders of the self in children and adolescents.* New York: W. W. Norton.

Ringstrom. P. (2001). Cultivating the improvisational in psychoanalytic treatment. *Psychoanal. Dial., 11*, 727-754.

Schave, D., & Schave, B. (1989). *Early adolescence and the search for the self: A developmental perspective.* New York: Praeger.

Smaller, M. (2003). Working with adolescents. In M. Gehrie (Ed.), *Progress in self psychology, vol. 19* (pp. 155-169). Hillsdale, NJ: Analytic Press.

Stern, D. (1985). *The interpersonal world of the infant.* New York: Basic Books.

Stem, D. (2004). *The present moment in psychotherapy and everyday life.* New York: W. W. Norton.

Stolorow, R., & Atwood, G. (1987). *Psychoanalytic treatment: An intersubjective approach.* Hillsdale, NJ: Analytic Press.

Tolpin, M. (2003). Doing psychoanalysis of normal development: Forward edge transferences. In A. Goldberg (Ed.), *Progress in self psychology, vol. 18* (pp. 167-190). Hillsdale, NJ: Analytic Press.

Winnicott, D. (1985). *The maturational processes and the facilitating environment.* London, Hogarth Press.

5 女孩、妈妈和分析师：儿童治疗中的自我和交互调节研究

Amy Joelson

自我和交互调节（self-and interactive regulation）是治疗过程的关键。在工作的过程中，病人和分析师不断努力调节自己以及彼此之间的互动。在他们的自我和交互调节之舞中，这通常都是无意识和非语言性的，他们合作创造了一种关联的感觉（sense of relatedness）。对于每一种二元关系或者此案例中要讨论的三元关系来说，所浮现的调节模式都是独一无二的。

自我和交互调节的概念出自婴儿研究领域，已被应用于成人治疗（Beebe & Lachmann，2002；Fivz-Depeursinge & Corboz-Warnery，1999）。而有必要在儿童治疗相关文献中做进一步的研究。本文中，我将自我和交互调节概念用于儿童治疗。在个案说明中，我详述了将病人母亲纳入治疗室时发生的复杂的调节过程。

在儿童治疗中，会谈中有病人母亲在场的情况会不期而至地发生，但很少被讨论。无论是否积极参与孩子的治疗会谈，母亲的在场都会影响到治疗的过程和结果。母亲的在场增加了分析交流的复杂性，改变原来的二元动力系统（治疗师和病人）为三元动力系统（治疗师、病人和病人母亲，以及三者间的次级关系）。并且，她的在场增强了每个参与者的情感体验。

与儿童工作时，内隐层面的交流是占主导地位的。这种内隐层面的交流在游戏和其他互动（包括语言的和非语言的）当中是支配性的。当重点在

于过程而非内容,也就是说,重点在于孩子如何游戏而非游戏内容是什么的时候,多半都很容易观察到这一点。不过,过程和内容是紧密相关并且同样重要的。

在游戏过程中,一个片刻接着一个片刻,一节会谈接着一节会谈,儿童和分析师内隐地交流,调整自我和交互调节的模式。在这些进行的模式中,他们不可避免地体验到关系的破裂(disruption)。当他们的商谈每次破裂时,儿童会改变应对其他情境的期望。这些持续的内隐关系过程会产生治疗效果,因为新的游戏方式和新的联结方式产生了。

为了讨论这次治疗,我突出了自我和交互调节的内隐层面,并把动力性内容放到幕后。这是一个热情的小女孩的案例,我叙述了她通过游戏调节自己以及与他人互动时的体验,就治疗过程中的两个关键时刻做了检验。这两个时刻母亲都在场。在第一个时刻,母亲哭了;在第二个时刻,母亲笑了。在这两个强烈情感时刻(Beebe & Lachmann, 2002),母亲的脸部表情提供了一个参考的焦点。她的表达加强了我们三者间自我和交互调节的过程。本文阐述了这个三角关系间的体验,对于游戏以及非语言的内隐互动治疗效果总体加以理解和细腻的描述。

伊莎贝尔的治疗

伊莎贝尔在3岁半时来做治疗,其父母正濒临离婚。据父母的描述,她经常发脾气,很容易焦虑。在这场家庭危机中,每个成员的沟通方式常不可避免地造成家庭冲突。一言一语、一举一动,都可能惹出麻烦。每个人都觉得很难调节不断出现的压力,没有人可赖以获得支持。

伊莎贝尔的状态是复杂的。一方面,她受到各种挑战:破碎的忠诚,被抛弃的恐惧,以及家庭复合的幻想。这些在经历父母离异的儿童身上都是典型的症状,也是构成她大部分游戏内容的主题。然而另一方面,伊莎贝尔需要找到办法来更好地调节自己淹没性的强烈情绪。这在她不堪重负且易激惹的家庭环境中显得尤其困难，因为她的父母十分焦虑，她好像没有办法让自己感觉舒适。因此，治疗聚焦于她发展中的自我和交互调节能力。

伊莎贝尔的父母试图用离婚来解决他们的冲突。但是，这种解决冲突的方式使得伊莎贝尔产生被抛弃的焦虑，并急于想处理自己的情感波动。她的脾气越来越大，与父母之间的交流越来越紧张，她也越来越难以管理自己的状态。她会坚持一个与父母不同的解决方法，不时的脾气发作也扰动着整个家庭系统。

第一次会谈

伊莎贝尔和我一起在游戏中尝试了不同的互动方式，最终形成了过程性认知（procedural knowing, Lons-Ruth, 1998）的新模式。第一次会谈为我们之后的游戏打下了基调：

> 伊莎贝尔：这是虎克船长。他在自己的船上，到处航行。这个是坏女巫。（她上了他的船）这里是迷路的孩子（在房子里）。妈妈正想让他们上床，但是孩子们吓坏了。虎克船长和女巫来了，他们来接这些迷路的孩子。虎克船长和女巫打了一架，虎克把女巫扔出了船外。（现在虎克回到自己船上）他开船到房子里去接妈妈。孩子们吓坏了："哇！"妈妈没办法保护他们。他们试图保护妈妈，"哦，妈咪，妈咪！"（他们喊道）让我们把房子掩盖起来，拿这块布罩住它，把别的娃娃放进房子里，还有马（和别的玩具）。我们必须保护所有人，再来一块布，全部天鹅绒布也盖上。（还有毛毡）虎克船长来了。哦不！救命！他想要抓住她，他想让她走过船板。他强迫她嫁给他，虎克船长想和他们的妈妈结婚！哦，不！妈妈恨

他，她不想嫁给他！孩子们很难过："哇！哇！"叫警察来！把他送进牢里！（然后伊莎贝尔把虎克放进房子里，他走上楼，抓住了妈妈）虎克船长和妈妈亲吻！他们亲吻了！孩子们——他们快乐地欢呼！耶！孩子们很高兴，因为他们结婚了。结束。（所有人都笑了）

在这次会谈中，伊莎贝尔清楚地设立了将主导治疗过程的主题，表达了她的恐惧和渴望。我的参与只是促进她的表达。

在与伊莎贝尔父母初次会面时，我了解到她母亲很想离婚，父亲虽然暴怒，但却希望维持婚姻。他们从未向伊莎贝尔解释过这个状况。而伊莎贝尔讲述的虎克船长的故事却显示，在没有明确沟通的情况下，她非常清楚父母的情感状态。游戏中最后的亲吻是她在努力修复家中经历的暴力冲突和分裂。但是，伊莎贝尔选择了一个快乐的结局，与她母亲离婚的坚定决心形成了强烈的反差。

在之后的几个月里，伊莎贝尔和我不断重演这出虎克船长的戏剧，带着许多充满情感的变化。她很喜欢帮我守护不断增加的"迷路宝宝"。我们要用一层又一层的布盖住房子——一个占据了大部分会谈时间的创举。

虎克船长是我们游戏的主角，这个人物令伊莎贝尔感到害怕。在一些会谈中，伊莎贝尔钻进游戏屋，蜷缩在我们铺设的布底下。她指示我把她盖起来，然后去面对虎克船长的威胁。她颤抖的声音随着每一个从盖布下发出的指令变得越来越大胆。跟随指令，我会惩罚虎克船长，反复谴责他，让他滚出去，把他送进监牢。在这个过程中，伊莎贝尔表达出渴望、恐惧和愤怒的感受。通过我的参与以及接受伊莎贝尔的指令，我们得以观察她的情绪状态，以及她内部开始的对此的调节。

会谈的结束部分变得越来越困难，告诉伊莎贝尔该停下来会让她发怒。为了预防，我们设立了一条规则，最后十分钟用来画画。我们讨论了这条规则是如何帮助她平静下来。有时，伊莎贝尔自己会转向画画，从而由先前的交互调节（我帮她平静下来）转向自我调节。很明显，她的自我调节功能也起了作用，可以使我们的互动变得平静。

画画也是伊莎贝尔与父母连接的一种方式。她总把画带回家，给父母中的一个，确认他们对自己的重要性。画画就这样成为一种重要的过渡性活动，提供了多种水平的自我和交互调节，并连接了她的家庭和治疗室这两个世界。

母亲哭了

治疗开始几个月之后，发生了一个重大变化。伊莎贝尔4岁半了。她父亲搬了出去，他们之间的会面变得越来越不定期。她非常想念父亲，但是他的来访和他的缺席同样令她焦虑不安。有一天，他没打招呼就来了，而母亲拒绝让他进家门。

第二天，伊莎贝尔要求我允许她母亲加入我们的会谈，这非同寻常。我欢迎了母亲的加入。在我们坐下来游戏的时候，伊莎贝尔踢掉了她的粉红色塑料晚宴鞋。母亲就坐在椅子上观看。伊莎贝尔宣布今天不会把虎克船长拿出来，因为他（虎克船长）太害怕了。我理解这个宣告的意思是，她在努力调节自己的焦虑程度，以及告诉我她有多么不安。很明显，我们不会像通常那样游戏。当我不小心把一个小娃娃滑落在地时，她开始生我的气，指责我让她的妈妈撞到头了。"这个妈妈吗？"我举着那个玩具娃娃问。"不！"她告诉我撞到她真正的妈妈的头了，并且指向坐在椅子上的母亲。带着怒气，她又责备我："你让我爸爸走了。你让他悄悄溜走了。"我回忆起有一次他带孩子过来会谈，但是没有进来，甚至没有等在休息室。为了能平静下来，伊莎贝尔中断了玩具屋的游戏。她走到我的书桌前画画，这幅画是给父亲的。我们并排坐着。伊莎贝尔专注地画心。我的注意力集中在她身上，渐渐地，我留意到，背后坐在椅子上的母亲在悄悄地哭泣。我感到自己在母亲和女儿的需求之间左右为难。当母亲借口去卫生间而离开时，伊莎贝尔继续画画，似乎没有被影响到。不久之后，我意识到这个时刻带来的冲击，那是一个转折点。我在之后的讨论部分会探索它的细节。

母亲离开房间后，伊莎贝尔更放松地游戏，恢复了之前中断的玩具屋游戏。我们又回到游戏屋。这一次，她介绍了怪物弗兰肯斯坦，弗兰肯斯坦在母亲和孩子之后出场，警察和医生介入了。当我告诉伊莎贝尔我们的时间到了时，她灵感一现，她抓起这个怪物，把他放到卧室去救母亲。然后，他们亲吻了！我说："多么令人吃惊的结尾啊！"她的眼睛闪闪发亮。我难以置信地表演妈妈和怪物亲吻，然后她告诉我"他不再是怪物了"，他被一个亲吻治愈了。在这场演出中，伊莎贝尔表达了她相信妈妈的吻有治愈的力量，她焦急地需要妈妈来谅解怪物般的行为，无论是来自父亲的或是她自己的。就像在我们的第一次会谈中，伊莎贝尔用游戏来调整她对父母离婚的失望情绪。通过游戏最终的爱的场景，她重建了自己的安全感。然而，当她的母亲回来帮她穿上外套和鞋子时，伊莎贝尔不想离开。她拒绝了母亲拿来的实用的平底鞋，坚持要换上她那双一脚蹬的粉红色塑料晚宴高跟鞋。

在这之后，与伊莎贝尔的工作变得更加有挑战性。她坚持要母亲参与之后的每一场会谈，并且不是坐在一边当旁观者。相反，我成了伊莎贝尔和母亲游戏的旁观者，我开始了解伊莎贝尔关于把母亲留在外面的担忧。在我没有确切理解她的意思，或者她觉得我介入了她和母亲之间关系的时候，伊莎贝尔会攻击我。她常常叫我闭嘴，并且因我犯的轻罪宣布让我入狱。她将怒火发在我头上，同时因母亲而快乐。很快，我成了那个要"哭"的人，当我因为感到孤单、被遗忘并且被误解而哭泣的时候，她愉快地玩游戏。

母 亲 笑 了

伊莎贝尔治疗中的一个深刻变化发生在她母亲哭泣的4周之后。那天伊莎贝尔把我变成一只兔子，在这次会谈中，她母亲笑了，她的笑是对我和伊莎贝尔游戏内容的回应。接着，伊莎贝尔对母亲新的情绪状态做了回应。至于我的部分，我突破了自己受限制的状态，以一种活泼和好奇的精神打开了治疗空间。

当我在休息室迎接伊莎贝尔的时候，她看起来是生气和对抗的。她拒绝进入我的办公室，但是在我看向别处的时候，她变安静了。我避开目光接触，让她有机会调整自己的情绪，避免与我的直接互动增加她的紧张。接着她继续之前会谈中的愤怒声讨，告诉我刚才我有多无理。她在桌前背对着我工作，母亲坐在椅子上，我坐在沙发上。

我思索着让她父亲离开这件事有多让她生我的气，她可能觉得如果我真的关心她的感受，我会把她父亲带回来，也会让父母复合。我告诉她，我已经写信给她爸爸，邀请他参加我们之后的会谈。她转过身叫道"你这个骗子！"

我目瞪口呆了一会儿，问她："我应该感觉怎么样？"

"很糟！很糟！"根据她的指令，我表达我感觉好糟糕、好伤心并且好孤独。我全身心投入这出戏：假装哭泣，她很喜欢这样。我抽泣着说我有多孤单，没有人陪我玩。她显然对我的悲伤产生了共鸣，这个互动对伊莎贝尔来说是关键的，让她能够更投入地与我游戏。

我的假装哭泣起了一个内隐诠释的作用。它捕获（capture）了我们三个之间产生的一种复杂的移情，因为它呼应了母亲、父亲和伊莎贝尔之间困难及复杂的动力。伊莎贝尔反应给我的生气代表了她与父亲进退两难的困境。一方面，她生我的气，就好像我抛弃了她的父亲。相应地，她把我的强烈抗议理解为她父亲被"流放"而可能感受到的痛苦。另一方面，伊莎贝尔对待我的方式就好像是她从父亲那里感受到的受虐感。从这个角度，游戏中我假装的哭泣和我为什么这么难过的解释，帮伊莎贝尔表达了她的痛苦。她渴望被父亲接纳和包容，同时担心他可能会生气地拒绝她。

在游戏中，我认可了伊莎贝尔的愤怒和担心（被反击）。也就是说，我分享了她被包容的渴望和被忽视的辛苦。我的哭泣同时激发出她对于自己和对于父亲的同情。显然，伊莎贝尔理解我所呈现的困境，并感到被理解。她即刻就平静下来。

当我直接对她说出来的时候（在我们的游戏对话之外），她惩罚我："我要把你变成一只青蛙！"

我改成青蛙的声音问"我该怎么做呢？我从来没当过青蛙。现在我应该觉得怎样？"

她好奇而谨慎地说："饥渴！"

"饥渴什么？"

"饥渴想吃虫子！"

我模仿的青蛙让伊莎贝尔的母亲大声笑了出来，并且指着伊莎贝尔衬衫上的虫子图案。伊莎贝尔瞥了妈妈一眼。接着，突如其来地，她跑到我跟前，将身体凑过来，这样我就能吃到她衬衫上的蜻蜓了。我张开嘴去咬，她说："不，用舌头抓住它！"因此我伸出舌头去够蜻蜓。她大胆地和我玩了一会儿然后退回去了。不一会儿，她施以另一个惩罚，把我变成一只兔子。我装兔子说话，问她："我该做什么？我不停地在变！先是一只青蛙，现在又是一只兔子！我还从来没做过兔子。发生什么了？帮帮我，我不知道该做什么。"母亲此时开怀大笑。

"跳！"于是我在办公室里蹦蹦跳跳，试着像一只兔子。"像这样吗？"伊莎贝尔教我做兔子跳。母亲笑得更大声了。

伊莎贝尔拿起一个公主木偶命令我，"和你的朋友一起玩！"我把木偶套在手上，把她当成我的朋友，或者更确切地说，当成兔子邦妮的朋友。我现在是邦妮，我问公主叫什么名字，伊莎贝尔要我给她起名字。这次游戏标志着莉莉公主的诞生，以及公主和邦妮之间无与伦比的友谊。我同时为它们两个代言。

这一系列过程——从伊莎贝尔把我变成青蛙开始直到莉莉公主的诞生——是变革性的。标志着我们新的游戏方式的出现。这就是讨论部分详细描述的"时刻2"。

就如同之前的转变似乎由母亲的眼泪引发一样，这次转变被母亲全身心以及不可抑制的笑所凸显。显然，伊莎贝尔擅于调动母亲的情绪状态。她担心着母亲，在这些时刻，她们彼此紧密关注。母亲的笑声使得伊莎贝尔放松下来，可以更自由地与我在一起。相应地，她的游戏变得越来越自发和有创造性。

当我手上戴着公主木偶作为兔子邦妮在房间里跳来跳去的时候，伊莎贝尔讲述她的故事："公主发怒了。她回到皇宫，那儿都是坏人。她生爸爸妈妈——国王和王后的气。"作为邦妮，我同情公主。我说，"对自己爱的亲人发怒真是一件困难的事。"伊莎贝尔表示同意，重复我的话。最后，我被允许再说话了！通过邦妮和莉莉公主作为绝好的媒介，我得以和伊莎贝尔沟通。

伊莎贝尔爱着邦妮和莉莉公主，但是假如我不小心与两个新角色脱节了，她仍旧会对作为艾米的我生气。在之后的几个月当中，她常常提醒我是邦妮，并且要把莉莉公主戴在手上。有时她会拥抱我手上的公主，并告诉她有多爱她。有一次，当她充满感情地用双手拥抱时，她说"我能感觉到你的骨头！"我们两个都知道，当然她紧紧抱住的是我的骨头。

后续几个月，伊莎贝尔都把母亲带进会谈中，只有两次例外，是父亲加入。这之后，伊莎贝尔恢复了和我的单独会谈。

讨 论

下面我将详述之前提到的两个时刻。每一个时刻，都由伊莎贝尔、她母亲和我共同创造，并且被母亲爆发的情绪所定义。第一个时刻母亲哭了，第二个时刻母亲笑了。两次都是对于她所观察到的我和伊莎贝尔之间互动的回应——所起的作用就像是希腊戏剧中的合唱部分，是对游戏表演的点评。母亲的在场构成这个治疗阶段的一个部分，她的反应加强了伊莎贝尔以及我的体验，并促进了我们治疗工作中的动力改变。如Tompkins（1980）所说，"情感强化了体验。它们不是让好事变得更好，就是让坏事变得更坏"（p.140）。

时刻1：观察者被观察

在第一个时刻，伊莎贝尔安静地坐在我旁边的桌上画画。之前她对我出现了前所未有的攻击行为，直到她母亲流泪和离开房间才停下来。

我们一起坐着的时候，我仔细思考了伊莎贝尔从娃娃屋的游戏转换到桌子前的决定。伊莎贝尔的行为转换同时起到自我调节和交互调节功能，帮助她减少在游戏屋时体验到的强烈的刺激和混乱感（自我调节）。在我桌子上安静地画心时，她得以在对我的愤怒攻击之后与我一起重新调整（和我的交互调节），并且更好地感受母亲越来越不安的状态（与母亲的交互调节）。

然而，在努力平静下来的过程中，伊莎贝尔的愤怒再次爆发。我准备帮她拿画画纸，但她想自己拿。她狂野地打我，威胁要打我的眼睛。当我本能地用双手护住眼睛时，她请我把手挪开，保证不会伤害我，我才冒险把手拿下来。接下来两个人大眼瞪小眼，不知道会发生什么。她温柔地用双拳碰了一下我的眼睛，就收回了。"怎么样？我告诉过你不会疼的！"我们两个彼此注视着，同时笑了，很高兴能免于暴力冲动，并且重建相互的信任。如此这般对我们持续进行的调节过程的破裂和修复（Beebe & Lachmann，1994）不断地发生。每一次破裂之后的再调节过程都增加了我对治疗工作的乐观情绪。

在桌前画画的时刻，伊莎贝尔对自己画的心评论道："真可爱！"声音听起来就像模仿成人，提示我她幻想有一个成人在欣赏她的画。然而，她矫揉造作的声音也告诉我，她的心是如何在别处的。我的心，在会谈的早些时候（娃娃屋游戏时），也曾在别处。也就在那个时候，我不小心滑落了一个娃娃，暗示我并没有全然专注于游戏。我的分心是由于伊莎贝尔的愤怒，彼时，我正试图整理清楚她和我互动的差异。在回顾时，我意识到伊莎贝尔和我都分心于试图追踪她母亲的状态。

眼泪从母亲脸上滚落下来，她安静地哭泣，企图隐藏自己的情绪。伊莎贝尔专注于画画，试图隐藏自己的关心。我试图隐藏内心的不确定性。

我有感于母亲的外在和我的体验之间的差异。在我感觉乐观的时候，她何以感觉如此绝望？她的眼泪令我惊讶，我的乐观情绪消退了。我让自己去与她的需求同调。我在关键时刻去这么做，比如当伊莎贝尔喊叫或她母亲哭泣的时候。在调低我的唤起状态（自我调节）时，我希望调低伊莎贝尔的忧虑以及她母亲的悲伤（交互调节）。这样做的时候，我能够更清醒地思考。

我回忆这次会谈的早期，伊莎贝尔的母亲曾呆呆地凝视着前方。我注意到了她低落的沉思状态，但没有引起重视。现在我意识到，当时的她是如何努力地在调节自己的紧张情绪。

伊莎贝尔的母亲与我眼神对视了一下。我们不想打扰伊莎贝尔，她最终看起来很平静，不再发脾气。在母亲能够完全体验和表达自己的悲伤之前，她需要女儿在我的陪伴下平静下来。

伊莎贝尔的母亲含泪是因为她看见女儿与我活动时那种攻击性的方式。后来她告诉我她担心父亲的行为会伤害到女儿，并坦诚前一天在受到伊莎贝尔类似攻击时她感到的脆弱无助。

当母亲借口上厕所离开房间时，她需要独自进一步体验和管理自己的情绪，而不用担心互动的结果，特别是关于伊莎贝尔的。母亲习惯于隐藏自己的感受。然而，在哭泣时，她确实表达了她的绝望。通过离开我们去独自哭泣，她传递的信息是，她以为自己的痛苦会给我们带来负担，而且我们不会帮助她。她这样的哭就使得伊莎贝尔和我感到无助和受抑制。

出于对母亲隐私需要的尊重，以及试图保护伊莎贝尔与我之间正在形成的连接，我和母亲一道假装她想离开房间这件事没有什么不寻常。母女都渴望我的关注，我试图在这一需求的冲突中保持平衡时，忽略了关键的一点：伊莎贝尔安静地坐在桌前画画，看起来毫不关心，这其实正是一个强有力的反应，她也在假装没有什么问题。在交互调节的作用下，我们三个都抑制自己。我想要说些"精神分析"的话来调节我的自尊和给妈妈留下印象，但是什么也想不出来。我们都处于一种高度警觉的状态，彼此留意。

伊莎贝尔的焦虑部分来自一种交互系统性过程。她不仅需要妈妈母性的安慰，而且要确信妈妈没事。母亲和女儿都留心对方的感受，在另一个感觉不好的时候又挣扎着让自己感觉好一点。

通过把母亲带入会谈，伊莎贝尔开始明确把她作为治疗中一个必不可少的部分。这把我们的治疗从一个二元系统（伊莎贝尔和我在一种整体和谐的氛围下工作）转到三元系统（开始于一种冲突的气氛，其中我成为伊莎贝尔宣泄怒气的对象）。自这次会谈开始，出现了一种复杂的移情，伊莎贝尔对待我的方式就像她父亲对她那样，并且回应我的方式就像她想对父亲回应但又不敢做的。通过把母亲带入治疗，伊莎贝尔为我们创造了一个理想的机会去详细描述和商讨这些三元移情议题。我们在会谈中重新创造并探索在她家里发生的挑战性和破坏性的动力关系。最终，我们制定出三个人在一起的新模式，这对于每个人来说都是全新的。

时刻 2：转化

即将讨论的第二个时刻发生在这次会谈的 4 周之后。一开始，她把我变成青蛙。根据她的指令，我活灵活现地模仿青蛙说话（把我们三个都吓了一跳）。母亲笑了，伊莎贝尔受到鼓舞，又把我变成一只兔子。当伊莎贝尔教我怎样蹦跳的时候，这个时刻达到高潮，伴随着母亲的捧腹大笑。在这个时刻之后，莉莉公主被创造出来。

当伊莎贝尔把我变成一只青蛙时，她潜在的意图是惩罚我刚才说的话。她努力不让我说话不是第一次，其功能既是自我调节也是交互调节。和我的较量似乎巩固了她的力量感，让我安静下来，一部分是她努力降低互动的刺激，同时也起到平衡自身的作用。把我当作敌人，她得以与母亲结盟，母亲也被禁止和我说话。

然而，在这个时刻2中，我不允许自己受抑制。内隐地，我理解伊莎贝尔把我变成青蛙体现出她需要一种转化。我欢迎这一时机，尽管她的嗓音很尖利，我发现了拓展游戏的空间。伊莎贝尔的身体语言，伸展的双臂和手部姿势（就是把一个人变成青蛙时用的那种），更加强了我把她的惩罚作为一个关系邀请的理解。随着我在这个游戏中的变化，我们的关系也发生了转化。

突如其来且自发的元素促进了这个时刻的治疗效果（Reik，1937；Taerk，2002）。伊莎贝尔的母亲对我无厘头的表演感到惊讶并且被逗乐。同样地，我看到她发自内心的大笑也感到惊讶和喜悦。伊莎贝尔同样吃惊于突然的转变——发现我居然像青蛙那样说话，而她妈妈发出如此爆笑——而这些转变由她自身引发。

母亲长时间的笑声起到意义深远的互动效果。伊莎贝尔扫视母亲的脸想了解她笑的含义：是妈妈在笑她，还是我，或者笑我们两个？我看着伊莎贝尔探询的脸，然后看看她母亲的脸，又回到伊莎贝尔身上。这种三方向的社会性参考（three-way social referencing，Emde & Sorce，1983；Klinnert, Campos, Sorce, Emde, & Svejada，1983）是依序发生的。它提示我们每个人如何与他人发展关系。母亲的微笑让伊莎贝尔确信，投入游戏中是安全的。接着她更靠近我，不再那么密切地追踪妈妈的举动。

我模仿青蛙和兔子引发母亲的大笑，同样鼓励了我更加戏剧化地投入表演。我再模仿动物的声音说话，配合母亲越来越高涨的情绪，促使伊莎贝尔越来越投入游戏。我们每个人都因这一时刻的互动变得越来越大胆。

伊莎贝尔没有笑。她严肃地做着游戏。如同时刻1时一样，母女俩都有获得我关注的需求，我再次被迫在这竞争性需求间保持一个平衡。我用眼角余光扫了旁边的母亲一眼，但没有笑。我尊重伊莎贝尔的庄重感，热切地扮演新的动物角色。

在扮成青蛙用牙咬而不是用舌头舔伊莎贝尔衬衣上虫子的时候，我的确犯了错误。但是她很快更正我——"不，要用你的舌头！"——她能够容忍我的失误。她这种很幽默地接受我的失误的能力与之前暴怒的反应形成了巨大反差。在这个互动"失误（sloppiness, Stern, 2004）"中，我们两个都努力让两人间发生的事往好的方面发展。

接受伊莎贝尔给我任命的角色，如小偷、撒谎者、青蛙或者兔子，开启了我们之间交流的通道，并扩展了互动的可能。这就是应用于儿童治疗的"将计就计（wearing the attribution）（Lichtenberg, Lachmann, & Fosshage, 1996）"概念。当我投入到伊莎贝尔指派的每个角色当中，不仅探索其对于她的意义，而且加上了我自己的润色。假装青蛙让我活跃起来——我一直在等待一个机会更加投入且自由地和伊莎贝尔在一起。反过来，我不断增加的活跃性让这些角色也生动起来。通过青蛙游戏，我营造了一种气氛，其中伊莎贝尔和母亲都越来越能够体验和表达她们自己的活力。

时刻2是"相遇时刻（Sander, 1998）"。Stern将此定义为"内隐地再组织主体交互场的时刻，使之更为一致，两个人感受到一种关系的开放，允许他们共同以内隐或外显的方式去探索新的领域"（2004, p.220）。不过，在我们相遇的时刻有三个人，开放的是三元关系以及新的游戏方式。

结 论

本章讨论的两个时刻是"强烈情感时刻"(Beebe & Lachmann, 2002)。它们一起描绘了破裂和修复的循环(Beebe & Lachmann, 1994),以及一个"稀松平常的过程"(Stern, 1004)导致的"相遇时刻"(Sander, 1998)。

我把母亲的脸部表情作为讨论的参照点。她的脸起到视觉隐喻的功能,表达了情绪气氛,并且引导伊莎贝尔去了解如何感受和行动。她哭泣及欢笑的声音和节律也促进了自我和交互调节的前进之舞。这是构成内隐认知的非语言隐含素材,为在关系中如何互动提供了线索。

在回顾时,我认识到为了影响气氛,我在每个时刻做了不同的自我调节。反思时刻1,我之后才意识到抑制自我的程度。我降低刺激水平的努力在某种程度上是程式化的。我进入了伊莎贝尔戏剧化的情感状态,并缓慢地试图把它降下来(Beebe, 2002)。在时刻2,我让自己活跃起来以激发联系。我匹配于伊莎贝尔被抑制的情感并以游戏方式试图将之引导出来。伊莎贝尔扫视母亲的脸来获得指导,我也用类似的方式同时关注伊莎贝尔和她母亲的脸,来指导自己的干预方式。根据所观察到的,我调整声调、语速、情感的强度,或者行动的速度。这些社会化参照(Emde & Sorce, 1983; Klinnert, et al., 1983)以及随之而来的关系性调整(cf. Tronick, 2003)常常发生在我意识之外。

时刻1导致了加强的抑制和紧张。我对伊莎贝尔愤怒的理解不断增加,从而影响到我的干预措施。我通过游戏的方式表达对她困难情境的理解,使她获得自己是可被理解的体验。母亲看起来被我贴近伊莎贝尔需求的努力所打动,甚至尽管伊莎贝尔抵制我的推进。时刻1某种程度上是一种复杂的关系之舞,其中我们每一个都试图协商从单一的二元关系(伊莎贝尔和我)到三对二元关系(伊莎贝尔和她妈妈,伊莎贝尔和我,她妈妈和我)的转换。

时刻2标志着转化，从一种抑制的、忧虑的、冲突的气氛转到扩展的、一致的状态。每个人都能更自由、自发并协作地互动。这个时刻修复了时刻1中伊莎贝尔体验到的破裂。她得以恢复和我的连接，不再需要通过与我保持距离来保持她和母亲的依恋，母亲的笑声使她确信这一点。这个时刻的游戏性标志着我们与他人发生联系的方式从个人和二元关系角度都发生了转化。

在之后出现的游戏中，伊莎贝尔能体验到她的主观世界是可被分享的（Stern, 1985）。事实上，在那个时刻，我们每个人都体验到我们的世界越来越多地被分享。她母亲体验到，我是协作抚养者，深入理解她和女儿之间的关系。我体验到，母亲是协作分析师，见证、珍视并分享我分析性的游戏世界。在时刻2中，我们从各自为政的竞争关系转化到更舒适和紧密的三人团体。

从自我和交互调节的角度来看，游戏中的转化使我对伊莎贝尔的治疗变得有组织。我关注治疗过程中伊莎贝尔管理自己变化的情感状态的方式，而且我聚焦于她的努力调节。我帮助她体验到，她的行为和状态是可以被理解的、是有效的，是她管理自己情感和体验的方式。例如，与其将伊莎贝尔坚持把母亲带入会谈视为对治疗联盟的干扰，我更关注的是伊莎贝尔如何用母亲的在场调节自己的体验，伊莎贝尔调节的努力因此而加强。将母亲纳入治疗，促进了治疗的转变，我们三人之间的互动使伊莎贝尔和母亲得以从新的角度来体验她们之间的关系。

在伊莎贝尔觉得越来越有效和被理解时，她同时与我和她的母亲发展出一种不断增进的亲密连接。变得温和的声调，增加的眼神接触，更放松和有趣的脸部表情，以及越来越包容性的游戏都证明了这一点。关系中更好的连接感可望形成一个可靠和有回应的环境。

在强调游戏的内隐过程时，我的方法不同于那些以游戏的象征性内容为优先考虑的人。确切地说，我把重点转移到伊莎贝尔和家人在一起时的主观自我体验，正是她的体验定义了她与我的工作内容。这一内容一直被呈现，甚至在内隐维度成为前景的时候。然而，与其强调游戏在象征层面起到的修通无意识冲突作用，我更关注游戏在促进关系中新的连接方式、管理情绪的方式以及自我和交互调节模式所起到的作用。随着互动模式的建立、破裂和重组，治疗关系中出现了新的生活体验。这就带来了新的预期，希望不会那么糟糕。在这个过程中，当分析师作为一个新的游戏伙伴发挥作用时，内隐的关系认知得以发生转化。这个过程在成人治疗和儿童治疗中同样至关重要，并且可以更清楚地在儿童治疗中被观察到，特别是在内隐层面交流占主导地位时。

在关注个人的自我调节、病人的自我调节以及病人和分析师之间共同创造的交互调节过程中，分析师提供了一个可以让病人感到安全、被理解和不孤单的环境。正是在这样的环境里，一种更强烈的生命力和关联性会出现。

参 考 文 献

Beebe, B., & Lachmann, F. (2002). *Infant research and adult treatment*. Hillsdale, NJ: Analytic Press.

Beebe, B., & Lachmann, F. (1994). Representation and internalization in infancy: Three principles of salience. *Psychoanalytic Psychology, 11*, 127-165.

Emde, R. N., & Sorce, J. E. (1983). The rewards of infancy: Emotional availability and maternal referencing. In J. D. Call, E. Galenson, & R. Tyson (Eds.), *Frontiers of infant psychiatry, Vol. 2* (pp. 17-30). New York: Basic Books.

Fivaz-Depeursinge, E., & Corboz-Warnery, A. (1999). *The primary triangle*. New York: Basic Books.

Gotthold, J. (2005). *Progress in self psychology, vol. 21*.

Klinnert, M. D., Campos, J. J., Sorce, J. F., Emde, R. N., & Svejda, M. (1983). Emotions as behavior regulators: Social referencing in infancy. In R. Plutchik & H.Kellerman (Eds.), *Emotion, theory, research, and experience* (pp. 57-86). New York: Academic Press.

Lichtenberg, J., Lachmann, F., & Fosshage, J. (1996). *The clinical exchange.* Hillsdale, NJ: Analytic Press.

Lyons-Ruth, K. (1998). Implicit relational knowing: Its role in development and psychoanalytic treatment. *Infant Mental Health Journal, 19*, 282-291.

Reik, T. (1937). *Surprise and the psychoanalyst: On the conjecture and comprehension of unconscious processes.* New York: Dutton.

Sander, L. (1983). Polarity paradox, and the organizing process in development. In J. D. Call, E. Galenson, & R. Tyson (Eds.), *Frontiers of infant psychiatry* (pp. 315-327). New York: Basic Books.

Stern, D. (1985). *The interpersonal world of the infant.* New York: Basic Books.

Stern, D. (2004). *The present moment in psychotherapy and everyday life.* New York: Norton.

Stolorow, R., & Atwood, G. (1979). *Faces in a cloud: Subjectivity in personality theory.* New York: Jason Aronson.

Taerk, G. (2002). Moments of spontaneity and surprise: The nonlinear road to "something more." *Psychoanalytic Inquiry, 22* (5), 728-739.

Tomkins, S. (1980). Affect as amplification: Some modifications in theory. In R. Plutchik & H. Kellerman (Eds.), *Emotion, theory, research, and experience* (pp. 141-164). New York: Academic Press.

Tronick, E. Z. (2003). "Of course all relationships are unique": How co-creative processes generate unique mother-infant and patient-therapist relationships and change other relationships. *Psychoanalytic Inquiry, 23*, 473-491.

第三部分
在不同的治疗方法中的应用

6 朝向更恰到好处的自体客体环境：应用于家庭治疗的主体间自体心理学方法

Carla Leone

致谢：感谢James Sands博士、Diana Beliard博士和Jill Gardener博士。感谢他们三位在此篇论文成稿期间给予的支持和建设性意见。

本章部分内容曾在《临床社会工作杂志》(*Journal of Clinical Social Work*，卷29，pp.269-289) 发表，在得到出版商斯普林格科学和商业媒体（Springer Science and Business Media）许可后在此再次出版。

引　言

当代精神分析理论强调环境的重要性，体验既从环境中浮现出来也在环境中被共同创造，这自然就开始更多地关注患者原初关系的品质。对孩子和青少年的治疗而言，这就意味着更加认可家庭工作的重要性，它是治疗的关键组件。

然而，联合工作（conjoint work）是一项艰巨的任务，尤其是临床治疗师习惯了个体治疗的相对安全和可预测的状态——而且他们的精神分析培训并没有包括以联合模式进行治疗。伴侣治疗是两个成年人，与之工作就足够困难了，而家庭治疗所涉及人员的年龄、角色和发展水平的差异更大。"我确实能足够好地抱持那些人吗？"治疗师/分析师可能有这样的担忧。"如果他们彼此之间互相虐待,而我无法阻止,怎么办?"可以理解的是,这些及其他一些担忧导致受训于精神分析的临床治疗师回避或无法充分利用父母-孩子或者更大的家庭联合治疗模式。

当治疗师挣扎于家庭治疗的多重需要和挑战的时候,当代自体心理学和主体间系统理论(Stolorow & Atwood,1992)提供的理论框架能够"抱持"治疗师。自体客体体验、情绪同调和恰到好处的回应,这些概念(Bacal,1998)能帮助我们更理解各个年龄段的家庭成员在情绪上需要从彼此那里得到些什么,以及,他们可能需要从他们的家庭治疗师那里得到些什么。自体心理学关于自恋受挫(narcissistic injuries)、攻击和防御的观点(Kohut,1972,1984)也使得该理论特别适用于陷入关系困境的治疗,其常常涉及一个或多个这样的关系。

体验被认为是参与者共同创造的并且浮现于主体间场域(Stolorow & Atwood,1992),这个概念将分析师的注意力引向复杂的语言和非语言、意识和无意识对家庭交互作用的影响。当我们越来越能觉察影响主体体验和行为的独特的无意识过程,越来越能觉察人际互动中的交互影响过程,我们就能更好地理解为什么家庭成员以现在这种方式来体验彼此、为什么以这种方式来进行互动。这个框架也能够帮助我们更好地理解自己对于患者和家庭成员的反应。

从这样一个理论框架出发的治疗方法,可以帮助家庭成员成为彼此更加恰到好处的自体客体体验来源。家庭治疗师作为这类体验的附加资源进入家庭,建立家庭成员之间的治疗性对话,澄清家庭成员的体验和需要,并识别、探索和理解他们的无意识组织框架和内隐关系模式。治疗师和家庭成员之间,以及最终家庭成员彼此之间新的关系体验,能够逐渐发展为新的、更具适应性的组织框架和关系模式。

文 献 回 顾

有意思的是，比起将自体心理学和（或）主体间系统理论应用于家庭治疗，将之应用于夫妻或婚姻治疗（Howard，2004；Leone；Livingston，1995，1998，2001；Mitchell & Wilson，1998；Ringstrom，1994，1998；Rubalcava & Waldman，2004；Schwartzman，1984；Shaddock，1998，2000，2002；Solomon，1985，1988a，1988b；Solomon & Weiss，1992；Trop，1994，1997）和团体治疗领域（Bacal，1985，1992；Harwood，1983；Harwood & Pines，1983；Livingston，1999，2004；Livingston & Livingston，2006；Schwartzman，1984；Shapiro，1991；Stone，1992，2001；Weinstein，1987，1991）的文献资料要多得多，尤其是近几年。至少部分原因可归于精神分析理论和家庭系统理论之间由来已久的互不往来[1]，但这种状况令人惋惜，因为这个方法对伴侣和团体治疗有效，那么对家庭肯定也是有效的。

首位把科胡特的思想应用于和孩子及家庭治疗工作的是奥恩斯坦（1982，1985），他使用"以孩子为中心的家庭治疗"。之后，Eldridge和她的同事们把自体心理学应用于儿童虐待案例（Eldridge & Finnican，1985），以及与幼儿高风险双亲的工作中（Eldridge & Schmidt，1990）。最近，毕比和她的同事们，在自体心理学的基础上与婴儿母亲一起工作时，同时将婴儿研究的发现纳入精神分析方法（例如，Beebe，2003）。其他相关的工作成果包括一篇关于与学习障碍儿童的双亲工作中应用自体心理学和主体间理论的论文（Amerongen & Mishna，2004），还有一篇是Joelson（2005）最近关于一个女孩和其母亲治疗的论文。

只有很少数的论文是从自体心理学或者主体间视角专门讨论家庭治疗（Jacobs，1991；Shaddock，1997；Unger & Levene，1994），包括这篇论文的前一版（Leone，2001）和我之前针对兄弟姐妹冲突的治疗讨论（Leone，

2004)。本篇论文是为了强调和整合前一版论文并且扩展到多个领域。

家庭作为自体客体体验和自体客体失败的来源

人们在所有的亲密关系、包括家庭关系中都需要并寻求自体客体体验——这个体验不断强化、重建或激发活力。孩子显然需要来自父母和照顾者共情同调的自体客体回应,但是自体心理学认为自体客体需要持续一生,这意味着所有的家庭关系都具有自体客体维度。

父母从孩子本身及养育孩子的过程中寻求肯定、情感调节、孪生和其他的自体客体体验(Eldridge & Finnican,1985;Eldridge & Schmidt,1990)。他们有时可能会理想化他们的孩子,感受到孩子的抚慰和安抚,并且可能有一种与他们的孩子根本的、深切的相似性和归属感,这种感觉与从他人那儿感受到的不同。兄弟姐妹和其他家庭成员也需要从彼此那里获得类似的体验(Leone,2004)。最后,家庭作为一个整体,能够提供家庭成员被一整群他人肯定的体验和属于其中一员的感受。家庭也能够因为他们的祖先、传承或其他令人钦佩的特征而被理想化。

尽管科胡特没有专门讨论家庭或家庭治疗,但是他指出个体"一出生就身处回应性的自体客体基质中"(Kohut,1985,p.257)。健康家庭的基质具有这样的特点:个体一起形成的关系网络,具有作为家庭成员自体客体体验来源的功能(Unger & Levene,1994)。家庭的理想功能是作为个体的自体客体关系团队,如此而来,家庭成员就可以从不同的成员那里得到不同的自体客体体验。而且,当一个家庭成员无法作为自体客体回应的来源时,另一个家庭关系也许可以取而代之。

不幸的是,许多家庭不具备这样的功能。对家庭成员而言,家庭并非自体客体体验的重要来源,反而成为自体客体失败和自恋伤害的来源。这非常令人痛苦,因为它们发生在一个特别的空间——家庭——个体最需要并最期望从中获得自体客体体验的空间。前来治疗的孩子和家庭，许多情感、行为和人际困难都是由于家庭成员之间慢性不同调或自体客体失败。例如，下述案例是关于一个十多岁的女孩，喜怒无常、易激惹、抑郁，并且常常和他人发生冲突，呈现出来的这些问题就与家庭内和伙伴群体（影响程度较轻）之间慢性的、共同创造的自体客体失败有关。此处引入的这个案例接下来会在整篇论文中进一步讨论。

临床实例——个案介绍

"我没问题，她有。" 15岁的凯特在我们的第一次会谈中告诉我，她指的是她的母亲。"她疯了！"凯特表现得很吸引人，看似愤怒和忧郁。她一开始很沉默，随后很快就开始一个劲儿地抱怨她的母亲。她说她母亲总是很挑剔，挑剔她的着装、朋友、学业，等等。两个人的尖叫常常此起彼伏，甚至有时母亲会威胁离开家庭。"我确实给了她点颜色看看，"凯特欣然承认，"而且我感到这样很糟糕，但是她活该！"

在母亲的坚持下，凯特被带入治疗，因为她母亲描述了凯特粗鲁且讨厌的"态度"以及她们之间日益频繁、激烈的冲突。母亲说自己和凯特一直都非常亲密，直到最近一两年；凯特同意母亲的这个看法。母亲描述的这些问题大概是从家庭寻求治疗的前一年开始的，那时凯特刚刚进入高中。凯特出生于中产阶级家庭，她的父母都受过良好的教育而且有各自的事业。凯特有一个同父异母的哥哥，是她父亲第一段婚姻的孩子，已婚并生活在州外。凯特从小就有一大堆健康问题，多次短期住院但是恢复得很好（医学上），在治疗期间健康状况良好。

S女士是凯特的母亲，她苗条、有魅力、热情、打扮得很完美，似乎主导了我的办公室和我们的互动。她询问了很多有关我的证书和治疗方法的问题，并且反复强调，凯特需要的是那种能够培养并"教授她应对技巧"的治疗师,而不是"那种仅仅是倾听、微笑和点头的治疗师"。

S女士叙述她与她自己母亲的关系充满了冲突,是一段令人悲伤和焦虑的历程——她下定决心不能重复这种关系。S女士描述她自己的母亲是非常挑剔、有敌意和"疯狂"的。她崇拜父亲,感到父亲在各个方面对她的照顾都很好,除了无法保护她避开母亲。

相对而言,S先生安静、包容,看起来体贴且关心,但是工作相关困境令他承担着很大的压力。他们已经结婚17年,这段有爱与承诺的婚姻关系也会有间断性的冲突和战争。但S先生并没有像凯特那样直接进入冲突,面对情绪反复无常的妻子,S先生似乎更多地采取安抚、顺从的姿态,煞费苦心地避免让妻子感到沮丧。他说他很担心凯特,凯特看起来不开心,也很担心凯特和她母亲之间频繁爆发的冲突,因为"我知道这对她们每一个人都不好。"

如前所述,在这个模型之下,凯特的困难与过去和现在的自体客体失败有关,这些失败既发生在家庭内也发生在家庭外。父母显然既爱她又想给她最好的,但是很难共情理解凯特的体验和需要,因此也很难做出相应的回应。在继续描述和凯特及其父母的工作之前,我们首先详细论述导致这种自体客体失败的原因和自体心理学主体间治疗方法的基本策略。

在家庭内发生自体客体失败的原因

家庭治疗必须识别家庭内发生自体客体失败和不同调的原因(具体描述如下),并以此作为家庭治疗的目标。这些失败和伤害是在一个主体间场域内共同创造(不一定是以对称的方式)和形成的。

家庭成员的自体状态:首先,发展出积极统整的自体状态并且有足够的能力调节和整合情感,每个参与者在这两方面达到的程度会对关系有非常大的影响。而在这两方面发展不充分的个体(就像凯特和她的父母,尤其是S女士),就更加强烈地依赖他人来获得肯定、确认和进行自体调节。他们对自体客体伤害或失败的反应过度，很难以一种不带防御的方式回应他人，要么是被他们自己的情感体验过度淹没（就像S女士），要么就是情感过于麻木（就像S先生）以至无法领会和回应他人的体验。简单地说，人们自己所不曾得到的，就难以为他人提供。

家庭成员的体验组织方式：对他人的体验较负面之人，源于过去痛苦或消极的关系体验（负向移情），很难以一种恰到好处的方式回应他人。在这个模型里，移情可以被理解为家庭成员关于他们自己、他人和关系的无意识组织原则影响了他们当下对彼此的体验。因而，早期自体客体失望或失败的体验，导致个体特别易于在将来的关系中预期和选择性关注类似的失望。S家庭就是这样，S女士早期和挑剔苛刻的母亲相处的体验，导致她易于感知到被批评，即便不是有意为之。而且批评会令她加倍痛苦。

习得性关系模式：无意识组织过程——或者移情——不仅影响我们如何感知和体验他人，而且影响我们在互动中的行为。对于处于不断发展中的儿童来说，早期和父母及他人的互动模式是其亲眼看到并亲身经历的，于是它们成为孩子典型关系模式的一部分——内隐的或无意识的与他人"在一起的程序"（Lyongs-Ruth, 1999）[2]。例如，这些会影响当我们感到沮丧或受伤时如何回应他人，如何表达愤怒，我们如何向他人暗示我们的需要以及如何回应来自他人的这类暗示，等等。在凯特和母亲之间，尽管S女士意识上希望避免重复她和自己母亲之间的问题互动模式，但一旦感到沮丧或受伤，她常常发现自己就会与凯特卷进类似的痛苦的互动"舞蹈"。

生理特征：生理特征，例如气质（Chess & Thoma, 1986）、精神疾病（Cozzarelli & Silin, 1984）或者是神经认知缺陷（Palombo, 1985）也会在很多方面影响个体之间共情同调的有效程度。这些障碍或者缺陷，可能会妨碍个体的自体调节能力以及准确感知他人暗示的能力。它们也会导致个体的主观体验变得非常古怪或者不寻常，以至他人很难领会并回应。两个具体的个体之间不同气质类型的匹配或者相似程度，也会影响彼此理解并且给予恰到好处回应的难易程度。例如，S女士比凯特的节奏更快、更热情并且更活跃，这就造成她们彼此理解和回应上的困难。

整体性的自体客体环境：当人们自己的自体客体需要没有得到充分满足时，很难恰到好处地回应他人。对于任何人来说，持续缺乏足够的回应性的可靠自体客体环境，很有可能最终会导致剥夺、愤怒或者自我关注，即使是那些没有严重自体缺陷的人，也会导致适应不良的体验组织方式或者是问题内隐关系模式。

至于整体性的自体客体环境，既包括家庭外的关系品质，例如和同伴、老师和同事的关系，也包括更广泛的社会文化对家庭的影响——Altman（1995）称之为精神分析治疗中的社会文化"第三因"。这些包括贫穷、歧视和移民等带来的影响。本论文不会全面讨论这些因素对家庭关系的影响，但它们确实会影响家庭成员恰到好处回应彼此的能力。

个体的自体客体失败在家庭（以及其他系统）中也频繁导致其在其他方面的自体客体失败，常常以一种不断上升的、恶性循环的方式。某个家庭成员缺乏足够的自体客体体验，就使其受伤、愤怒或者耗竭（depleted），因此更没有能力为其他家庭成员提供所需的回应。接着，其他人就感到受伤、愤怒或者耗竭，并更少提供前者所需的回应，这个循环就像多米诺骨牌似的继续或者螺旋运作。这就是凯特和她的家庭常常发生的情况。

缺乏知识：在某些情况下，人们不能为彼此提供足够的自体客体体验，部分原因是他们根本就不知道对方需要什么或者是如何提供。这种知识缺乏通常是由其他方面的困难导致的，例如自体客体环境不足（例如，无人可请教或学习）或者是根深蒂固的组织原则，这些原则干扰了理解新信息的能力。但是，在某些情况下，新信息能够帮助人们更恰到好处地回应彼此。新信息包括：关于特定的某些人的所感或所需的信息，关于发展或文化规范的常识，备选行为方式，生理因素，等等（Suskind, 1998）。就如接下来要阐述的这个案例，如果S先生在妻子和女儿发生争执时，知道她们需要从他这里获得什么，他就能从中受益。治疗后期，当S女士从青少年正常发展过程的角度来看待女儿的行为，她也从中受益。

总之，导致家庭自体客体失败的原因很多。在很多有多重问题的家庭中，部分或全部家庭成员都涉及多个原因。在其他一些案例中，可能仅仅与某个家庭成员的某个因素有关。无论是哪种情况，在家庭成员能够学习新的、更好的回应彼此的方式之前，治疗必须识别并锁定那些潜藏的自体客体失败的原因。

家庭治疗：在家庭中持续增加自体客体体验

家庭治疗治愈之道

从自体心理学的角度来看，家庭治疗起作用是通过帮助家庭成员更有能力发挥作为彼此的自体客体体验来源的功能，更有能力发挥适切于自身年龄、能力和角色的功能。如何达到这个目标，取决于上述自体客体失败的原因。

具体而言，当如果共情与回应的失败是由于自尊调节和/或情感调节的缺陷所导致，那么治疗就必须促进这些能力的发展或重新激活。要实现这个目标，可以借助治疗师和家庭成员之间——并且期望最终是在家庭成员之间——新的关系体验，使个体能够逐步内化最初由他人提供的各种功能。这个过程也有助于重新组织自体体验并且发展情感处理的新的内隐程序。

如果家庭成员组织体验的特定方式或问题内隐关系程序导致各种困难，那么就需要通过逐步地对那些现象阐明、理解和转化进行处理（Stolorow, Brandshaft & Atwood, 1987）。新的关系体验将撼动现有的内隐关系模式（Lyons-Ruth, 1999）和组织框架，并且逐步发展新的组织原则和新的关系模式。

如果问题的原因是一个或多个家庭成员缺乏自体客体来源，自然而然地，治疗就会集中于扩展和增强当前的自体客体环境，并且首先是从治疗师作为可靠的自体客体回应来源开始。最后，如果非同调回应的主要原因是缺乏知识或技巧，而不是刚才列出的其他因素，最常用的干预方式就是教育、辅导或给出建议。在任何一个具体的案例中，都可能需要多个类型的干预方式。

显然刚刚描述的治疗过程或目标与家庭治疗模型不同，也与大部分精神分析个别治疗不同。家庭系统理论主要集中于改变家庭动力或行为，这是通过结构性、策略性或行为性干预方式（也可以认为这些方式能够提升家庭的自体客体功能），而不会关注隐藏于关系困难之下每个家庭成员的内在精神特征。相反，精神分析个别治疗通常集中处理内在精神问题——也许会处理关系问题，因为这些问题在治疗关系中会重复——并不处理更加共情地回应特定他人的能力。以自体心理学为基础的联合治疗对这两种治疗方法加以结合，通过处理参与者之间自体客体失败的内在心理原因和人际间原因，从而提高他们为彼此提供所需自体客体回应的能力。

何时进行家庭治疗、参与者有谁？

与个别治疗只涉及一位病人/单一疗法的情形不同，针对孩子和家庭的治疗既有可能面对更多潜在的病人，治疗方法也有更多选择。可以选择只对其中某个人进行个别治疗，也有可能对其中部分人或者每个家庭成员进行个别治疗、以病人为中心的会谈或者是针对父母的伴侣治疗、部分或全部家庭成员的联合治疗，等等。在许多情况下，很难决定谁应该面谈、面谈频率、以何种方式以及由哪位咨询师来进行。尽管这些决定绝非易事，但为了能够在每一种可能的疗法中有效地处理这些问题，必须仔细考虑困境的潜在原因并且评估家庭成员的能力，这些能帮助临床治疗师穿过治疗选择的谜团而得到那些可能最有效的治疗方案。

总而言之，一旦当前问题的发生或持续在很大程度上是因为家庭成员之间缺乏足够的自体客体回应，那么就需要采取某种形式的家庭干预。自体客体失败对病人良好功能运作的影响越大，就越需要针对家庭工作。但是，在这个模型中，家庭干预并不意味着需要所有家庭成员都同时在场。传统的系统家庭治疗要求家庭系统中的所有成员都在场，这是可以理解的，只有这样治疗师才能基于问题系统的动力学理论（theorized problematic system's dynamics）对家庭系统进行观察并做出相应的干预。但是，现在的目标是帮助家庭成员能够更加同调并且更能回应每个人的自体客体需要，这个目标的达成可以通过个别会谈、部分家庭成员在场或者所有家庭成员在场，取决于下述的考量因素。

首先，治疗应该最主要集中在家庭中重要的自体客体破裂，也就是看起来最有问题的关系或者那些与当前问题紧密相关的关系。通常是父母-孩子关系，但也并非总是如此。有时，尽管兄弟姐妹或其他家庭成员的在场的确有所帮助并能提供很多信息，但是由于他们有自己的需要和主观性，就会削弱或者是把注意力从最重要的自体客体破裂或失败上转移开。在其他案例中，重要的不同调发生在兄弟姐妹之间或者数位家庭成员之间，那就需要进行包括兄弟姐妹或更大的家庭会谈。

其次，家庭工作的形式很自然地取决于治疗期间的某个特定治疗目标。治疗师和每个家庭成员之间建立起自体客体关系和治疗性对话、理解每个家庭成员的主观体验并赋予意义、阐明无意识组织原则或者是移情-反移情现象、识别需要等等，这些目标既可以在个别会谈中实现，也可以在联合会谈中达成，采取哪种形式取决于家庭成员的意愿和能力。但是，只有通过联合会谈，才有可能在家庭成员之间直接塑造、促成更加同调的互动或者建立新的内隐关系模式。家庭成员的内隐或程序性关系模式也只有通过行动、活现和言行举止才能变得显而易见。

最后，联合会谈的成功工作通常要求参与者一致认可以改善他们的关系为目标，并且要求参与者能够一起为之努力而不会在会谈期间经常发生创伤性自体客体失败。家庭成员有时非常愤怒、很耗竭、受伤或者没有能力或意愿共情地回应彼此,或者甚至不能容忍亲眼看到治疗师共情地回应另一人。在这种情况下,联合会谈就会弊大于利。当治疗师在场的时候发生创伤性伤害或失败,也会危及与治疗师的关系。

当然,要改善家庭成员之间同调回应的程度,常常最好先分别进行个别会谈或者子系统会谈,等他们更能建设性地就关系改善进行工作时再把所有家庭成员聚在一起。个别工作可能需要几分钟到数年的时间,这取决于个体是有着非常严重的缺陷或者根深蒂固的问题关系模式,还是能够相当快地重新调用他们发展良好的能力调节自尊和自我调整(self-right)。接下来要进一步讨论案例,在进入首次联合会谈之前,凯特的个别会谈和父母会谈分别进行了6个月。

最后一个议题涉及家庭成员对治疗方式的期望或偏好。家庭成员进入治疗前,常常就对治疗将要或者应该怎样进行有着特定的想象——可能与分析师的想法不同。例如,父母期望孩子进行个别会谈,他们自己并不想要或者期望成为治疗的一部分;或者对那些想要参加所有会谈的父母,当与孩子进行个别会谈时,他们就会感到被冒犯或者被排除在外;像凯特这样的青少年想要进行个别治疗,不想和父母或者其他人进行联合工作。在这类情况下,坚持采取的治疗模式(treatment modalities)或者要求的治疗参与者,与家庭成员期望或愿望差异很大,很有可能被体验为受到治疗师的自恋伤害或者是治疗师自体客体失败,因此导致治疗处理不当的结果。在凯特案例中,家庭成员的关注和偏好得到谨慎地理解和回应,逐渐朝向治疗师认为最有效的治疗模式进行工作是很有必要的。

家庭治疗的治疗方法

同等共情浸泡:自体心理学的特点之一就是重视治疗师从患者的主观视角出发,共情浸泡在患者的体验中。那么,毫不意外的是,自体心理学的家庭工作涉及共情浸泡并探询每个接受治疗的家庭成员独特的主观体验。不得不说这是个艰巨的任务，尤其是当家庭成员对同一件事情或者彼此之间有相互对立或冲突的体验时。但是，就如有多个孩子的父母能找到一种方式共情理解每一个孩子的体验——有时同时照顾到所有孩子、有时轮流地共情理解，家庭治疗师也可以努力这样做。

特别重要的是，治疗师对各个家庭成员持有相当的共情理解，这样一来对某个成员更多的理解或认同就不会干扰对其他人自体客体需要适切的同调回应。然而很常见地是，相比较其他人（尤其是虐待或忽略的父母），治疗师更容易理解某些患者或家庭成员（通常是被认定的儿童患者），但对于治疗师来说更重要的是，识别这个不平衡并加倍努力地理解不甚理解的那个人的体验。

在和凯特及其父母的工作中，我发现较之凯特的母亲，我更容易理解并回应凯特的体验。我自己也曾经历过青少年，但是还未成为一名青少年的母亲。凯特也非常理想化我并且容易和我相处，但S女士常常表现得很挑剔和苛求。可以从接下来的描述中看到，我挣扎于这个问题，并且相信处理这个问题对于治疗的成功至关重要。

帮助家庭成员更好地理解自己、更好地相互理解：通过与会谈中与每一个家庭成员一起共情探询并建立"治疗性对话"的过程（Ornstein & Ornstein，1986），治疗师协助每个成员探索、澄清并充分理解他（或她）主观体验的意义，尤其是理解对其他家庭成员的体验和反应的意义。治疗师尤其需要倾听反映了潜藏自体客体需要的议题，并且设法强调并澄清这些需要，尤其是强调和澄清更加脆弱的情感体验，例如需求和渴望、痛苦和伤害（Livingston，2001）。

治疗师对家庭成员当前的体验表达出始终如一的兴趣和好奇——尤其是它（当前的体验）如何而来——并在家庭成员之间促进类似的好奇心。这个过程逐渐阐明过去的关系体验（或者是每个成员的无意识组织原则和内隐互动模式）对每个成员当前体验的影响。模式会吸引治疗师的注意力，治疗师留意到这些模式正在家庭成员之间或者治疗师和家庭成员之间逐渐展开。"有些重要的东西似乎正在我们之间发生，"治疗师也许会说，"我认为刚才我可能伤害了你的感受，现在你正在关闭自己，就像你在小时候学会的那样。"

促进家庭内新的关系体验：对每一个人的在场感兴趣、怀有好奇心、进行探索并"有意义地在一起"（Buirski & Haglund, 2001），这个过程本身对于家庭成员而言就是一个新的关系体验。把冲突转换成表达未被满足的需要和渴望，并鼓励表达更加脆弱的情感，仅仅是这些就能够逐渐转变家庭成员彼此的体验以及在一起的方式。起作用的还包括发生在治疗室的幽默，以及成员们对治疗和治疗师拥有共同的体验。最后，仅仅是亲眼看到治疗师区分每个家庭成员的不同体验，就能够让家庭成员转变对彼此的体验：治疗师更加积极或者更加整合的体验是具有感染力的。例如，我相信，比起我的言语解释或评论，S女士越是看到我对凯特更正面积极的体验，她对凯特的体验越是正面积极。

通过温和地鼓励、编排或"训练"家庭成员之间的积极互动并以共情的方式限制消极互动，联合治疗师也能够促进成员之间的新体验。这种编排或训练，可以在个别会谈或家庭子系统会谈中单独进行，例如当期望并计划进行联合会谈；也可以在联合会谈期间进行，就如治疗师暗示、提醒或者温和地提议一个不同的互动方式。例如，治疗师也许会说，"看起来似乎你的妈妈需要从你那里听到你知道是什么伤害了她，凯特，而且可能你对此感到抱歉。而且，我认为你确实理解这一点并且感觉很糟糕，所以，你可以尝试着告诉她吗？"按照这种方式，治疗师就能够温和地鼓励患者在关系中新的行为方式。

当需要打断或限制于事无补的行为时，谨慎而为无疑非常重要，以便减少家庭成员感到被批评、羞耻或因受限而感到自恋受损的可能性。有帮助的做法是在温和地限制之前，首先强调正在做出侵犯的个体的感受和需要是合理的，并且阐明问题行为可能的原因。同样重要的是强调限制或提议的目的是为了帮助个体更容易被倾听和理解。治疗师可能这么说："我理解你非常的愤怒，并且你非常需要表达这个部分，但至少，我们需要帮助你以另外一种方式表达，这种方式能增加让你的需要得到满足的可能性。"

临床实例——治疗概述

联合会谈展开前的治疗过程——和凯特的个别工作：首次联合会谈前，和凯特每周的个别会谈已经进行了6个月，凯特在这期间发展出对我的正向移情，既有镜像移情的成分也有理想化移情的成分。她利用治疗来讨论她和朋友们、和她的母亲之间的各种"战争"以及失望，也包括她对所迷恋的男孩们的焦虑和其他一些感受。我们逐渐勾勒出凯特的生命叙事，开始理解她当前在自尊和关系发展方面的困难是如何发展而来。这包括探索早期医疗问题的影响，关键时期最好的一个朋友的搬走，最后就是她对挑剔苛求的母亲的体验以及对母亲的失望。

渐渐地，凯特开始识别出她的自我怀疑在多个方面不断导致她与同伴之间的困难。她越来越能觉察到她需要得到持续的肯定和保证，高度警觉自己在同伴中的"等级排序"，并且对同伴的忽视或拒绝反应非常强烈，所有这些导致她更加不受同伴的欢迎。她也开始识别出当她感到被他人不公正对待或侮辱时，她爆发的愤怒和憎恨反映了这些潜藏的受挫和未被满足的需要，而且从她母亲那里习得的行为方式，仅仅导致他人更加远离自己、关系问题进一步恶化。

虽然凯特起初强烈地抵触和她母亲的联合工作，固执地坚持母亲绝不会改变，更加关注自尊和同伴问题，但是随着时间慢慢地推进，凯特对联合工作的想法有稍许松动。随着在个别治疗中她越来越感到被理解和被关注，她基本上变得不那么喜怒无常、易怒并且更少悲观厌世、抗拒否定。她也开始看到自己在母女冲突中的一些原因，可能最重要的是，开始看到母亲的一些变化，接下来将加以讨论。

如果后续工作完全由凯特决定，她可能绝不会要求进行家庭会谈；但是她最终同意了我的建议，我认为如果她能够从父母那里得到更多她所需要的，那么就更有可能实现她为自己设定的目标（例如，对自我感觉更好、减少自我怀疑和愤怒爆发，等等）。所以，她勉强接受除了每周的个别会谈时间之外，再增加联合会谈的建议——不是取代个别会谈。

联合会谈展开前的治疗过程——与S先生和S女士的工作：从S女士第一次打进电话以及首次会谈的前几分钟开始，我就很清楚此时母亲-女儿的联合工作并不合适，所以我并没有建议进行联合会谈。我甚至对提议进行父母会谈也感到犹豫，因为我感到任何暗示凯特的困难不仅仅是因为应对技巧不足，S女士都很有可能会被触怒。因此我把父母会谈设置为标准的父母-治疗师"会议"，类似于父母-老师会议。这就使得S女士一开始就把这些会谈视为一个机会，来向我表达她认为我应该在个别会谈中需要和凯特处理的问题（而不是处理她自己的问题），从而保护了S女士脆弱的自尊。在凯特知情并同意的情况下，我也和S女士在两次会谈中间有很多电话沟通，相较于当面参加会谈，这种联系方式让她有时更易于接受我斟字酌句的理念。

在进行如下描述的会谈之前，我们总共进行了6次父母会谈，其中3次是父母双方都参加了，另外3次因为S先生出城，所以只有S女士出席。如前所述，我最初感到S女士相当地吓人、难于相处并具有攻击性，尤其是当我想提出她也许可以用不同的方式对待凯特的想法或构想时（一直会出现！），但我感到我不能表达这些，因为S女士对此毫无兴趣或者会因这些感到受伤害。我非常清楚，我对凯特的认同远远多于对S女士的认同，我一再地挣扎着处理这个失衡，所以我让自己更加充分地沉浸在S女士的体验和内在世界。

经过大量的挣扎和咨询后，我最终发现一个非常有帮助的方法，也就是当和S女士互动时,我闭上眼睛一分钟,从我的脑海中用力阻止凯特的影像的出现,假装S女士就是我的成人个别病人并且我从来没有见过她的女儿。这让我从他人为中心(Fossaghe,1997)或"以凯特为中心"的视角转移开,使我最终能够理解S女士苛责和令人反感的行为,其实是她所知道的试图帮助并再次联结女儿的最好方式,她非常爱并需要她的女儿。聚焦在S女士对女儿强烈的爱和希望以及她们之间的关系,我们自然而然地就会讨论S女士在儿童期对自己母亲的体验。

经过一段时间的会谈后,S女士看起来觉得我能够很好地理解她和支持她,当我感到她也许能够接受而不会感到受伤时,我偶尔尝试性地简短地带出我的想法,几乎是顺便说一说关于凯特的体验或者关于S女士的童年经历可能正在影响她对凯特的反应,接着就迅速地返回到S女士自己的视角的立场上。我有时会判断错误导致我们之间的共情破裂,这时就必须要迅速进入修复,但是逐渐地,S女士能够接受一两点我的想法,不会有明显的受伤感。

虽然她仍认为凯特是导致问题的主要原因,但是S女士同意进行联合会谈,她认为这是一个机会,可以让治疗师看到凯特是多么可怕,即使她(S女士)"每一件事都做对了"。进入治疗大约半年以后,在母亲和女儿都抱怨她们最近发生的另一场"恶战"之后,首次家庭会谈开始了。

家庭会谈:凯特和S女士由S先生陪同着进入办公室,她们都瞪着眼睛看着我,凯特的身体语言和表情清楚地表明她宁愿待在别的地方,而她的母亲看起来显然极为愤怒和厌恶。S女士坐在她平常的座位上,直接面对着治疗师,然而她没有意识到这也是凯特个别会谈的座位。凯特尴尬地坐到我旁边的椅子上,在她父母的对面,凯特快速地向我使了个眼色(没有被S女士看见),那意思就是"看看!我说什么来着?她总是占据我的位置!"

S女士从刚刚开车前来的路上她和凯特的一场争执开始说起,她(S女士)现在质疑治疗是否有效。凯特愤怒地回应,上周母亲刚刚说各方面的事情正在好转，并开始描述这个冲突事件。凯特很生气，谴责母亲并把母亲描绘成这个问题的头号大反派或首要起因。S女士愤怒地打断凯特，坚持"真正发生的"情况完全是另外一回事儿，她没有以凯特描绘的那种敌意态度说话，是凯特"爆发了"并激怒了S女士的反应。

在倾听这个交流的过程中，我感到像是有两个青少年（或者前青少年期的孩子）在我的办公室，而不是一个成年人和一个青少年。当凯特描述刚才发生的事情时，我很容易就能领会凯特的体验，并且暗自同意S女士不应该说出凯特告诉我的她所说的那些话。我感到一阵悲伤，并同情起我脆弱的15岁病人，对S女士闪过一刹那的恼怒。"开端不祥"，我自我挖苦地想，"会谈开始仅5分钟，你就已经站到孩子这边，并对母亲感到愤怒。"

我的反应尽管是可以理解的，但仍然是个很危险的迹象，我竭力强迫自己回到以S女士的主体为中心的共情视角（Fosshage，1997）。当凯特暂停的时候，我依次看向每个家庭成员的眼睛，点头并举起一根手指示意，"就等一秒，虽然我想等一分钟。"我很短暂地闭上眼睛，并有意地努力唤起S女士是个小女孩时的视觉化影像，那时S女士和极度挑剔且极难亲近的母亲在一起——一个心理"通道变化"，改变了我当前对这个养育能力糟糕的成年女性的图像。谢天谢地，在之前个别会谈中形成的对S女士的理解涌入回来，将我从我的愤怒和对凯特的过度认同中拯救出来。

于是我再次连接到我之前的理解，S女士早期体验让她在调节情感和自尊的能力方面出现严重的缺陷，自然就需要防御或保护自己以避免对自体造成进一步的威胁。它们也导致关于自己及他人的无意识组织框架，也就是她认为自己不胜任、认为他人常常是危险的和不公平的。我记起S女士是多么需要女儿的积极关注以应对这些感受，并且对于凯特的描述她很自然地就会体验到几乎不能忍受的自恋性伤害，这重复了早年创伤性伤害。最后，我注意到，凯特自己相当具有挑衅性，谴责并怀有敌意，这是由于青少年们类似的自体缺陷和组织框架造成的，虽然不那么严重。

此刻，内在感到重新抵达和双方的同等共情联结之后，我睁开了眼睛。仅仅过去几秒钟，但我短暂的"暂停"和显而易见深思熟虑的专注，已经让整个情形慢了下来并且非常微妙地改变了房间里的压力和紧张氛围。我尝试总结母亲和女儿各自的主观体验，尽力去匹配每一方的情感基调，并给出类似于这样的表达："听起来你感到妈妈令你彻底地失望……（凯特点点头）……你真的厌恶她所说的话并认为那完全是错误的（热切地点头）……并且现在你想让她理解你的感觉是多么糟糕，这样你就能够开始解决问题（凯特看了我一眼，然后说"你在这里跑偏了一点，但是我同意你的说法"）……"然而妈妈，你知道这个感觉，因为你现在对自己感到非常失望，就好像所有的谴责都把你按在可怕的妈妈的位置上，而你却感到你的行为是非常合理的并且是被对方挑起的？"

S女士使劲地点点头，给了女儿一个尖锐的怒视并再次声明（概述），她仅仅是在表达她的所作所为是因为凯特先说了一些话，所以凯特活该。她补充，凯特是时候停止把一切都归咎于母亲并且承担起她自己那部分责任了。凯特暴怒，极力否认并指责，"你就是那个一直拒绝看看自己所作所为的人！"

在这里，我和凯特对视，尽力用我的眼睛、表情和动作向她表达我的理解，"一分钟后我再和你交流。"接着，我尽力共情凯特母亲的体验和这些体验的合理性，并说，"当然，你想让凯特明白她在这些事情中的责任，她是如何伤害或者激怒了你或者让你抵触。我们都想要让自己在这种情境中的行为能得到理解。显然，你对某些事情会有反应，"我共情地说，以一种比S女士义愤填膺的语气稍微柔和些的语调，"这个反应当然不是凭空而来的。"

"就是这样！那就是我一直竭力要告诉她的！"S女士表示赞同。我抱持住她目不转睛的凝视并点点头，希望当我转向凯特时这个联结能"抱持"住她一分钟。我意识到凯特可能因为我之前的评论而有些感到被我"出卖"，我很快补充道，"而且很自然，凯特，你想要的亦是如此，对吗？因为你母亲知道如何能够伤害你、挫败你并激怒你，可能是无意地（我向S女士点点头，以使可能具有伤害性的信息变得温和一些），但那导致了你现在的反应？"

凯特以一种稍微柔和但仍然有些怒气冲冲的方式表示同意，并简要地解释说她知道她们俩都有责任，她并没有想要否认推卸。（注意，凯特能够做出这种陈述，就暗示了她准备或者能够参与到联合工作。她能够承认并同意她母亲的陈述，无论是多么地微弱。她也能够忍受我对母亲的共情回应，而没有把这体验为由我造成的共情破裂或者自体客体失败，相对于她刚刚进入治疗时的能力程度，这是一个显著的变化。）

我赞许地瞥了凯特一眼并说能够承认自己是问题的一部分，它是实现重新联结并学习以不同方式表达愤怒的重要一步。我继续说，"看起来，我们在这里真正需要做的事情，就是理解你们每个人说了什么或者做了什么伤害了另一个人，为什么有些事情对你们当中的一个人来说显得微不足道——类似于一个小小的建议、轻微的批评、小小地破坏一下规则或者诸如此类——却让另一个人觉得问题很严重并很受伤。"

在对凯特和S女士就此都做了些详细说明之后，我逐步地、一点一滴地说些类似于后续的这些话语。对S女士："当然，你很受伤——曾经认为你不会做错、曾经非常依靠你的那个小女孩，现在变得咄咄逼人，不断讲你怎么做错了、你如何伤害了她、事情都是你的错。那对你来说太可怕了——孩子时的你曾听到太多这样的话了，现在这些话语偏偏来自自己的女儿！尤其你是那么想让女儿感觉好点。"（S女士点头并哽咽）然后我对凯特说："这是你的母亲，你一直寻求她的支持……沿路走来的某时某刻开始，你感到她总是数落你做错了什么，而不是欣赏你做对了什么……我能真切地看到这对你们来说多么尴尬——你们俩都非常需要这个关系能够让自己感觉更好，而不是更糟糕。"此时我尽量共情地理解双方的体验并开始提供对于这个问题的新观点，从某一方有错的观点转移到双方中的每一方都有潜藏的需要和潜藏的自恋脆弱性。

一旦母亲和女儿平静了一点，我就尝试处理S先生在家庭中的角色。他一直安静地坐在那里听，有那么点儿无所事事，这个状态和他对此的看法一致，即这个问题主要是他的妻子和女儿之间的，他对此做不了什么。在我的鼓励下，他简短地谈到他是多么想让他的妻子和女儿"把这件事情解决了"，因为他爱她们俩并且她们也爱着对方。他也注意到，他尝试帮助的努力总是只能让他和某方或双方都"陷入麻烦"，让事情更糟糕，所以他现在仅仅是尽量"不要介入"。凯特和S女士都对S先生的"懦弱"、"懦夫"和拒绝"勇敢面对"他人的行为表达了极大的不满。

再一次尽力共情地理解双方的观点，我说，当然S女士和凯特都想让S先生站到自己这边。"人们想要他们的配偶或者父母保护他们、站在他们的立场上并支持他们，这是很自然地，"我告诉她们，"另一方面，父亲，"我对S先生开玩笑说，"有时一直在你的位置上，就像今天，我确实知道那种在一旁关心双方会是怎样的感觉，而且她们俩都想要让你站在自己那边去反对另一边。"三个人都笑了起来，认可这个比较。S先生同意并简要地说明了一个有关这个模式的例子。

"你当然想远离硝烟，如果你进入，那么结果就是她们俩最后也对你发火！"我告诉他，"我不能因你远离麻烦而横加指责"（我们朝对方笑了起来），"但是我们都知道当这种情况发生时，那不是她们真正想要从你这里得到的。你只能退避三舍，因为你不知道能够做些什么实际有帮助的事情，并且不致让事情更糟。"（S先生："就是这样。"）"在我看来，在这些时刻，她们想从你和我这里得到的是，感觉到我们真的理解她们的感受。那么，她们需要别人帮助指出她们正在如何伤害彼此或者正在对方身上引爆什么，当她们的需要相互冲突的时候，也许需要找到一个中间地带，至少能在那里让她们的需要能得到某种程度的满足。当然，说易行难，但是这是我们将要一起工作、为之努力的目标。"

在这里，我正在尽量帮助S先生学习为他的妻子和女儿提供重要的自体客体体验，尤其是当她们暂时不能从对方那里获得这种体验的时候。我的目标主要是提供一个初始框架,足以使S先生能参与进来并为将来的工作做准备。了解到S先生对治疗多少是有些怀疑的,所以我希望我的建议和目标确认,能够让他把会谈当作一个他可以从中得到帮助的机会,而不仅仅是他的妻子和女儿的会谈。我使用幽默的确认性表述,也是试图帮助他感到更加放松和被理解。

会谈后的治疗过程:这节会谈后,联合会谈大约隔周一次,持续数月,凯特每周的个别会谈和间断性的父母会谈依旧进行。逐渐地,S女士越来越能觉察到自己母亲曾经的挑剔态度影响着她现在对凯特的"态度"或指责的反应,并且她强烈地需要让她和凯特的关系非常不同于她和自己母亲的关系,这就让她很难忍受凯特任何负面感受的表达。她从来没有做出改变,如果她愿意深入个别治疗(她曾经在过去的治疗中有过糟糕的体验,并且固执地拒绝再次尝试),她可能就会有所变化。但是,她的确看到,尽管她强烈地想要和她的母亲不一样(并且即使她曾在很多方面做到了),但是她和自己母亲之间敌意挑剔的互动模式已经在她内在编码,遇到类似情境就会被触发或激活。

凯特也开始看到,母亲任何一点挑剔都会令她难以忍受,因为她(凯特)非常害怕自己做错了什么——非常害怕她在母亲及和同伴们的关系中的困难重重,实际上是因为她自己不够格。可以理解的是,尽管她并不想让自己对外祖母更加正向的体验过多地(和如今母亲描述的外祖母挑剔苛责的一面)"混淆在一起",她确实开始理解,她母亲的反应更多的是和母亲自己的历史有关,而不是和她的问题有关。她也承认,尽管她忿恨母亲表达愤怒的方式,但是她在受到威胁时也会采取类似的行为方式,并且开始决定改变那种方式。

当这些可怕的相似性变得明显起来,虽然起初她们仅仅是更加地恨她们自己,但凯特和她的母亲最终看到这种重复性是可以理解的、自然的,而不是不可避免的。她们开始看到有必要更加谨慎地表达她们的愤怒、失望或负面反馈，以避免在对方那里激起这些负向重复性过程。受到伤害或愤怒时拉住"电磁拉力"是我们的工作重点，这些拉力来自她们旧有的熟悉的、反应性的、冲动的互动方式，一旦她们平静下来、肾上腺素停止流动，就代之以更具反思性、深思熟虑的对话方式[3]。我们一致同意，治疗目标有时要求她们采取的行为方式，是"反直觉的"或者对抗她们直觉性冲动（gut impulses）的。

最终，随着治疗的持续进展，在妻子和女儿发生争执时，S先生越来越能够表达他对"双方故事"的理解。S女士和凯特也更能够审视、理解并最终减少发生冲突时坚持S先生站在自己这边来反对另一方的要求。

案例讨论：凯特和其父母的这则案例，阐明了来自自体心理学和主体间系统理论的概念，阐明了自体心理学和主体间系统理论的相关概念能够应用于家庭关系困境的治疗，就像伴侣治疗和团体治疗那样。特别是，这个案例表明，重视从家庭每一个成员自己的内在视角来理解他/她，是如何帮助治疗师对家庭成员们保持同等的共情同调，这些家庭成员们对一件事情或者对彼此有着非常不同或冲突的体验。治疗师集中于澄清每一个人的主观体验，把冲突转化或重构为潜藏的情绪需要，并关注每个人的体验是怎样发展而来——而不是关注谁更客观、谁对谁错——治疗师就能够帮助家庭成员走出关于"真相"的战争，从而开始理解彼此的体验和潜藏的需要。

刚才描述的会谈，展现了治疗师在会谈中努力回应三个患者不同的自体客体需要，同时地、顺序地。对事件解释持对立立场的双方——母亲和女儿——都需要被理解并且得到确认，还需要协助凯特的父亲在情绪上加入其中，并帮助其学会一种新的技巧或观点。三个人共同的需要是降低解决这类事件时的焦虑和无助，有一个框架来帮助他们理解自己需要从对方那里获得什么以及他们为什么那样体验彼此。当代自体心理学和主体间系统理论提供了一个稳定的理论架构来理解家庭成员的行为和需要，从而协助家庭治疗师应对这一富有挑战性的任务。

总结和结论

自体心理学和主体间系统理论可以很容易地应用于不同系统的工作，包括家庭系统。自体客体体验以及家庭作为自体客体环境的相关概念，能够帮助临床治疗师更加清楚地理解家庭成员需要什么、相互之间寻求什么以及想从他们的家庭治疗师那里得到什么。一旦是从自体客体需要、自恋脆弱性、无意识组织原则和内隐关系模式这些方面来理解家庭互动，即便是最混乱、虐待、抗拒的或者在其他方面具挑战性的家庭，治疗师也开始能够有更好的理解，同时修复和成长的道路变得更加清晰。

参 考 文 献

Altman, N. (1995). *The analyst in the inner city: Race, class and culture through a psychoanalytic lens. (Relational perspectives book series, Vol. 3)*. Hillsdale, NJ: Analytic Press.

Amerongen, M., & Mishna, F. (2004). Learning disabilities and behavior problems: A self psychological and intersubjective approach to working with parents. *Psychoanalytic Social Work, 11* (2), 33-54.

Bacal, H. (1985). Object-relations in the group from the perspective of self psychology. *International Journal of Group Psychotherapy, 35* (4), 483-501.

Bacal, H. (1992). Contributions from self psychology theory. In R. H. Klein & H. S. Bernard (Eds.), *Handbook of contemporary group psychotherapy*. Madison, CT: International Universities Press.

Bacal, H. (1998). Optimal responsiveness and the specificity of selfobject experience. In H. Bacal (Ed.), *Optimal responsiveness: How therapists heal their patients*. New Jersey: Jason Aronson.

Beebe, B. (2003). Brief mother-infant feedback: Psychoanalytically informed video feedback. *Infant Mental Health Journal, 1*, 24-51.

Buirski, P., & Haglund, P. (2001). *Making sense together: The intersubjective approach to psychotherapy.* New Jersey: Jason Aronson.

Bowlby, J. (1979). *The making and breaking of affectional bonds.* London: Tavistock.

Chess, S., & Thomas, A. (1986). *Temperament in clinical practice.* New York: Guilford Press.

Cozzarelli, L., & Silin, M. (1984). Therapeutic interventions with families with young psychotic children. *Clinical Social Work Journal, 12*, 140-151.

Eldridge, A., & Finnican, M. (1985). Applications of self psychology to the problem of child abuse. *Clinical Social Work Journal, 13*, 50-61.

Eldridge, A., & Schmidt, E. (1990). The capacity to parent: A self psychological approach to parent-child psychotherapy. *Clinical Social Work Journal, 18* (4), 339-351.

Fosshage, J. (1997). Listening/experiencing perspectives and the quest for a facilitative responsiveness. In A. Goldberg (Ed.), *Conversations in self psychology: Progress in self psychology, vol. 13* (pp. 33-55). Hillsdale, NJ: Analytic Press.

Gottman, J., & Silver, N. (2000). *Seven principles for making marriage work.* New York: Three Rivers Press.

Harwood, I. (1983). The application of self-psychology concepts to group-psychotherapy. *International Journal of Group Psychotherapy, 33* (4), 469-486.

Harwood, I., & Pines, M. (Eds.). (1998). *Self experiences in group: Intersubjective and self psychological pathways to human understanding.* London: Jessica Kingsley Publishers.

Herzog, B. (2004). Reconsidering the unconscious in template theory: Shifting relational states, activators and the variable unconscious. Presented at the twenty-seventh Annual International Conference on the Psychology of the Self, San Diego, CA.

Howard, S. (2004). An attachment systems perspective treatment of a bicultural couple. In W. Coburn (Ed.), *Transformations in self psychology: Progress in self psychology, vol. 20* (pp. 151-168). Hillsdale, NJ: Analytic Press

Jacobs, E. J. (1991). Self psychology and family therapy. *American Journal of Psychotherapy, 45* (4), 483-498.

Joelson, A. (2005). A girl, her mother and her analyst. Paper presented at the twenty-eighth Annual International Conference on the Psychology of the

Self, Baltimore.

Kohut, H. (1972). Thoughts on narcissism and narcissistic rage. In P. Ornstein (Ed.), *The search for the self* (pp. 615-662). New York: International Universities Press, 1978.

Kohut, H. (1984). *How does analysis cure?* Ed. A. Goldberg. Chicago: University of Chicago Press.

Kohut, H. (1985). *Self psychology and the humanities: Reflections on a new psychoanalytic approach*. New York: W. W. Norton & Co.

Lachmann, F. M., & Beebe, B. A. (1996). Three principles of salience in the organization of the patient-analyst interaction. *Psychoanalytic Psychology, 13*, 1-22

Leone, C. (2001). Toward a more optimal selfobject milieu: Family psychotherapy from the perspective of self psychology. *Journal of Clinical Social Work, 29* (3), 269-289.

Leone, C. (2004). Friends or foes: Treating the sibling relationship from the perspective of self psychology. Presented at the twenty-seventh Annual International Conference on the Psychology of the Self, San Diego.

Leone, C. (in press). Couples therapy from the perspective of self psychology and intersubjectivity theory. *Psychoanalytic Psychology.*

Livingston, M. (1995). A self psychologist in couplesland: A multisubjective approach to transference and countertransference-like phenomena in marital relationships. *Family Process, 34* (4), 427-439.

Livingston, M. (1998). Conflict and aggression in coupes therapy. *Family Process, 37* (3), 311-321.

Livingston, M. (1999). Vulnerability, tenderness, and the experience of selfobject relationship: A self-psychological view of deepening curative process in group psychotherapy. *Int. J. Group Psychoth., 49* (1), 1-21.

Livingston, M. (2001). Vulnerability in couples therapy. In M. Livingston (Ed.), *Vulnerable moments: Deepening the therapeutic process*. Northvale, NJ: Jason Aronson Press.

Livingston, M. (2004). Vulnerability, affect and depth in group psychotherapy. *Psychoanalytic Inquiry, 23* (5), 646-677.

Livingston, M., & Livingston, L. (2006). Sustained empathic focus in group psychotherapy. *International Journal of Group Psychotherapy, 56* (1), 67-85.

Lyons-Ruth, K. (1999). The two-person unconscious: Intersubjective dialogue, enactive relational representation, and the emergence of new forms of relational organization. *Psychoanalytic Inquiry, 19*, 516-617.

Mitchell, S. (1988). *Relational concepts in psychoanalysis*. Boston: Harvard University Press.

Mitchell, S. (1997). *Influence and autonomy in psychoanalysis*. Hillsdale, NJ: Analytic Press.

Mitchell, V., & Wilson, D. (1998). Extramarital affairs in mid-life: The splintered mirror. Paper presented at the twenty-first Annual International Conference on the Psychology of the Self, San Diego.

Ornstein, A. (1981). Self-pathology in childhood: Developmental and clinical considerations. *Psychiatric Clinics of North America, 4* (3), 435-453.

Ornstein, A. (1985). The function of play in the process of child psychotherapy: A contemporary perspective. *Annals of Psychoanalysis, 12-13*, 349-366.

Ornstein A., & Ornstein, P. (1986). Empathy and the therapeutic dialogue. In *The Lydia Rappaport lecture series* (pp. 3-16). Northhampton, MA: Smith School of Social Work.

Palombo, J. (1985). The treatment of borderline neurocognitively impaired children: A perspective from self psychology. *Clinical Social Work Journal, 13*, 117-128.

Ringstrom, P. (1994). An intersubjective approach to conjoint therapy. In A. Goldberg (Ed.), *Progress in self psychology, vol. 10*. Hillsdale, NJ: Analytic Press.

Ringstrom, P. (1998). Competing selfobject functions: The bane of the conjoint therapist. *Bulletin of the Menninger Clinic, 62* (3), 314-325.

Rubalcava, L. A., & Waldman, K. M. (2004). Working with intercultural couples: An intersubjective perspective. In W. Cobum (Ed.), *Transformations in self psychology: Progress in self psychology, vol. 20* (pp. 127-150). Hillsdale, NJ: Analytic Press.

Schwartzman, G. (1984). Narcissistic transferences: Implications for the treatment of couples. *Dynamic Psychotherapy, 2*, 5-14.

Shaddock, D. (1997). An intersubjective approach to conjoint family therapy. In A. Goldberg (Ed.), *Progress in self psychology, vol. 23*. Hillsdale, NJ: Analytic Press.

Shaddock, D. (1998). *From impass to intimacy*. Northvale, NJ: Jason Aronson Press.

Shaddock, D. (2000). *Contexts and connections*. New York: Basic Books.

Shaddock, D. (2002). Couples therapy as therapy: Fostering individual growth in conjoint contexts. Paper presented at the twenty-fifth International Conference on the Psychology of the Self, Washington, DC.

Shapiro, E. (1991). Empathy and safety in group: a self psychology perspective. *Group, 15* (4), 219-224.

Solomon, M. (1985). Treatment of narcissistic and borderline disorders in marital therapy: Suggestions toward an enhanced therapeutic approach. *Clinical Social Work Journal, July*, 141-156.

Solomon, M. (1988a). Self psychology and marital relations. *International Journal of Family Psychiatry, 9*, 211-225.

Solomon, M. (1988b). Treatment of narcissistic vulnerability in marital therapy. In A. Goldberg (Ed.), *Progress in self psychology, vol. 4*. Hillsdale, NJ: Analytic Press.

Solomon, M., & Weiss, N. (1992). Integration of Daniel Stern's developmental theory into a model of couples therapy. *Clinical Social Work Journal, 20* (4), 377-393.

Stolorow, R., & Atwood, G. (1992). *Contexts of being: The intersubjective foundations of psychological life*. Hillsdale, NJ: Analytic Press.

Stolorow, R., Brandshaft, B., & Atwood, G. (1987). *Psychoanalytic treatment: An intersubjective approach*. Hillsdale, NJ: Analytic Press.

Stone, W. (1992). The place of self psychology in group psychotherapy: A status report. *International Journal of Group Psychotherapy, 42*, 335-350.

Stone, W. (2001). The role of the therapist's affect in the detection of empathic failures, misunderstandings and injury. *Group, 25* (1), 3-14.

Suskind, D. (1998). *Working with parents: Establishing the essential alliance in child psychotherapy and consultation*. Northvale, NJ: Jason Aronson.

Trop, J. (1994). Conjoint therapy: An intersubjective approach. In A. Goldberg, (Ed.), *Progress in self psychology, vol. 10*. Hillsdale, NJ: Analytic Press.

Trop, J. (1997). An intersubjective perspective on countertransference in couples therapy. In M. Solomon & J. Siegel (Eds.), *Countertransference in couple therapy*. Hillsdale, NJ: Analytic Press.

Unger, M. T., & Levene, J. (1994). Selfobject functions of the family: Implications for family therapy. *Clinical Social Work Journal, 22* (3), 303-316.

Weinstein, D. (1987). Self psychology and group psychotherapy. *Group, 11*, 143-154.

Weinstein, D. (1991). Exhibitionism in group psychotherapy. In A. Goldberg (Ed.), *The evolution of self psychology: Progress in self psychology, vol. 7.* New York: Guilford Press.

Wolf, E. S. (1988). *Treating the self: Elements of clinical self psychology.* New York: Guilford Press.

注　释

1. 由于家庭系统理论的发展在很大程度上与精神分析理论相对立，所以在历史上家庭工作被某些圈子视为"非精神分析的"或者不是精神分析取向的临床治疗师的工作领域。我相信这种看法严重地限制了把精神分析概念应用于家庭工作的探索。

2. 我在这里使用的习得关系模式（learned relational patterns）或者内隐关系程序（implicit relational procedures）的概念，基本上和 Stolorow 和他的同事的工作相一致，如上讨论，相一致的概念还包括 Herzog 的"关系模板（relation templates）"（Herzog, 2004）、Lachmann 和 Beebe（1996）的交互结构（interaction structures）、依恋理论的内在工作模式（internal working models）（Bowlby, 1979）以及 Mitchell 和其他关系理论者关于关系模式（relational patterns）的工作成果（例如，Mitchell, 1988, 1997）。就这篇论文的目的而言，无意在这些概念之间进行区分。

3. 基于他的伴侣实证研究，Gottman 和他的同事们（例如，Gottman 和 Silver, 2000）发现，一旦肾上腺素释放到血流中，它的生理影响（心率加快，呼吸加速，等等）至少要等上20～30分钟才能回到正常值。我有时把这个发现和产生冲突的伴侣和家庭进行分享，并且鼓励他们至少在冲突升级之后等上20～30分钟，然后再来讨论问题的时候就能更加地平静。

7 精神分析团体治疗：领导者、个体和过程

Arthur A. Gray

团体治疗的概念化方式多种多样。一直以来，心理治疗和精神分析从理论上和实践上都被看作一个二元情境（dyadic context），也就是，在二人情境中关注对个体的治疗。传统上，团体治疗的概念化和治疗实践则强调团体中的社会化过程（Agazarian，1989，1997；Agazarian & Peter 1981；Bion，1974；Foulkes，1964；Foulkes & Anthony，1973；Lewin，1951；Lewin，Lippit，& White，1939；Rioch，1970；Scheidlinger，1974；Schermer，2005）。与之相对，我的观点是认为团体治疗提供了一个独一无二的环境，这个环境的焦点依旧在个体身上。换言之，分析师是在若干他人在场的情境下治疗个体。这个独特的概念化观点，既需要理解个体心理，也需要理解团体心理（Freud，1921/1964）。我在本文中指出，虽然分析师对团体心理保持觉察，但是团体治疗是一个治疗个体的过程，而不是在治疗社交情境或者"这个团体（the group）"。当代自体心理学为这个新观点提供了理论基础。

治疗个体还是治疗整体团体（group-as-a-whole），在团体治疗中属于老生常谈（Elias，1939/2000；Foulkes，1948；Kibel & Stein，1981；Scheidlinger，1997；Stacey，2005；Wolf，Kutash & Nattland，1993）。在这个争论中，倾向于持有整体团体观点的那些人，也持有治疗个体的假设。他们的概念化确实是从整体团体的视角治疗个体，而且，他们假设，关于整体团体社会化导向的诠释有助于对个体的治疗。另一方面，Wolf等（1993）常常建议在团体

治疗中治疗个体。但是我发现他的观点（A. Wolf, 1988）也存在问题。在他的方法中，分析师关注个体，而其他人只是看着、等待着轮到自己。这种方法没有利用治疗设置内的多个病人同时在场时的互动潜能。此外，支持整体团体观点的那些人，似乎被团体治疗设置的社会化维度遮住了双眼。我提出的模型，在保持对单个病人心理的关注的同时，也利用团体心理促进个体治疗目标的达成。

在团体治疗文献中，整体团体的指涉（reference）常常模糊不清、难以理解、令人迷惑（Schermer, 2005, p.132）。例如，在描述团体会谈时，许多持整体团体观的作者提到团体正在体验到某样东西，这类描述来自领导者的视角。在领导者观察的时刻，任何一个成员可能也在体会某样东西——不同于领导者所识别的。当领导者把他的体验归向于房间里的每一个人，就抹杀了每个成员独特的个人视角。早期在团体中治疗病人时，我发觉自己会使用整体团体诠释，特别是临近团体会谈结束时。例如我常常会说，"你们看起来都害怕在这个团体中无法让自己的需要得到满足。"注意，（尽管）我那时根本没有理所当然地说"这个团体看起来……"但是，我正在暗示相同的事情，我的暗示抹杀了个人体验。团体中我最喜欢的一个病人，理查德，常常这样回应我，"那不是我的感觉。你不应该假设我和其他每个人的感觉是相同的。"这个时刻，我有一个选择，要么承认理查德的拒绝是合理的，要么视其为一个阻抗，我尊重理查德的不同。我这样做就是鼓励他和其他人详尽表达自己的个人体验，一旦我试图给出整体团体诠释时，理查德都很自豪地提请我对此注意，无论我多么巧妙地力图隐藏这种诠释。尊重理查德的想法就让焦点依旧停留在他的个人体验上，既然焦点是回到他的个人体验上，那么进行整体团体诠释有什么好处呢？

强调整体团体的那些人倾向于不接受个体视角，理查德的异议常被诠释为某种阻抗。Agazarian（1981, 1997）早期论著中有一个案例，她坚持在大的整体团体中，抱怨者的反应代表了其中较小团体未表达的反应。这种论述令人不安,剥夺了理查德的个体性,接着把他认定为仅是团体的一个部分。也就是,他和其他人,都是抱怨者子团体。诸如Bion（1974）和Rioch（1970）等理论者声称,理查德和其他抱怨者只是抵抗去做重要的工作,而这个工作就是团体在这里要完成的。于是抱怨者被迫顺从,或者被认定为抵抗"工作团体"。团体领导者否认一名团体成员的主观体验,这种做法相当专制。而且,如果领导者认定会谈中的其他人支持他的整体团体立场,并以此来反对那个抱怨者,这种情况就是科胡特（1978）称之为的"团体暴政（tyranny of the group）"。

团体领导者和所有成员达成共识性的共同体验,常常是因为存在共享的情感状态。共享的情感可能是对某些事情的反应,例如,领导者或某个特定的成员可能以幽默的方式捕捉到一个共同的焦点;或者,在场的所有人共享一个共同的轻松时刻,因为两个成员之间充满张力的挣扎最终以一种有意义的方式获得理解。不过,还有些情形是领导者做出诸如此类的诠释,"团体今晚好像很愤怒。"这类观察的准确性固然没有什么问题——从领导者的视角,问题在于用它去干什么。成员们好像很愤怒,这一观察也许让他们知道他们正在共享一个共同体验,他们可能对此并没有觉察或者不能坦然自如地承认。另一种情形的体验就直接得多,每个人一起笑、一起叹息、分享幽默或者分享一种共同的轻松感。而且,尽管感受是共同的,但是对每个成员而言,动机上的差异可能很大。

在"团体今晚好像很愤怒"的例子中,领导者自己可能不是在分享这个愤怒的感觉。我担心在这类情境中,整体团体的支持者倾向于将之解释为整个团体的敌意。我的经验反而是,领导者在某个重要方面令团体中的每个成员都很受挫。尽管每个成员对情境的理解会有所不同,但是挫败如此地显而易见,以至大家有一个共同的愤怒反应。他们可能甚至有一个共同的想法,就是不想承认他们对领导者感到很失望。把团体解释为敌意的和阻抗的,破坏了每个成员反应的潜在合理性。某些关于社会实体（social entity)、团体的理论含混不清,导致牺牲个人的体验。此外,就会做出这样的假设——实体存在固有的敌意和摧毁性倾向。恰恰相反,成员的共同反应也许反而表明需要探索领导者令人倍感挫败的行为。诠释团体的体验并将之归因于团体的摧毁性敌意,这种做法破坏了个体与他人关系的有价值的信息,也破坏了与领导者关系有价值的信息。宽泛的整体团体诠释,倾向于简化团体参与者之间复杂的互动过程,因为这些诠释是以社会实体团体的角度来表述的(Wolf, et al., 1993; Stacey, 2001, 2003, 2005)。

在团体环境下治疗个体,实际上不存在团体这样的东西。不是团体在采取行动、不是团体在开展学习、不是团体在取得成就或者控制。在治疗设置内,在和分析师及他人在一起的情境下,是每一个个体在完成这些事情。

我讨论团体治疗的视角基于如下假设:如果一个人能够从团体治疗室的上空飞过,那架飞机上的观察者可以把在场者的聚集体称为一个团体。主观性地,那个聚集体的每个成员在某种程度上把他们自己看作团体成员。然而,当他们互动时,每个成员是与在场的每一个个体进行互动,其中也包括领导者。举例来说,玛丽可以向团体在场的所有其他人说话。这样做,她就会告诉每一个人有关她的一些事情,她想要让每个人知道这些事情。她向所有其他在场的成员讲话,就好像他们是观众。她不是在向团体讲话,此时,听众们不是最初的那个治疗团体,因为玛丽不属于听众。玛丽是该治疗团体的一个成员,但她现在与她对话的其他那些成员组成的(另一个)团体是分开的。更进一步,她向其他成员讲话的主观体验,将不同于作为倾听者的其他成员的主观体验。类似地,对乔治来说,团体由不同的一群人所组成。对于他,团体现在包括乔治,但他与这个团体——正在说话的玛丽、其他成员和带领者——是分开的。所以,从每个成员的视角来看,并不存在团体这样的东西。对每个成员来说,团体组成不同。这是事实,除了领导者以外。只要领导者没有把自己看作团体的一个成员,那么这个团体对她来说始终是相同的。但是,带领者指涉的团体,和成员指涉的团体并不是一回事儿。说者和听者共同构成团体，团体中的任何一个人谈到团体时，他或她正在论及唯一定义的主观体验。只有飞过这个聚集体的飞行员，能够谈谈静态的、具体的实体，即团体，因为飞行员不是其中一员。

团体中发生一些事情时，任何一个成员都能够以描述性方式指出发生了什么。在这里的指涉物（referent）——指涉团体——以速记方式象征会谈事件。例如，玛丽可能对在场的其他人说，"保罗又啥也不说了。怎么了？"玛丽可能是在间接地向领导者说，"我关心为什么保罗总是保持沉默，你能做些什么吗？"或者，玛丽可能是在对每个成员说，"我很担心保罗，想请你们每个人和我一起看看这个情况。"玛丽对于团体的这个指涉，就是"我们每个人在一起"的一个速记。所以，尽管事件是团体性的，但是个人体验是以主观的方式在各个成员之间发生的。主观性事件总是二元的。随着每个二元互动的发生，其他人观察、受影响、回应并产生新的二元互动。传统的精神分析关注二元关系以及二元关系对接受治疗的个体的影响，这些关注点将在本团体治疗模型继续保留。

考虑到团体环境，有人可能会提出三元结构。即使在一个三元关系中，一个人也是先概念化他与另一个人的关系。但是，他会探讨这个关系如何影响了他与第三个人的联结。所以，即使是在三元概念内，结构也是被设想为同时存在多个二元关系。当理查德参与到和玛丽的二人经验，团体治疗看待这类问题的方式是：理查德和保罗的二元关系，对于他目前和玛丽的互动关系有什么影响？考虑一下玛丽向其他成员说话的情境，仿佛这些成员是一个参与者进入和玛丽的二元过程。玛丽的这个方式是否暗示了她与其他人的一种疏离感，因为她把他们一并概之？或者，她也许会说，其他成员的在场，对她而言代表了一个至今为止未曾言明的新的有意义的体验？这个复杂的过程怎么才能被识别为具有治疗性？如果我们将若干人安置在一个房间内，某些事情将会发生。若干人将会一起创造某些东西。什么过程能保证，个体组成的这个团体能起到治疗性的作用？而且特别是，这个过程对于在场的每个人是如何具有治疗性功能的呢?

我认为当代自体心理学的原则,为团体环境中的个体治疗提供了令人信服并且连贯一致的理论基础。当代模型依旧重视传统的关于个体的自体心理学相关论述(Rowe & Mac Issac, 1991; Kohut, 1971, 1977, 1978, 1982, 1984; Goldberg, 1995; Orenstein, 1974; Orenstein & Orenstein, 1993; Siegel, 1996; Tolpin, 2002; E.Wolf, 1988)。传统论述强调自体客体环境的重要性,强调分析师共情地沉浸在病人的主观世界的重要性。此外,当代自体心理学(Bacal, 1998; Beebe & Lachmann, 2002; Buirski, 1999; Buirski & Haglund, 2001; Fosshage, 1994; Kindler, 1998; Lachmann, 2000; Lessem, 2005; Shane, Shane, & Gales, 1997)还依靠动机系统理论、婴儿研究的实证发现、对主体性更加丰富的理解、特异性理论以及攻击是一种反应这一视角,重新论述了临床上的移情、早期发展、心理过程,并且重新论述了分析过程中改变是如何发生的。

团 体 心 理

团体治疗是一种不同的模型。它可以和个体治疗联合使用,也可以单独使用。尽管如此,我把团体治疗看作个体治疗的辅助治疗方式。理解个体,是精神分析的目标,个体治疗是在一个二元体内来朝这个目标工作。虽然团体治疗是持续聚焦于二元体,但是团体内的过程决定性地增加了理解个体的复杂程度。因此,要了解一个病人,最好利用个体治疗会谈来形成初始治疗计划并建立起工作联盟(Greenson, 1967, 1971),然而,许多临床治疗师被团体治疗环境所吸引。该怎样理解这个复杂的临床现象对分析过程的贡献呢?

弗洛伊德(1921/1964)曾试图在《团体治疗和自我分析》(*Group Psychology and the Analysis of the Ego*)这篇论文中解决这个问题。他常常被错误地引述——认为他声称群体本能（herd instinct）导致人们有归属于团体的倾向。相反的是，弗洛伊德激烈地反对Trotter（1916/1985）的理论，Trotter提出群体本能是群居倾向，本质是对抗孤独感。弗洛伊德（1921/1964）认为团体心理是团体中的成员认同领导者并对其理想化。科胡特（1972，1977，1984）澄清，理想化重要他人对于至关重要的自体感是必不可少的。对团体是如何形成的这一议题的理解表明领导者在团体过程中非常重要。因此，我提议对团体体验的解释方式，需要对在场的每个成员具有治疗性，这是团体领导者的责任。伤害性的团体体验满足了领导者，却以（牺牲）成员（的需要）为代价。有效的精神分析满足了各个成员的治疗需要，虽然领导者的功能是服务于病人的治疗性需要，但在这个过程中她也很有满足感（Linchtenberg，1988）。领导者的满足来自胜任感（Lichtenberg，1988），也就是感到自己是一个富有成效的团体分析师。但是，尽管与领导者认同的这个观点解释了团体如何形成，但是它并没有给出理由说明：为什么团体治疗应被视为一个有效的治疗方法。

当代自体心理学和精神分析团体治疗

作为治疗师，我们就这些方面不断争论：移情的决定因素以及它与早期发展的关系。我们探究各种关于这个早期发展的论述和假设，探究心智模型意味着什么。我们依旧热烈地争辩在我们的工作中构成改变的因素有哪些。在所有这些难题中，确定无疑的一个共同观点就是激发患者对自己的好奇心很重要。因此，激发患者对自己的好奇心并建立改变的希望，是团体治疗行之有效的理论基础。

在最近的一次团体会谈中，金柏莉说，"我很想攻击你"她想让我帮她在团体中控制愤怒。我并没有这样做，而是鼓励她和我及他人一起继续探讨为什么她很想攻击我。她变得好奇并最终流着眼泪说，"这个团体帮助我感觉更好，并且对我自己更有希望。但是你能向我保证你真的能够帮助我达到我的目标吗？告诉我！告诉我！和我签一个合同！承诺我你将会带我到达那里！你不能！你不能！"她渴求的目标是和一个男性有更好的关系、更加竭尽全力地追求职业抱负。

金柏莉的兴奋感、好奇心和她的生命希望是在团体治疗中被激发出来的。但是，她的兴奋感吓着她了，她害怕我会让她失望，就像她的父母，或者之前的治疗中曾发生过的那样。她的好奇心指向这个矛盾性：热切地渴望一份工作，同时，回避全力以赴地得到它。会谈之后，她更加积极行动并且获得了工作。

在以前的一篇论文（Gray，2001）中，我阐明任何一门治疗理论都需要建立在原理、目标和临床干预技术的基础上。原理，提供一个令人信服的理由，说明为什么把团体过程定义为对个体的治疗。目标，澄清我们在团体治疗中努力要完成什么并以此作为有效的治疗目标。临床干预技术，提供分析师如何推动治疗性团体过程的指导原则。重视激发患者对于自己的好奇心和希望感决定了我的团体治疗方法。在团体治疗中，这种好奇心和希望感浮现于一个人以其特有的方式参与到过程的方式中。整体团体是一个背景，团体领导者要尽可能默默地维持这个背景。在前景中，成员和领导者之间的互动性参与带来治疗性作用（Loewald，1960；Lear，2004）。在治疗团体中，不同个体聚集在一起，可以被描述为一个社会实体。但是，鉴于聚集的目的是在为了在团体环境中开展治疗，因此这个社会实体的功能是作为一个治疗性介质来服务于个体利益的。环境是社会性的，关注点是对个体的治疗。

关于团体治疗目标的界定，在相关文献中发现存在多个趋势。部分趋势有关治疗目标包括：态度改变（Aronson，1978；Caligor, Fieldsteel, & Brok, 1984；Durkin, 1964；Durkin & Glatzer, 1973；Foulkes, 1975；Rutan & Stone, 1993；Slavson, 1964；Yalom, 1985），增强精神性（Spirituality）（Porter，2004；

Drescher, et al., 2004), 识别个体差异性 (Stacey, 2005), 增强对情感状态的易感性和接纳 (Livingston, 2001; Livingston & Livingston, 2006), 通过团体的社会实体性来定义自己 (O'Leary & Wright, 2005), 理解价值观的作用 (Segalla, 2006), 增强亲密感 (Stone & Karterud, 2006) 和共情能力 (Kleinberg, 1990, 1991)。团体体验可能带来个体态度的改变。成员们也许会在团体中探索他们的精神性,也可能促成自体分化,并建立亲密感和促进共情能力,并且在社会环境中,成员们以独一无二的方式定义他们自己并且重新评估他们的价值感。但是,当这类目标是由领导者来维持,团体成员就倾向于限制他们在团体中的自发性。成员们将认同领导者并且只局限于这些过程,即改变态度和价值观,或者进入"更深的感觉",或者具有精神性,或识别差异性,或者尽力学习共情和亲密。这些掌握在团体治疗师手中,不够顺从或反对领导者的指示,都被标记为阻抗。接着,这种阻抗就和病理联系在一起——正是这个病理将病人带入团体治疗。当坚持这种态度,就存在这样一种危险,即达成共识才有效,从而导致在团体中形成以从众来定义成长的危险。从众,对理解个体的个人世界非常有害,这是已确定的事实。

自体心理学方法

我以若干当代自体心理学理论概念为基础,把团体治疗方法定义为利用社会性环境来促进在场的每个个体特定的治疗性进展。Shapiro 已经把部分理论概念和团体治疗结合起来 (1990)。与这个讨论有关的重要概念性贡献包括:共情 (Kohut, 1982),自体客体环境 (Kohut, 1971, 1977, 1984),特异性理论 (Bacal, 1998), 主体性 (Stolorow & Atwood, 1992), 利希滕贝格 (1998) 的五个动机系统,移情再定义 (Stolorow & Atwood, 1984/1985; Lachmann & Beebe, 1992), 对自恋再定义的理解 (Stolorow & Atwood, 1980), 对于 Stern (1985) 的生活片段 (lived episode) 概念的理解, 三个显著性原则（Beebe & Lachmann，2002），内隐沟通和外显沟通（Beebe，Knoblauch, Rustin, & Sorter，2005）以及拉赫曼（2000）对攻击是一种反应（aggression as reactive）的相关阐述。我认为这里的每一个理论概念都助于提升患者的好奇心和希望感。

在进行团体治疗时，这些概念让分析师理解：凭借着自体客体体验，分析师体会到他（她）的在场和回应，为团队每个成员提供了一种静默（silent）但显著的（salient）、确认的（validating）和激发活力（vitalizing）的体验。除非会谈中某个活动使自体客体体验被注意到，否则治疗师或某个特定成员不会觉察到这个体验。然而，假如病人感觉到自体客体体验的破裂，病人将变得不安并且难以确定焦虑不安的来源。这个反应由病人和分析师之间体验到共情失败而引发（Kohut, 1984）。随着充分理解会谈中的自体客体破裂和修复序列，领导者就能够理解团体中的某些复杂沟通。如果不能理解自体客体移情，这些复杂沟通则常常导致病人被看作困难的、不可治疗的并且被标记为"阻抗的"，贴上阻抗的标签将使病人感到很沮丧，这暗示他是分析师善意的一个阻碍。对自体客体破裂和修复序列的理解，证实了病人和分析师具有朝向一个目标的共同愿望——帮助病人。这一共同愿望不同于只是对病人友好，帮助病人这一共同意愿，激发病人之后关于他自己行为意义的好奇心。自体客体破裂和修复序列是毕比和拉赫曼的（2002, p.188）"病人–分析师互动组织的三个显著性原则"之一。另外两个分别是"持续调节"（p.187）和"强烈情感时刻"（p.189）。

Bacal（1998）的特异性理论指出，每个病人的自体客体需要具有独一无二的意义。所有的诠释和理解应贴合病人主观组织世界的独特方式，Bacal把这称作"恰到好处的回应"（p.141）。Bacal系统地论述了恰到好处的回应，与科胡特（1984）恰到好处的挫折形成对立。每个病人获得的回应是对这个病人如何独特地定义所有体验、自体客体或者关系的理解，这种感觉促成病人对自己（self）、他人（other）以及我他（self with other）的好奇心。

在团体中感到以这种方式被理解,创造出一种在团体中拥有个人和私人空间的体验。Shapiro(1990)把这种主观界定的个人/私人空间称作在团体中的安全感。

主体性(Stolorow & Atwood,1992)常被称作主体间性(Stolorow, Brandchaft, & Atwood,1987)。我将在这两个概念之间做一个区分,主体间性,是指一个理论系统,这个系统描述了不同的个体如何共同创造主体性体验。主体性,是指个体在这个互动系统中的体验。理解病人的主体性,就要求团体治疗师不能把团体中的任何体验看成一个客观事件来判断其合理性。而是说,理解每个成员的视角应该是他/她如何以一种独特的主观方式组织所有体验。在团体会谈过程中,任何一次沟通中产生多重二元沟通情境,团体领导者就需要理解病人在这些情境下产生的特定体验的主观组织方式。一个人组织其体验的独特方式,就成为分析"磨坊"的"谷物"。以这个视角来看,特定事件的真实与否就无关紧要(Mitchell,2000;Silverman,2000)。关注点总是停留在对于某个特定事件的体验,每个人是如何进行诠释和组织的。显然,这种视角对内在心理过程保持好奇心。

Stern(1985)的婴儿研究揭示,感知(perception)是人际体验最可靠、连贯一致和恒定的属性之一(Gray,1992)。因此,应该把精神分析的现实检验概念弃之一旁,这将有助于理解为什么每个病人可能以任何一种独特的方式来组织特定的团体体验。那么,这个独特的组织方式必须被理解为病人与团体他人的互动结果。不能认为是病人透过过去体验的透镜,对当下的团体体验的移情性扭曲。取而代之地,应该理解到团体成员当下的个人组织方式,受到这两个因素的影响:此时此刻在团体中发生的事情和过去重要体验带来的期望。领导者和其他成员开始对此感兴趣:具有独特个人史的每个成员是如何诠释和参与到团体中的每个事件。我们不从病人的组织方式是对当下的扭曲这一角度来理解病人,采用的角度是:病人的组织方式展现了当下的体验是如何与过去的期望纠缠在一起。从这个角度来理解的结果是：移情体现了病人如何组织对自己、他人和我他的体验。这个视角称为移情的表征维度（Lachmann & Beebe，1998），区别于之前描述的自体客体维度。这个表征性视角把移情重新定义为一种组织体验的努力（Stolorow & Lachmann，1984/1985；Lachmann & Beebe，1992），而不是传统的经典观点——认为移情是扭曲或投射（Stolorow & Lachmann，1984/1985）。

移情是组织方式，这个观点基于"自恋的功能性定义（functional definition of narcissism）"（Stolorow & Lachmann，1980）。随着移情的再定义，为了理解移情，有必要整合从婴儿研究中获得的三个关键概念：生活片段（Stern，1985；Gray，1992）；强烈情感时刻（Beebe & Lachmann，1994）；五个动机系统（Lichtenberg，1998）。

团体中的任何事件都应该被认为是一个生活片段（lived episode）。斯特恩（1985，p.95）把这定义为精神过程的基本单元。基于生活片段或者生活经验，团体每个成员构建起关于他们自己、他人和我的期望。当一个事件对某个病人特别突显，团体领导者通常能够通过这个病人的强烈情感时刻（heightened affective moment）识别出这一显著性（Beebe & Lachmann，2002，p.189）。这个事件对于这个团体成员而言至关重要，为了在病人与团体他人的移情沟通过程中有效地探索这个事件，利希滕贝格（1998）的动机系统理论对所发生的复杂交互作用进行了详细阐释。五个动机系统分别是：(1) 生理满足需要；(2) 依恋和归属需要；(3) 探索和自信需要；(4) 通过对抗或撤回表达厌恶的需要；(5) 感官满足和性满足的需要（p.60）。这些需要的重要性并没有上下之分。生活片段、强烈情感时刻和动机系统增添了对于团体治疗中发生的复杂交流的精细微妙之处的理解。这些微妙之处激发起病人和分析师对于每节团体会谈中展开的各种事件的好奇心。

团体内的交流互动，沟通是以内隐或外显两种方式发生（Beebe, et al., 2005）。内隐沟通（implicit communication）以行为的方式发生，并且承载了一个明确的情感信息，倾向于不在觉察范围内。外显沟通（explicit communication）通常以语言的形式发生，并且能够对其反思，这些常常是有意识的。但是，语言交流情感的细微差别和措辞，常常也能够传达出内隐意义。对内隐和外显信息保持敏感，能够加深团体中病人沟通方式的丰富性。

团体会谈期间，如果尝试去理解所有的交流，则可能引起病人的愤怒反应。当代自体心理学认为攻击不是需要被驯服的驱力，这种理解至关重要。拉赫曼（2000）证实，每个攻击性的交流从治疗意义上而言，可以被理解为病人体验到某些挫败、剥夺或自尊受伤后的一种反应。挫败感、剥夺感或自尊受伤，是以一种独特的主观方式组织起来的。分析师持续关注病人的愤怒源于怎样的被挫败体验，能够鼓励团队成员对愤怒状态保持好奇，就像对任何其他的情感状态保持好奇一样。

团 体 治 疗

大部分团体治疗文献，并没有说明团体治疗的基本原理。提倡任何一种理论却没有清晰的基本原理，这是有问题的。因此，我提出如下的团体治疗基本原理：我们进行团体治疗，是因为我们喜欢团体治疗。这个基本原理可能听上去令人吃惊也很简单。但是，如果仔细思考这句话，其中却有很深的内在含义。如果进行团体治疗是因为我们喜欢团体治疗，那么我们就不能假设，把人们聚集在团体中，就自动地带来治疗性体验。作为治疗师，有必要评估我们的理论论述，以便确定它们事实上有助于实现这个目标：促使团体治疗成为对所有成员具有治疗性的环境（Harwood，1995）。

团体治疗的基本原理和当代自体心理学两者促成团体治疗目标的形成。当人们聚集在一个团体中，就会引起对于自己和他人关系的好奇感，这一好奇心促使成员评估自身和他们的社交关系。通过团体过程，某个成员可能力图增加与在场他人联结的复杂性。或者，某些成员可能开始承认他们的社交关系很有限。这些成员常常发现需要限制与他人交往的性质。我把团体治疗的目标确定为鼓励每个成员的好奇心，这样她/他就能观察到其他成员和团体领导者的主观性。通过这种开放性的互动，每个人拓宽了自己在主观上能够体验到什么的期望。这个结果促进了对于自己、他人和我他有更大程度的理解（Stern，1985）。

提出基本原理和目标后，才有可能来考虑团体治疗程序。我把程序（procedures）定义为分步过程，分析师致力于这些过程，以便提供对每个病人都有效的治疗体验。我认为有效的治疗体验能够激发病人的好奇心并满足他/她的独特需要。通过这些特定的程序性行动，领导者既要注意每个成员的活动，也要觉察他作为领导者的活动。这三个步骤分别是参与（participation）、成员身份（membership）和遵从（compliance）。

领导者促使每个成员充分稳定地**参与**，并且没有来自领导者的批评。体验到的所有批评——来自其他团队成员——都能够得到探索，以便促使受批评者和批评者双方充分持续地参与。也就是，尽管领导者会避免评判团体的任何一个成员，但是领导者不会禁止团体成员挑战彼此。成员之间的批评，应视为一种沟通，有待获得移情方面的理解。所有卷入批评当中的成员，能够得到理解并感到被持续接纳。这是一个高度复杂的过程。

领导者促进团体过程，以便每个病人能够以个人的方式定义自己在团体中的**成员身份**［自体-界定（self-delineation）］。也就是，领导者支持每一个成员依据规则（rules）、限制（restrictions）和权责（privileges）去努力定义他的体验——对于他而言，为了获得团体接纳感，什么是必不可少的。规则，指每个成员要谈论自己和对他人做出回应。没有交谈也传达出一个人对于自己、他人和我他的体验，需要获得积极关注和团体领导者的非批评性诠释。限制，包括会议时间和地点如何设置以及团体目的，团体目的和以社会化为目的的社交活动不同。责任，指团体的相聚是作为一个治疗性体验在起作用，而不能起反作用。也就是说，在团体中发生的事件要能够促进理解，并治疗性地影响团体成员对于自己、他人和我他的体验，而不能阻碍团体成员（的治疗和成长）。还有一个责任是，每个成员须有能力为此支付费用，以保证团体治疗师的就位和付出专业劳动。

这个程序的第三步是**遵从**。遵从，不是由团体领导者发起的，它是成员们体验并维持的一种行为。当团队成员全身心地投入团体，他们自己就认定领导者对团体负责，认同团体领导者的工作方式。依照这个模型的前两个步骤，团体领导者对每个成员一视同仁，每个成员都是充分必要且重要的参与者。弗洛伊德（1921/1964）认为团体成员把领导者视为他们的自我理想（ego ideal）。那么，每个成员就会极力遵从领导者的观点。这是团体程序中需要关注的一个面向。如果是以一种病理性形式出现，就会观察到成员们为了顺从领导者灌输的理想而放弃个人信念。但是，在团体治疗程序的前两个步骤（参与和成员身份），领导者就有责任警惕、阐明、探索和处理这种病理性状况，这样团体领导者就能够帮助每个成员好奇地追寻他（她）自己独特的目标。每个成员的参与和个人定义的成员身份，勾勒出他在团体中将要探索的期望范围。单独一人无法定义期望什么，从众也无法构建期望。每个成员能够自由地定义和探索任何期望，因此，领导者就能看到，随着每个人体验到自己是团体不可或缺的一部分，这个人就能在很大程度上遵从团体的整体功能运作。团体领导者最重要的核心功能，就是探索什么对于特定团体成员而言是独一无二重要的（期望）。随着成员在治疗程序的这个面向上的进展，他（她）越来越自信地表达什么对他（她）是独一无二重要的。这些表达将得到探索和理解，而不会被领导者批评。

保　　罗

保罗，是我带领的团体中的一员，对他的治疗能够从实践层面阐明这个模型。如前所述，每个人根据若干规则定义他（她）的成员身份："规则，指每个成员要谈论自己并对他人做出反应。没有交谈也传达出一个人对于自己、他人和我他的体验，需要获得积极关注和团体领导者的非批评性诠释。"

在团体会谈中，保罗大部分时间都保持沉默。我在会谈中就保罗沉默的态度，说明了如何与团体中沉默的病人开展工作。保罗进入治疗时，正好37岁，很瘦，个头大概1.8米。他在美国长岛的一个天主教家庭中长大。他的父亲是会计师，受到脾气暴躁的母亲的冷落和呵斥，母亲是家庭主妇，在一个富裕的家庭中长大。她对保罗非常依恋。母亲性欲化与儿子的关系，却通过在他还是个小男孩时就将其打扮成小女孩的样子来否认这一点。随着他的长大，她处理性欲化的方式就仿佛他们是意外发生的——例如，当她早上穿衣的时候，让她卧室的门微微开着。

保罗因有自杀倾向而寻求治疗。他是家中第三个孩子，各方面的线索暗示他的受孕和出生都是计划之外的事情。他的哥哥约翰比保罗大13岁；姐姐露丝比他大8岁。直到37岁，保罗还未有过性经验。但是他有一个性欲化的行为方式，即穿上女性的内衣，借助一面落地镜从后面看自己，他会将左臂搭在右肩上，让手指爱抚右肩，同时用右手手淫，让自己达到性高潮。

在一次手淫差点被发现之后，保罗开始想要自杀。他常常穿上母亲和姐姐的内衣，这样做本来一直都比较安全。后来母亲的一位好友请他在自己外出度假期间帮忙照看房子。房主的儿子总是出差，偶尔住在那里。一天早晨，保罗进入屋内，进入房主的卧室，找到她的内衣，准备进行惯常的性兴奋活动。突然，他被母亲好友儿子卧室里窸窣的声音吓了一跳。出乎意料，原来她儿子很早就出差回来并且准备起床了。保罗未被察觉，很快从母亲好友的卧室中退了出来。想到他的行为差点被发现，他有了自杀的念头，所以前来寻求治疗。

在开始团体治疗以前，保罗已经和我进行个体治疗。在个体会谈期间，保罗慢慢地、谨慎地对我们的治疗工作建立起信心。在逐渐变得有信心的过程中，保罗开始小心翼翼地对他穿女性内衣的欲望产生好奇，他开始和我探索这个行为的意义。随着好奇心的增加，他逐渐理解他穿女性内衣的行为是出于他渴望母亲的爱能如他所是地接纳他。也就是，作为母亲的儿子，他需要母亲承认他的性身份，这个性身份与她的需要无关。当穿上女性内衣，他从后面看自己，是因为他渴望接纳他的性身份。从后面看并且视线落在内衣上，代表着一个女性在回应他的性挑逗。这个理解促使他终止穿上女性内衣的渴望并引向一个模型场景（model scene）（Lichtenberg, Lachmann & Fosshage, 1992），之后这个模型一直指导着他的治疗。

模型场景，是一个行为导向的场景（action-oriented scene），在治疗师和病人之间共同创造。从分析的角度来看，这个场景描绘了病人的病理和挣扎。模型场景从一个记忆中浮现出来：

> 保罗大概5岁。他的姐姐13岁，性情温和，在行为上常表现出不置可否的态度。她后来开始发育第二性征，例如胸部微微隆起并且开始有了阴毛。他的母亲，为了隐藏她对保罗的性欲化关系，常常让保罗和13岁的姐姐一起洗澡。但是随着性特征的出现，他的姐姐开始在洗浴期间把一张浴巾盖在阴毛区域。一天，保罗克制不住冲动，猛地拉开姐姐遮盖的浴巾想看看这下面有什么。他的母亲一把将保罗拉出浴盆，劈头盖脸地一通指责。这件事之后再也没有被提及，他也再没有和姐姐一起洗澡。

模型场景是关于保罗5岁时浓厚的好奇心。但是实施好奇心的结果是被羞辱，并且好奇心受到指责、否认和排斥。展开这个模型的时刻大约是他两周一次的治疗进行到第8个月时。我越来越关注他的孤立和抑郁，渴望与他人接触同时又对此感到焦虑。我决定鼓励他进入我的团体治疗，他接受了这个邀请，并在他两周一次的个体会谈的基础上增加了团体治疗。

在团体治疗中，保罗很安静但显然非常投入。他和我达成一致，由于直到38岁还没有过性关系这一点让他感到很羞愧，他没有必要在团体中暴露他没有和他人的性经验这一点。或者，他可以等到自己感觉已做好告知他人的准备时再说。

我在团体中促进所有他需要去探索和理解的，但不暴露令他感到无比羞耻的事情。治疗团体程序分步操作的第一步，我定义为参与，即领导者"推动每个成员充分持续地参与，没有来自领导者的批评"。保罗可以以他期望的任何方式参与团体，我理解这一点，其他成员可能会对此不满，他们的反应将会被探索和理解，这些反应与他们自己有关、也与保罗有关。

这是一个高度复杂的过程，使得保罗有机会结合团体治疗和个体治疗以获得全面的成长。在团体体验的过程中，我为保罗说话。他在大部分团体会谈中沉默无言，但是在个体会谈期间，他并不沉默。所以，在团体会谈期间，我密切观察他可能对任何事件的最细微的反应，从而确保他的积极参与。即依靠他的内隐沟通：部分反应是微笑、多眨了几次眼睛、坐在椅子上身体前倾，甚至是轻微地倚靠在椅背上、抿紧嘴唇、目不转睛地盯着、用眼角余光扫我、稍微把头转离我或者其他人。

模型场景有浴巾、姐姐、浴盆以及母亲反应。根据这个模型场景，显然我必须和他共同创造镜映的自体客体体验。在体验中，我能够镜映他在团体中对于他人的好奇心和他的自信参与。我并不认为他的沉默是阻抗或被动性。反而认为这是一个积极的努力，既表达了他的好奇心也没有导致淹没性的羞耻感。也就是，他的体验是为了进行自体-调节（Lachmann & Beebe, 1992），而不是对我或其他团体成员怀有敌意。

当然，其他成员常常被他的沉默激怒。玛丽曾问，"你为什么替保罗说话？"我探索我替保罗说话是如何令她感到挫败。她表达了对保罗有怎样的反应之后，保罗依旧沉默。于是我询问保罗，他是否想要回应她的问题，或者他是否愿意由我来回应，他请我回答。接着，我向玛丽解释，保罗并不总是很清楚自己的感觉，并且害怕他的行为可能会被误解从而让他感到受威胁。在这里，我正在回应模型场景界定的移情，在这个模型场景中和姐姐洗浴导致了他的羞愧感、失望、否认和被排斥。

无论何时我为保罗说话，我都请他确认我的体验和对他的理解。对于我试图理解的他的体验，他要么确认，要么纠正，并且表达得相当生动，有表现力。最终，团体治疗进行一年以后，他告诉其他成员他从未有过性经验。现在，39岁的他对此感到更加羞耻。所有的成员都对他的困境表示非常理解，所有成员开始好奇地探索他们自己在性方面的挣扎。团体治疗又进行了4个月以后，保罗走进治疗室，双眼发亮、脸上带着微笑。他宣布他和一位漂亮女孩发生了性关系，女孩来自华盛顿特区，在那里代理他公司的平面艺术品。

婴儿研究的发现影响了我对团体治疗过程的理解，实际上保罗依靠内隐沟通作为他参与团体的独特方式。随着我理解了他的移情和他定义成员身份的方式，所有成员遵从我的领导，这表明每一个成员可以以一种独一无二的方式定义他（她）想要如何运作。保罗的难以交流就是在持续地——向我——表达，只不过是以内隐的方式。通过这个过程，保罗复活了对被抑制的性自信的好奇心。他想要在团体中以更加外显的方式探索他对于女性的性与爱。与进一步的好奇心和探索相共鸣的协奏曲是，他、其他男性和女性又深入探讨了与亲密、性和爱有关的重要议题。

结　　论

在本篇论文中，我详细阐明了如何利用当代自体心理学原则来理解团体治疗过程。在这个过程中，病人和分析师一起定义什么是每个成员的心理成长所必需的。这个成长被当代自体心理学描述为一个人在如何体验、如何定义自体感、对他人和我他关系的感觉方面具有更大程度的灵活性（Stern，1985）。这些定义的形成对于每一个个体是独一无二的，取决于过去体验的特性、亲密的能力、激情和局限性。

此处呈现的团体治疗模式，是把团体治疗看作治疗个体的独特场景。这个模型挑战了整体团体观点，尤其挑战了团体共识的重要性。实际上，我认为，正是对整体团体观点的重视，导致团体治疗中过分强调团体共识的作用。相反，我提出的方法是促进成员之间的好奇心，以此来理解每个成员的主观视角。通过三个相互关联的步骤，即参与、成员身份和遵从，团体治疗师得以促成这种充满好奇心的氛围。通过这些步骤，领导者对团体设置的社会化环境的利用方式，能够代表每个在场个体的利益。尽管态度的改变、亲密、精神性、共情、价值感或体验到脆弱敏感时刻能够成为团体治疗有意义的追求，但这些追求不是团体过程的目标。在这个模型中，（团体过程的）目标是促进好奇心，让每个个体探寻什么是自己的重要追求目标。更进一步，尽管情境具有社会化性质（social nature），但是治疗过程依然依靠一系列二元交互过程，来促进每个成员的治疗性成长。

保罗的案例，阐明了这个模型是如何工作的。保罗在团体中很长时间都不说话，当代自体心理学既依靠外显沟通也依靠内隐沟通，当病人感到很难说话的时候，内隐沟通就为分析师提供很大帮助。尽管保罗倾向于沉默寡言，但是他在团体治疗中取得了进展，非言语线索可以作为有效的内隐沟通。而且后来，他判断部分进步的依据是他在团体中以口头的和外显的方式表达自己的程度。

保罗的沉默常常在团体会谈中引发强烈的反应。这种情况发生时，成员们相互比较他们对此反应的异同。通过这些反应和比较，每个人寻求对其自身的理解。其他病人并没有像玛丽那样生气，而是欣然接受了她的强烈反应并认为这是一个更加了解她自己的机会。她对保罗的反应只属于她自己，并且对此的探索促进了她的发展。她越来越好奇自己与保罗、与他人的关系。通过这些体验，她和保罗都变得更加自信。在这些会谈中，所有的成员通过类似的交互体验获得成长。

有时，一个团体成员会做出看起来代表整体团体的评论和观察。这些评论可以被探索和理解,从而来解释他的个人经验。但是,如果团体治疗师的假设是整体团体,就会同化或稀释个体差异,这种假设竭力反对每个成员的个人体验。任何破坏成员个人体验的行动,都会减弱成员对以下的好奇心:自体感、对他人的感觉或对我他关系的感觉。

参 考 文 献

Aronson, M. L. (1978). The unique advantages of analytic group therapy in the middle and later phases of the therapeutic process. In L. R. Wolberg, M. L. Aronson, & A. R. Wolberg (Eds.), *Group therapy: An overview* (pp. 35-45). New York: Stratton International Medical Book Corporation.

Agazarian, Y. M. (1989). Group-as-a-whole systems theory and practice. *Group, 13*, 131-154.

Agazarian, Y. M. (1997). *Systems-centered therapy for groups*. New York: Guilford.

Agazarian, Y. M., & Peters, R. (1981). *The visible and invisible group*. London: Rout-ledge & Kegan Paul.

Bacal, H. (1998). Optimal responsiveness and the specificity of selfobject experience. In H. Bacal (Ed.), *Optimal responsiveness: How therapists heal their patient*. Northvale, NJ: Jason Aronson.

Beebe, B., & Lachmann, F. M. (1994). Representations and internalizations in infants: Three principles of salience. *Psychoanalytic Psychology, 11*, 127-165.

Beebe, B., & Lachmann, F. M. (2002). *Infant research and adult treatment*. Hillsdale, NJ: Analytic Press.

Beebe, B., Knoblauch, S., Rustin, J., & Sorter, D. (2005). *Forms of inter-subjectivity in infant research and adult treatment*. New York: Other Press.

Bion, W. R. (1974). *Experiences in group*. New York: Ballantine. (Original work published 1959.)

Buirski, P. (1999). The selfobject function of interpretation. In A. Goldberg (Ed.), *Pluralism in self psychology: Progress in self psychology, vol. 15* (pp. 31-49). Hillsdale, NJ: Analytic Press.

Buirski, P., & Haglund, P. (2001). *Making sense together: The intersubjective approach to psychotherapy*. Northvale, NJ: Jason Aronson.

Caligor, J., Fieldsteel, N. D., & Brok, A. J. (1984). *Individual and group therapy: Combining psychoanalytic treatments*. New York: Basic Books.

Drescher K., Ramirez, G., Leoni, J., Romesser J., Somborger, J., & Foy, D. (2004). Spirituality and trauma: Development of a group therapy module. *Group, 28* (4), 71-87.

Durkin, H. (1964). *The group in depth*. New York: International University Press.

Durkin, H., & Glatzer, H. T. (1973). Transference neurosis in group psychotherapy: The concept and the reality. In L. R. Wolberg & E. Schwartz (Eds.), *Group therapy* (pp. 129-143). New York: Intercontinental Medical Book Corp.

Elias, N. (2000). *The civilizing process*. Oxford: Blackwell. (Original work published 1939.)

Fosshage, J. (1994). Towards reconceptualizing transference: Theoretical and clinical considerations. *International Journal of Psychoanalysis, 75* (2), 265-280.

Foulkes, S. H. (1948). *Introduction to group-analytic psychotherapy*. London: Midway Press.

Foulkes, S. H. (1964). *Therapeutic group analysis*. New York: International Universities Press.

Foulkes, S. H. (1975). *Group analytic psychotherapy: Methods and principles*. London: Gordon & Breach.

Foulkes, S. H., & Anthony, E. J. (1973). *Group psychotherapy: The psychoanalytic approach*. Harmondsworth: Penguin.

Freud, S. (1964). Group psychology and the analysis of the ego. In J. Strachey (Ed. & Trans.), *The standard edition of the complete psychological works of Sigmund Freud* (Vol. 18, pp. 67-145). London: Hogarth Press. (Original work published 1921.)

Glatzer, H. T. (1959). Notes on the preoedipal phantasy. *Amer. J. Orthopsychiatry, 24*, 383-390.

Goldberg, A. (1995). *The problem of perversion: The view from self psychology*. New Haven: Yale University Press.

Gray, A. A. (1992). Book review (Stem, D. L. [1985], The interpersonal world of the infant: A view from psychoanalysis and developmental psychology. New York: Basic Books). *International Forum of Psychoanalysis, 1* (2), 119-120.

Gray, A. A. (2001). Difficult terminations in group therapy: A self psychologically informed perspective. *Group, 25* (1/2), 27-39.

Greenson, R. (1967). *The technique and practice of psychoanalysis, vol. 1*. New York: International Universities Press.

Greenson, R. (1971). The "real" relationship between the patient and the psychoanalyst. *In Explorations in Psychoanalysis*. New York: International Universities Press, 1978.

Harwood, I. H. (1995). Toward optimum group placement from the perspective of the self or self-experience. *Group, 19*, 140-162.

Kibel, H. D., & Stein A. (1981). The group as a whole approach: An appraisal. *International Journal of Group Psychotherapy, 31*, 409-427.

Kindler, A. R. (1998). Optimal responsiveness and psychoanalytic supervision, In H. A. Bacal (Ed.), *Optimal responsiveness: How therapists heal their patients*. Northvale, NJ: Jason Aronson.

Kleinberg, J. (1990). Working with the fragile patient in the initial phase of group. therapy. *Psychoanalysis and Psychotherapy, 7* (1), 31-40.

Kleinberg, J. (1991). Teaching beginning group therapists to incorporate a patient's empathic capacity in treatment planning. *Group, 14*, 141-155.

Kohut, H. (1971). *The analysis of the self*. Madison, CT: IUP.

Kohut, H. (1977). *The restoration of the self*. Madison, CT: IUP.

Kohut, H. (1978). Creativeness, charisma, group psychology. In P. Ornstein (Ed.), *The search for the self, vol. 2*. Madison, CT: IUP.

Kohut, H. (1982). Introspection, empathy, and the semi-circle of mental health. *International Journal of Psycho-Analysis, 63*, 395-407.

Kohut, H. (1984). *How does analysis cure?* Ed. A. Goldberg. Chicago: University of Chicago Press.

Lachmann, F. M. (2000). *Transforming aggression: Psychotherapy with the difficult-to-treat patient*. Northvale, NJ: Jason Aronson.

Lachmann, F. M., & Beebe, B. (1992). Reformulations of early development and transference: Implications for psychic structure formation. In J. W. Barron, M. N. Eagle, & D. Wolitsky (Eds.), *The interface of psychoanalysis and psycholog* (pp.133-153). Washington, DC: American Psychological

Association.

Lachmann, F. M., & Beebe, B. (1998). Optimal responsiveness in a systems approach to representational and selfobject transferences. In H. Bacal (Ed.), *Optimal respon-siveness* (pp. 305-326). Northvale, NJ: Jason Aronson.

Lear, J. (2004). *Therapeutic action: An earnest plea for irony*. New York: Other Press.

Lessem, P. A. (2005). *Self psychology: An introduction*. Lanham, MD: Rowman & Littlefield Publishers.

Lewin, K. (1951). *Field theory in social science*. New York: Harper and Row.

Lewin, K., Lippit, R., & White, R. K. (1939). Patterns of aggressive behavior in experimentally created "social climates." *Journal of Social Psychology, 10*, 271-299.

Lichtenberg, J. D. (1988). A theory of motivational-functional systems as psychic structures. *Journal of American Psychoanalytic Association, 36* (Suppl.), 57-72.

Lichtenberg, J. D., Lachmann, F. M., & Fosshage, J. L. (1992). *Self and motivational systems: Toward a theory of psychoanalytic technique*. Hillsdale, NJ: Analytic Press.

Livingston, M. (2001). *Vulnerable moments: Deepening the therapeutic process*. New York: Jason Aronson.

Livingston, M., & Livingston, L. (2006). Sustained empathic focus and the clinical application of self-psychological theory in group psychotherapy. *International Journal of Group Psychotherapy, 56* (1), 67-85.

Loewald, H. (1960). On the therapeutic action of psychoanalysis. *In Papers on Psychoanalysis* (pp. 221-256). New Haven, CT: Yale University Press.

Mitchell, S. (2000). Response to Silverman (2000). *Psychoanalytic Psychology, 17*, 153-159.

O'Leary, J., & Wright, F. (2005). Social constructivism and the group-as-a-whole. *Group, 29* (2), 257-276.

Orenstein, A. (1974). The dread to repeat and the new beginning: A contribution to the psychoanalysis of narcissistic personality disorders. *In Annual of Psychoanalysis* (pp. 231-248). Madison, CT: International Universities Press.

Ornstein, P. H., & Omstein, A. (1993). Assertiveness and destructive aggression: a perspective from the treatment process. In R. A. Glick <& S. P. Roose (Eds.), *Rage, power, and aggression* (2nd ed., pp. 102-117). New Haven, CT: Yale

University Press.

Porter, K. (2004). Who we really are: Buddhist approaches to psychotherapy and group psychotherapy. *Group, 28* (4), 53-69.

Rioch, M. J. (1970). The work of Wilfred Bion on groups. *Psychiatry, 5*, 573-596.

Rowe, C. E., & Mac Isaac, D. (1991). *Empathic attunement: The technique of psychoanalytic self psychology*. Northvale, NJ: Jason Aronson.

Rutan, J. S., & Stone, W. N. (1993). *Psychodynamic group psychotherapy* (2nd ed.). New York: Guilford Press.

Scheidlinger, S. (1974). On the concept of the mother-group. *International journal of group psychotherapy 24*, 417-428.

Scheidlinger, S. (1997). Group dynamics and group psychotherapy revised: Four decades later. *Journal of Group Psychotherapy, 47*, 141-159.

Schermer, V. L. (2005). An orientation to the two-volume special edition: The group-as-a-whole: An update. *Group, 29* (1), 109-137.

Segalla, R. (2006). Selfish and unselfish behavior: Scene stealing and scene sharing in group psychotherapy. *International Journal of Group Psychotherapy, 56* (1), 33-46.

Shane, M., Shane, E., & Gales, M. (1997). *Intimate attachments: Toward a new self psychology*. New York: Guilford.

Shapiro, E. (1990), Self psychology, intersubjectivity, and group psychotherapy. *Group, 14* (3), 177-182.

Siegel, A. M. (1996). *Heinz Kohut and the psychology of the self*. London: Routledge.

Silverman, D. (2000). An interrogation of the relational turn: A discussion with Stephen Mitchell. *Psychoanalytic Psychology, 17*, 146-152.

Slavson, S. R. (1964). *A textbook in analytic group psychotherapy*. Madison, CT: International University Press.

Stacey, R. (2001). *Complex responsive processes in organizations: Learning and knowledge creation*. London: Routledge.

Stacey, R. (2003). *Complexity and group processes: A radically social understanding of individuals*. London: Brunner-Routledge.

Stacey, R. (2005). Social selves and the notion of the "group-as-a-whole." *Group, 29* (1), 187-209.

Stern, D. (1985). *The interpersonal world of the infant*. New York: Basic Books.

Stolorow, R., & Atwood, G. (1992). *Contexts of being: The inter subjective foundations of psychological life.* Hillsdale, NJ: Analytic Press.

Stolorow, R., & Lachmann, F. M. (1980). *Psychoanalysis of development arrests: Theory and treatment.* New York: International University Press.

Stolorow, R., & Lachmann, F. M. (1984/1985). Transference: The future of an illusion. *In The Annual of Psychoanalysis* (pp. 19-38). Madison, CT: IUP.

Stolorow, R., Brandchaft, B., & Atwood, G. (1987). *Psychoanalytic treatment: An intersubjective approach.* Hillsdale, NJ: Analytic Press.

Stone, W. N., & Karterud, S. (2006). Dreams as portraits of self and group interactions. *International Journal of Group Psychotherapy, 56* (1), 47-62.

Tolpin, M. (2002). Doing psychoanalysis of normal development: Forward edge transferences. In A. Goldberg (Ed.), *Postmodern self psychology: Progress in self psychology* (pp. 167-190). Hillsdale, NJ: Analytic Press.

Trotter, W. (1985). *Instinct of the herd in peace and war 1916-1919.* London: Keynes Press. (Original work published 1916.)

Wolf, E. (1988). *Treating the self.* New York: Guilford.

Wolf, A. (1988). Personal Communication. New York.

Wolf, A., Kutash, I. L., & Nattland, C. (1993). *The primacy of the individual in psychoanalysis in groups.* Northvale, NJ: Jason Aronson.

Yalom, I. D. (1985). *The theory and practice of group psychotherapy* (3rd ed.). New York: Basic Books.

8 一个激进的自体心理学督导模型

Judith Teicholz

"你的声音就像涌入我内在的某种东西。没有它，我感到十分悲伤和空虚。我现在意识到，我是多么迫切地需要在你的眼睛里看到我需要的某种东西，在我能够从自己这里感受到它之前。没有你眼中的光芒、没有你的声音，我这里一无所有，唯有荒芜冰冷。"这些话出自患者贾斯敏，在之前的治疗沟通中，她联想的图像一直是被抛弃的尸体和冻结的风景。贾斯敏迥然不同的、新芽般的话语——第一次在移情中表达自体客体渴望——就如一段乐曲流入我的耳中，也流入海伦博士，贾斯敏的分析师、我的受督者的耳中。两年以来就如何最佳地帮助这个患者，海伦和我经历了一场轻柔的拉锯战。

在贾斯敏说出这些话之前的大部分督导会谈时间，海伦博士一直在表达一个希望，她希望在面对病人时能够感觉到一些不同于愤怒和心寒的东西，她发现这个病人有着令人麻木的肤浅和令人恼怒的贬低态度。现在，海伦博士能够在督导中更加积极地谈论贾斯敏："她的交流开始变得清晰，我们之间一直有这样一个挣扎，现在我想知道多大程度的挣扎是必要的。"贾斯敏正在变得越来越统整，更多地接触和表达她在移情中的感受，并且更少有烦躁焦虑的情绪。但是毫不奇怪的是，仅仅是在发生这些变化的前几个月，海伦博士第一次能够以贾斯敏的视角观察世界。

海伦博士是一名分析候选人，求知欲强，同时接受我和另一位新克莱茵流派（neo-Kleinian）分析师的督导。起初，关于贾斯敏，海伦和我争论我的自体心理学表达方式。持久的反感使得海伦博士把贾斯敏贬低的行为解释为病人朝向分析师的攻击性情感并且对这些情感进行防御。海伦被我的建议搞得心烦意乱,我建议她尽力理解贾斯敏过去和现在的体验并与这些体验共鸣,她坚信这种方式只会让现状持续下去。

我还建议她和贾斯敏一起探索海伦博士自己是如何影响贾斯敏的治疗体验的,她也做不到。她常常不能在移情-反移情这对分析体验和贾斯敏童年期发展形成的关系之间建立联系,在那时,善意但是焦虑的母亲似乎无法满足孩子的基本需要,而明显"无知"的父亲总是侵扰女儿投入家庭之外生活的每一次尝试。尽管海伦在认知层面"理解"所有这些,但是在和贾斯敏互动中会弃之一旁,因为面对贾斯敏贬低治疗的态度,激起了她强烈的愤怒。

对于海伦博士的挫败感我表示深有同感,但是也反复向海伦博士指出这样一个状况,也就是贾斯敏可能以她过去的方式在感觉、表现并影响分析师,期望能够帮助海伦博士更加理解病人体验的"内幕(inside)"。我向海伦博士指出,我认为她常常忽略了贾斯敏隐藏的爱与需要的表达,这些隐匿在贾斯敏看似鄙夷的表达的核心。

尽管我想说得更多些——关于贾斯敏、海伦博士和我的故事——但我将从这个案例引申出一个督导理论及其应用,这超越了我们三个人及所含的两个二元关系的各种细枝末节。因此,我提出的督导模型是这个情境脉络的抽象理论,即这个受督者和我如何从最初的对峙走向彼此,患者如何从最初的死亡感向前推进、直到说出开篇那富有感染力的诗意般的话语。

在治疗与督导关系中的精神分析训练目标和主体间性挑战

对于经验丰富的分析师而言,提供精神分析督导是最具挑战性、也深具回报性的活动之一,当督导是正式训练课程的一部分时,这个任务甚至会变得更有挑战性。大多数精神分析训练课程的目标是帮助受训者掌握一个多面性的且充满冲突的知识体系——精神分析思想史——以及一套难以言明的复杂"技能"。这些课程也在寻找各种方式提高受训者的转换能力，也就是将这些技能和知识转换为心理治疗关系场景下使用的日常语言。精神分析治疗关系的场景特点是：受训者的每一个移动，都有无数个可能朝向的方向，取决于一系列不确定因素，大部分因素事先并不明了。

在某种程度上，精神分析治疗的不可预知性，源自所有人类关系固有的影响——主体间性，它是一把双刃剑：其开放性为带来扩展和成长的治疗性创造力留出空间，但是有时也为启动螺旋上升的破坏性留出空间。精神分析督导本身能够提升、抑制甚至扰乱最有天赋的受督者最恰当的努力；同时，督导者有时可能无力阻止一个在情绪或专业上不够成熟的受训分析师对患者造成伤害。

无论是在治疗关系中还是在督导关系中，主体间性这把双刃剑既让督导者自己的情绪能力成为做好督导工作的胜任力核心，也将大多数分析训练课程推向一个更深层的目标：受训者的个人情绪成长目标，特别是提高受训者承受和调节——他们自己的和患者的——强烈痛苦情感的能力。那么，我在本章提出的问题——并力图回答——是：哪种类型的督导关系能够促成所有这些目标的实现？

对这个问题的尝试性回答是，我发展了我称之为激进的自体心理学精神分析督导模型（radical self psychological model of psychoanalytic supervision），冠之以"激进的"，是因为尽管督导情境有着清晰明确的教育目标，但是这个模型把受督者的体验置于督导的核心，就此而言它非常类似自体心理学治疗。模型本身没有清晰地描绘出互动和关系的丰富性和多样性，这些在有力且有效的督导中有可能出现，但是它提出了一个初始督导方法，从而为更多丰富性和多样性的浮现奠定了基础。

提出一个"模型"，我要冒的风险就是过度图式化和还原论。因此，我将首先简要描述与督导者的督导方法无关的、任何分析督导场景都会发生的部分互动类型。尽管这些活动并非我的模型所独有的，但是所有这些及其他活动都成为依此开展的督导关系的一部分。确实，模型的目的就是促进关系的发展，从而在最大范围内开展有效督导活动。

我的督导活动"清单"和目标全都源于Buirski和Haglund（2001）。Buirski和Haglund在他们提出的主体间模型中强调这类活动促进了患者情感体验的展开和释义，无论是在督导二元关系中还是在治疗二元关系中，它们都是"共同创造意义（making sense together）"的整体过程的一部分。在他们看来，督导二元关系和治疗二元关系的共同之处包括：意义的详细阐释和重新组织，情感的调节，以及表达或建模对于语境的理解。

督导关系的合作性和多层面互动

所有督导的初期目标都是在相互信任的基础上发展合作关系，在这种关系下，督导者和受督者之间发展持续真诚的交流，并且发展出好奇心、即兴而作和创造性，这些能够促进受督者的患者的利益。一旦建立这种信任和合作，督导者和受训者就能够以同样的方式利用自由想象空间探索患者和受训者的治疗体验，督导双方能够共同想出无尽的方式促使患者投入治疗、解决关系僵局、消除患者的痛苦并促进治疗者和被治疗者双方的心理成长。

不论基于何种督导理论，虽然受督者和督导者一起工作是为了促进受训者的学习和患者的治疗，但是他们达成这些目标的互动方式有很多。无论是督导者还是受训者，可能都会提出这些问题：患者的早期经历；这个经历与此时此刻移情-反移情现象之间关系的一般性假设。他们也可能探索患者其余的议题如何与受训者自己的议题相互交织。他们可能讨论患者的梦，督导者倾听联想材料并给出自己的解释，从而在督导关系中理解患者的历史和当前生活，理解任何他们意识到的"日间残留（day residue）"，理解分析性治疗二元关系中主导性的情感主题。督导者和受督者也可能彼此提问，如果受训者在上一节会谈中采取不同的行动，病人的反应会有怎样的不同；可能进行头脑风暴或角色扮演，以便更好地想象假如受训者后续会谈尝试不同的方法，患者可能会如何回应。

有效的精神分析治疗需要患者和分析师在情感上付出同等的艰辛努力，并且有时受训者会在整个督导会谈期间表达或者"发泄"对患者的强烈情感——愤怒、怨恨、情欲、羡慕或爱。有时仅仅是有机会做出这类表达，受钦佩的督导者接纳性的存在方式，就足以让受督者不再受到这些强烈情感的影响，从而推进更深层的自我分析（独立地或者和其分析师一起）；当再次面对患者时就能够在临床中更有建设性地使用自己的情感。但是在其他时候，受训者产生的这类情感，让受训者确信他必须以某种方式直接向患者表达，就如海伦博士对她的患者贾斯敏感到愤怒。

就像在任何一个临床情境中一样，督导二元关系能够探索这类计划是否明智；围绕着讨论中的议题，督导者和受督者帮助彼此不断深化对患者、受训分析师和治疗关系的理解。但即便是这种合作性努力，督导者和受督者之间也会产生冲突，督导者可能支持或者劝阻受训者的意图，同时尽量充分地解释为什么建议受督者采取某个立场。

作为督导者，我往往是和我的受督者一起探索这类情境，尽可能清晰地表达我的想法和感受，然后无论受训者接下来做什么都表示支持，除非后续事件证明我是错误的或者受训者已从他的错误中总结经验。但即便是提出建议，我也可能冒着影响受督者持续学习过程的风险，因为无论督导者给出多么小的建议，都可能使受训者无法进行自主选择。另一方面，如果我们各持己见但我没有说出我的想法，当他发现我让他随意依照自己的本能行事而导致治疗失败，受督者可能最后感觉被我引入歧途。

如果督导双方一致认为应该采取某个临床行动，督导者甚至可能和受训者进行角色扮演并预演各种可能场景，以此"支持（shore up）"受训者，为与他的患者进行面质做好准备,尽管如此,督导者承认当且仅当受督者感到是恰好的临床时刻,才能进行对质。督导者和受训者共同致力于从认知-情感上理解患者和治疗关系,致力于帮助受训者在情感和实践方面做好准备,但是是由受训者决定何时使用以及如何使用那些在某些方面有所准备的部分。不得不承认督导方面的任何准备都是不完整的并且是有些岌岌可危的,这是因为在患者和受训分析师之间"现在时刻"来临之前,等式的另一端——患者——的情感和行为都是不可知的。无论是怎样的关键议题,督导会谈通常都是从患者、分析关系和参与治疗关系的可能方式这三个方面进行考虑,极少要求受训者从一种预先设定的方式同患者交流。

当然,开放式探索各种可能性时有一个例外,就是在患者、督导者或受督者看来治疗进展不太好的时候。在这类情况下,督导者可能会提请受训者注意某个时刻,此时督导者的做法可能和受训者的不同,并解释为什么。但是督导者有时也能够说明,尽管他们对患者所说的可能不同,但是他们能够观察到在受督者干预之后,患者深化了他的材料、和分析师的联结更加富有情感或者在治疗室之外的移情关系中变得更加有效或亲密。既然患者随后的行为和逐渐展开的分析性关系的品质,是判断受训分析师表现的唯一标准,那么对于这类情况,督导者必须推断受训者的方法"足够好"。将来的事件可能有助于我们搞清楚疗效显著与否,(疗效显著可能是)因为受训者比督导者认为的更加同调患者,或者因为人(包括患者在内)即便是在不太完美的自体客体环境(Ornstein, 2004),也能够从中提取出他们所需的。

有时督导者和受督者之间的关系本身会暂时成为督导对话的焦点。督导交流的过程可能并行于治疗中的移情-反移情上演,或者即使经过广泛的讨论以后,督导者和受督者依旧在某些理论和临床方面存在令人不安的分歧。但是,激进的自体心理学模型倾向于消弭(offset)这类冲突的潜在破坏性,因为它以受督者为中心(supervisee-centered approach)。

督导关系的辩证性

在督导项目中存在众多复杂性,并且在辩证张力下,分析性督导者持有两个相互对立的价值观:为某个受督者提供最佳的学习环境;尽力消除新手分析师在治疗过程中对患者的负面影响。督导者还有其他一些内在张力,例如,是为受督者提供"专家"临床指导,还是允许受训者从他(她)自己的尝试和错误体验中进行判断和学习。我们常常问自己,该如何切分这两者之间的分界线:感到需要把患者从可能不太理想的治疗中拯救出来;决心通过尊重治疗的完整性来培养受训者的自信,因为进入督导之前这个治疗就已经进行了很长一段时间。作为督导者,我们也会在这两方面之间感受到张力:主要教授一套通用治疗准则,还是重视培养受督者充分理解每个个体和二元配对所具有的绝对独特性,这是自发能力和即兴能力的基本要素。还有些是督导的教导性任务和重视督导关系本身的探索性面向之间的张力,有些是关注患者移情与情感和关注受训者的反移情与盲点之间的张力。最后,对于我而言,我的督导角色中总是存在张力,一边是传达我自己对于精神分析的热情以及精神分析如何产生影响,一边是开放地向他人学习,包括我向我的受督者和他们的患者学习。

督导者的非评判立场和受督者的开放性

带着所有这些关注点,我一开始仍然是以发展相互信任和合作性的督导关系为目标,因为督导贡献的价值取决于受督者的开放性,同时受督者的开放性是督导者非评判性立场的一个衡量指标。督导二元关系中,这些相互影响的促进性态度,就有可能促进受训者公开表达或"倾泻"反移情或错误,以关系性的方式得到抱持,并且逐渐地从心灵内部和以主体间的方式得到处理。我相信，这些过程是分析性督导的核心，并且我思考什么可以促进督导者的非评判性立场并推动受督者相应的开放性，从而发展出我称之为的激进的自体心理学督导模型。

模型的理论基础及一些遗留问题

在很大程度上，我的模型和先前提到的Buirski和Haglund（2001）的主体间督导模型相一致。因为和他们的模型类似，我的模型也是基于史托罗楼、布兰德卡夫特和阿特伍德（1987）的精神分析主体间性概述和后续的详细阐释（Stolorow & Atwood，1992；Orange, Atwood, & Stolorow，1997），也许此时有人会问，既然如此，那么为什么仍然要提出另一个督导模型呢？我认为我的模型在更大程度上把督导关系的自体客体面向置于核心位置。但是既然我曾在其他地方（Teicholz，1999）论述，科胡特的（1971，1977，1984）自体客体概念内在含有史托罗楼等（1987）主体间性理论的起因，也许我需要澄清自体客体和主体间性这两个概念的差异。

自体客体概念和主体间性概念，都是指双方之间对于二元体的持续交互影响和建构性心理体验交流（Kohut，1984；Storolow, et al.，1987；Teicholz，2001）。但是，这两个术语仍然在一些重要方面存在差异。主体间性的核心意义明确包括相互性（mutuality），而在自体客体概念中，相互性可能就没有那么居于核心。自体客体术语是指关系面向中的建设性和成长促进性，隐含地把破坏性关系体验（不包括"自体客体失败"）排除在外（Teicholz，出版中）。相比之下，Storolow等（1987）把自体客体概念扩展为更广泛的主体间性理论，并为此给出一个单独的术语和统一的概念，指的是在一段关系中双方之间持续的双向影响，既包括建设性的影响也包括破坏性的影响。Buirski和Haglund（2001）的主体间督导模型明确地把督导者纳入这个交互影响中，跨越治疗二元关系和督导二元关系，从而把相互"影响者（influencers）"的数量提高到3个。Buirski和Haglund也提醒督导者注意他们督导作用的影响兼具建设性和破坏性的可能性，这一点无论怎么强调都不过分。

自体客体关系和主体间性之间更进一步的差异在于自体客体术语具有更大的特异性，它指明儿童期特定的发展性需要及这些需要在原发关系中是如何得到满足的。因为存在这两个方面的差异——建设性和破坏性被纳入更加广泛的主体间性概念，而基本发展需要的特异性被纳入自体客体概念——所以我认为同时保留主体间性和自体客体关系这两个术语是有价值的，这增加了新的主体间性督导模型的理论基础，它的独特性是强调督导者的自体客体功能。

科胡特（1984）认为在心理健康方面，不存在真正的自治，只存在原始的自体客体关系形式和更加成熟的自体客体关系形式，这个观点为之后的主体间性理论奠定了基础。科胡特对人类自治持保留观点，是因为他相信我们终其一生都需要与他人有紧密关系并由此得到支持，我们在这些关系中体验到持续的相互交互的肯定、归属感和理想化。通过这些交互，我们首先被实实在在地建构起来；发展出原初自体感之后，我们借助这些交互得到提升和维持。史托罗楼等（1987）纳入科胡特的自体客体概念，但提出的自体客体功能范围更具开放性，不仅仅是科胡特提出的那几个自体客体功能。现在，自体客体概念包括自体-界定（Trop & Stolorow, 1992）、厌恶动机（Lichtenberg, 1989）和其他成长-促进性体验。

我利用激进的督导自体客体模型提出，在学习环境中，专业身份认同（professional identity）、专业归属感和"内化"精神分析理想，只有通过某一种沟通形式才能发展形成，即在童年期促进主体性或最早的个体自我感（the earliest sense of personal self）浮现的那种沟通。因此，这个模型建议把核心的自体心理学发展原则应用于督导关系，尤其是自体客体概念，在这个关系中受督者既获得理论/临床自体-界定（theoretical/clinical self-delineation），也体验到对其专业性的镜映、孪生和理想化体验。即使出现督导者的临床理解或建议令受训者感到厌恶的情况，仍有建设性处理督导冲突的空间。

大部分初级治疗师承受着合理的焦虑感，无论是直接地感觉到还是被微妙地防御住。受训者被要求为患者的治疗承担起责任——有时甚至事关生命——很清楚他们将受到评估。尽管心理治疗督导有能力减少初级治疗师的焦虑感，但也可能加剧初级治疗师的焦虑感。因此，如果督导者能够找到方法最小化受训者的焦虑，就能够促进他们的学习进程。但是可以预见，受训者各有不同，这就意味着无论我们使用何种督导方式，都必然有部分受训者无法匹配我们的工作方式。有些受督者接受培训，期望能被告知要做些什么、何时去做，以便尽量规避"错误"。有些人决定自己尝试，具有从他们自己的经验中学习的高容忍性。有些人对理论化（theorizing）有兴趣并具有这方面的才能，而其他人面对过多的选择会感到被淹没，当他们能够依靠更加程序化的、更具逻辑性的"知晓（knowing）"来行动，才能开始做得更好。

不仅受训者有着不同的兴趣、天赋和学习风格，督导者在如何处理培训情境方面也存在差异。这些差异超越形式和内容，而构成面对受训者的基本立场。就督导者而言，有一个基本立场与自体心理学的原则相一致，也就是更少使用教导性方式，更多地仔细倾听并持续同调受督者自身以及受督者的患者。

无论是治疗还是督导，寻求帮助的这个人必须从感到安全开始，分析师或督导者既可以增强也能够破坏安全感。当缺乏安全感的时候，分析师或督导者有责任找出自己是如何导致该问题的并对此进行修复。无论是在治疗中还是在督导中，求助者所需要的环境和过程，必须有助于发展认同或者是有助于发展功能性上统整的自体感——个人自体感或专业自体感。精神分析治疗显而易见的目标是促进患者的情绪成长和整合，这些目标对于受训分析者也同样重要。

精神分析师终身都专注于努力提升情感开放性和心理整合，将使分析师有能力承受患者因痛苦而有的攻击。密集治疗可能使治疗师卷入痛苦的关系纠葛，治疗师必须找到在治疗上获得支持的方式；他们必须找到方法让自己抽身而出，而且不会伤害到关系中的任何一方，并且这种方式能够为双方带来新的理解并促进整合。除了教授理论和技术，督导者能够提供一种情感抱持环境，这能很好地帮助受训者以更加统整的自体面对这些纠葛，并创造性地寻找主体间性解决之道。

激进的自体心理学精神分析督导模型

自体心理学让我们知道，体验到另一个人的共情倾听和回应，能够提升情感整合程度，从而获得统整感（Kohut，1971，1977，1982，1984）。但是，当求助者正在学习一套具体的技能和一个按次计的任务（a discrete task），来自另一个人的共情倾听能够帮到他什么呢？在精神分析中，患者在与理解和投入的分析师互动时，其共情的态度能够促进患者向心理体验开放，并且能够帮助患者清晰表达这个新近获得的体验。一旦病人在分析关系中能够直接体验并对其清晰表达，之前被抑制或分裂的想法和感受就能够第一次整合为更加高度分化的人格和功能部门。患者凭借这种整合，在情感上变得更具丰富性、更能与自体和他人的体验产生深度共鸣。他将能够更加充分地表达自己，并且按照他自己更加宽广的情感、技能和天赋去生活，也更能寻找到那些他可与之维持令人满意的亲密关系的人。

类似地，督导过程中的共情倾听和回应，能够使受训者更有可能表达他在专业经历中那些已经出现问题的方面，或者令他感到困惑、尴尬或羞耻的方面。相比隐匿和回避探索，这些问题或错误能够被分享并被开放地核查，从而在以后更少地重复它们。一旦受督者能够与非评判的督导者讨论这些深受困扰的临床经验时，那么当他回到患者那里或者和他人之间出现类似挑战时，就更有可能在情绪上有所准备。

通过共情倾听，督导者向受训者示范如何倾听他的患者。共情倾听者尽力理解交流者当下的所思所感，既表达理解也表达接受。但是既然人类的共情很容易出现差错，那么共情错误也在预料之中。作为督导者，我们承认我们共情失败，不断地邀请我们的受督者纠正我们，并且希望他们也能和他们的患者这样做。

除了自杀，分析师犯错或失败以后，通常都有机会为患者和分析关系做"正确的"事情。无论受督者对患者说过什么，督导者能够帮助受督者以回顾的方式倾听患者的反应并从中学习。通过帮助受训者关注特定互动之后的进程，我们就能够避免让自己变得吹毛求疵，培养受督者发展独立性、批判性和自我监督的能力。

就受训者如何开展他的工作而言，督导者一开始应该尽力确认感觉**正确**的事情，找方法支持新手受训者在成为一名分析师的过程中的那些毫无经验的尝试，就像母亲欣然接受孩子的自发性举动（Winnicott, 1958）。我不会把受训者的独立临床实践能力置于患者的治疗福祉之上，但是我相信，较之其他方法，督导者对受督者早期分析尝试的可靠支持，更能帮助受训者以一种开放性的态度面对自身情感、独立的思维过程和患者对干预的反应。督导者在心理上欣然接受，更能帮助受训者从她的患者那里学习、从她自身的错误中学习——这些学习来源和从督导者那里学习一样重要。作为督导者，如果我们首先谈及什么令我们满意，这并不会造成伤害；而表达不满意，即便有技巧并谨慎选择时机，我们也要意识到这类沟通既可能帮助也可能阻碍患者和治疗师实现他们的目标。

首先，自体心理学认为当人们有机会对自己和重要他人有更加积极的感觉时，他们就能够在心理上得到学习和成长。这表明积极的自我感觉有助于增加心理力量，促进统整，反过来，也有助于更加开放地从各种来源（心灵内和人际间）学习。如果我们能够平静地支持受训者思考他如何干预、患者在干预后的反应以及余下的会谈时间（和后续的会谈）如何发展，那么我们更有可能实现我们的双重目标：帮助患者变得更好，也帮助受训者学习。我们可以鼓励受训者注意患者情感的变化，沟通破裂，非特征性取消、爽约或迟到以及各种自我破坏性行为，并且思考分析师在这些变化中的作用——尤其当患者生活中并没有发生什么事情可以给出令人信服的解释。

激进的自体心理学督导相信，无论是在个人领域还是在专业领域获得成长，共情倾听和回应是心理成长和改变的起始条件。如果试图把受督者转换到我们的思维方式上，（心理成长和改变）通常会很慢并且进步很小。大部分受训者需要时间来吸收新思想并且掂量它们是否顺手。我们可以询问他们如何考虑他们的工作，从之前的督导者那里学到了什么。大部分理论认可的疗效因子与关系性和体验性有关，并且可能出现在任何具有人性尊重、负责任、深思熟虑和（适度地）充满情感的治疗中，与理论无关。有时，最有挑战的督导任务是不要插手受督者的工作方式，因为治疗进展得很好。教导一种观点是分析督导的一个重要功能，但是对于某些受督者——尤其是高级候选人——要优先考虑的是让他们有机会详细表述自己的观点。我的督导模型提出，科胡特的理论与个人自体发展或者专业自体发展息息相关。科胡特（1984）相信，只有在"自体-自体客体环境"中，经由正常的夸大阶段和源于双亲人物的全能感阶段（Kohut, 1971），人才能发展出健康的自体感。因为科胡特意识到世界的可怕和存于世界的人类的脆弱性，所以他推断没有最初对自体和他人的过高估计，没有人能够向前进。早期夸大能够使年轻人获得兴趣、发展技能和天赋并开始走出自己的路，穿行艰难且具竞争性的世界，没有被全面的存在性焦虑所完全压倒。双亲最初接受甚至确认年幼孩子的夸大感，保护孩子免于发现这在"外部世界"中根本站不住脚。随着双亲越来越准确地镜映孩子的真实能力，逐渐取代早期的夸大性，孩子更有能力感知和忍受双亲——也包括他自己——必然的不完美和局限性，孩子对自体和他人的过高估价就转变为更加现实的评估。

如果我们把这个正常发展理论应用于督导情境下专业自体的成长，我们可以说，受训者最初需要有一个幻想自己"没有伤害他人"的阶段：一个短暂的时期，督导者和受督者共谋地"悬置"对受督者临床能力的质疑。最初，督导者抱持住受训者经验缺乏的现实，同时寻找方式镜映受督者任何看起来做的有效的地方。同时，随着他们共同前行，督导者既示范也教授不同的方法，但是没有必要特别关注临床上不够恰当之处。

在某些方面，这个过程类似于学步孩子迈开第一步时所发生的事情。当然，他东倒西歪、不会走路，他不断撞到什么、跌倒。双亲尽力移开学步孩子路上的障碍物；柔化无法移开的障碍物的棱角。对于学步孩子不可避免的混乱步伐，他们不会表现出焦虑和责难，而是相当冷静和骄傲。当他们扶起跌倒的孩子，他们确信的表情决定性地影响了学步孩子是否再次尝试走路，一次又一次地，直到孩子坚定地迈开步伐。

如同双亲需要涵容自己对孩子刚开始学习走路的担忧，督导者必须涵容自己对于患者福祉的担忧——患者在接受新手分析师的治疗。较之受督者"被教授"在各种场景下该如何说话，但从未建立起自己的根基或发展出自己的分析意见，更好的方式是为受训者提供一种氛围，使得他能够讨论临床上的磕磕碰碰并从中学习。这种和新手受督者工作的方式，常常发展为一种合作性的工作关系，双方开放并且自发地分享他们对于正在呈报的工作的想法和感受。这种过程帮助受督者成为独一无二的自己，最好督导双方能够共同加入这个形成受督者独特性的过程。受督者感到他的精神分析工作得到抱持和支持，同时在这些方面逐渐发展出自信：自身精神分析敏感性、概念化能力和独特的分析性自我表达。

该模型的相关限制和告诫

如果部分读者在这时感到惴惴不安，我将非常理解，他们认为我这么强调向受督者提供一个促进性学习环境，似乎是以治疗中的患者为代价的。但是我强调这一点，是因为我相信分析师有一个从恰到好处的环境中学习的重要机会，能帮助他最终为患者提供最佳的治疗。当然，一个恰到好处的学习环境能够涵括各个受督者的需要，我给出的方法可能对某些人适合、对其他一些人不适合——甚至感到厌恶，例如从权威式方法开始学习的那些人。那么，我的模型最好是作为一个起点，能够随着每个督导者和其各个受训者之间的持续协商而进行改变或调整。

任何一次新的督导，既可以从讨论到目前为止哪些方法对受训者有效、哪些方法无效开始，也可以从讨论督导者通常如何着手督导工作开始。以这两个起点开始，督导者就能够和每个受训者建立起一种工作方式，从而最大可能地促进受训者的学习。在我自己和新受训者的首次督导会谈中，我既表达我愿意"教授"一个清晰连贯的方法，也表明我认为每个分析二元关系都非常复杂，并且对于治疗中正在发生什么的感觉，受训分析师自身的情感体验和观察非常重要。无论督导工作怎么开始，我们的互动都会慢慢走向更具合作性的交流。

督导者为了提升受训者的临床疗效而努力，与此同时提高了受训者的患者好转的机会，那么督导者的这个工作就是非常值得的。当这两个过程进展顺利，督导者就能持续地影响受训的受督者和接受受督者治疗的患者。同样，对于那些他一直培训的以及那些创造性地利用受督分析治疗的人，督导者颇为欣赏和欣慰，这种感觉能够让督导工作成为持续一生的乐事。

参 考 文 献

Buirski, P., & Haglund, P. (2001). *Making sense together: The intersubjective approach to psychotherapy*. Lanham, MD: Rowman & Littlefield.

Kohut, H. (1971). *The analysis of the self*. New York: International Universities Press.

Kohut, H. (1977). *The restoration of the self*. New York: International Universities Press.

Kohut, H. (1982). Introspection, empathy, and the semi-circle of mental health. *Internat. J. Psycho-Anal, 63*, 395-407.

Kohut, H. (1984). *How does analysis cure?* Ed. A. Goldberg. Chicago: University of Chicago Press.

Lichtenberg, J. (1989). *Psychoanalysis and motivation*. Hillsdale, NJ: Analytic Press.

Orange, D., Atwood, G., & Stolorow, R. (1997). *Working intersubjectively: Contextual-ism in psychoanalytic practice*. Hillsdale, NJ: Analytic Press.

Ornstein, P. (2002). Informal discussion at MAPP meeting, May 12.

Stolorow, R., & Atwood, G. (1992). *Contexts of being*. Hillsdale, NJ: Analytic Press.

Stolorow, R., Brandchaft, B., & Atwood, G. (1987). *Psychoanalytic treatment: An intersubjective approach*. Hillsdale, NJ: Analytic Press.

Teicholz, J. G. (1999). *Kohut, Loewald, & the postmoderns*. Hillsdale, NJ: Analytic Press.

Teicholz, J. G. (2001). The many meanings of intersubjectivity and their implications for analyst self-expression and self-disclosure. In A. Goldberg (Ed.), *The Narcissistic Patient Revisited: Progress in Self Psychology, vol. 17* (pp. 9-42). Hillsdale, NJ: Analytic Press.

Teicholz, J. G. (2006). Negative identifications, messy complexity, and windows of hope: Response to Pickles' discussion of "Qualities of engagement and the analyst's theory" by Judith Guss Teicholz. *IJPSP*, Vol. 1, No. 4, 435-44.

Trop, J., & Stolorow, R. (1992). Defense analysis in self psychology: A developmental view. *Psychoanal. Dial, 2*, 427-441.

Winnicott, D. (1958). The capacity to be alone. *In The maturational processes and the facilitating environment: Studies in the theory of emotional development* (pp. 29-36). New York: International Universities Press.

第四部分

对治疗过程的贡献

9　羞耻：秘密的重要诱因

Andrew P. Morrison

此篇论文的简略版曾经在纽约会议（2006年2月）上发表，标题为"隐藏和寻找：当秘密萦绕于治疗之时（*Hide and Seek: When Secrets Haunt the Treatment*）"，由全国临床社会工作领域的精神分析会员委员会（National Membership Committee on Psychoanalysis in Clinical Social Work，NMCOP）和精神分析心理治疗研究中心（Psychoanalytic Psychotherapy Study Center，APSC）提交。

羞耻，仍然是最令人焦躁不安的痛苦情感，反映出我们自己对自身的严苛评价。我们发现自己不完美、低人一等、有缺陷、卑微、不重要、肮脏、无价值——羞耻感是这些自我诋毁性评价的结果。羞耻曾经被认为是严苛的社会和外在他人对自己的评价。当时认为羞耻之处，必有羞辱者——一位外在的观察者、谴责者、观众。对于羞耻的这种说法曾受到一小撮精神分析倒戈者的挑战——Helen Block Lewis称这群人为"易羞耻者（the shameniks）"。我相信，现在普遍认为，羞耻也是一种内在心理现象，在精神分析的众神殿上占有一席之地（连同羞耻的同胞——罪疚感，一种和"道德"有关的情感），具有研究和治疗价值。我发现自己不够格，我羞辱地谴责自己，这些只需要我独自一人就可以完成，不需要外在他人的帮助。纽约各大精神分析期刊专题论文集2006举办的一次重要会议——2006年专题讨论会——的主题就是"羞耻"，简单直接，这是羞耻的重要性发生改变的证据。

羞耻表明个体确信理想自体（我想要成为的自体，我所渴望的自体）和真实自体（我实际的自体状态，我"被迫接受"的自体）之间存在差距（Sandler, Holder, & Mears, 1963）。既然这个羞耻的定义和自体状态有关，我认为羞耻是潜藏在自恋和自恋现象之下的重要情感（Morrison, 1989）。我把一组描绘这个差距的词汇称作"羞耻词族（language of shame）"，意指羞耻和自恋脆弱性（Morrison, 1996）。例如，"无价值的（worthless）""失败者（loser）""与众不同的（different）""不重要的（insignificant）""不显眼的（invisible）""可怜的（pathetic）"和"荒谬可笑的（ridiculous）"，构成羞耻词族。当它们出现在治疗性对话中，治疗师需要谨慎周全地考虑、寻找并清楚阐释隐藏的羞耻。常常当其*出现并且以一种机智且有技巧的方式得到确认时，会典型地引出患者讶异的"啊哈"，暗示感到被真正地理解。

因此，羞耻的特征就是倾向于隐匿、伪装和隐藏。Lansky（2005）最近的一份论文，题为"隐藏的羞耻（Hidden Shame）"，从理论和临床现象学两方面探索隐藏羞耻的原因。在理论方面，弗洛伊德最初对羞耻很感兴趣，一开始他把羞耻看作一种有害情感——被意识评价为"不相容的想法（incompatible idea）"（Lansky, 2005）。接着，他改变了这个观点并把羞耻看作一种防御，"道德堤坝（moral dam）"，从而抑制觉察到不由自主的和不被允许的性欲和攻击性想法（Freud, 1905）。随着弗洛伊德的注意力转向结构性假设（1923），罪疚和俄狄浦斯情结开始占据主导地位，而羞耻（无论是指情感还是防御）就退至外围。当然，这就意味着弗洛伊德的第一代门徒把羞耻边缘化。直到20世纪下半叶，羞耻才再次成为一种重要的精神分析现象，这与重新关注自恋紧密相关（Hartman, 1950; Kohut, 1966, 1971; Lewis, 1971）。

为了探索羞耻和秘密之间的关系，首先检视羞耻在情感上的发展序列

---

* 指对隐藏的羞耻的清楚阐释。——译者注

将会很有帮助。如果是从理想和未实现理想的失败的自体[或者"自体们（selves）"]的角度理解自体，那么我们就是从更加高度界定*的角度来看待这种情感，而不是在考察婴幼儿被他的养育者斥责后皱着眉头或者哭泣的情况。我认为羞耻是新生儿和婴幼儿与生俱来的情感（Tomkins，1960），是从这里开始发展起来的。表现出羞耻的典型面部表情（低头、垂目、嘴角下撇），通常是被照料者断然拒绝或置之不理后的反应，也许暗示了一种主观无能感或者一个意外的回应。在自体心理学看来，这个羞耻原型反应，也可以视为自体客体失败或破裂的反应。

羞耻发展进程的下一个阶段是出现自体与他人的分化，或者"客观的自体觉察（objective self-awareness）"（Broucek，1982）。正是在此时，个体意识到她（他）的独一无二（既有优点也有缺点）。既然我们与他人相分离，我们开始能够体验到差异、比较和竞争。因为有这些差别，羞耻成为一种由外在他人强加的情感，即使它依旧是一种内在的主观体验。

最后的发展点类似于弗洛伊德的俄狄浦斯阶段，孩子开始能够进行概念化，因此能够想象，能够创造目标、理想和抱负。显然，理想的形成涉及内化他人（父母、社会）的理想和标准，但是这些他者不必真正地在场，因为他们已经被表征化。所以，随着理想的形成，内化羞耻的能力出现。面对亲眼所见，我们自己就能判断成功与失败，判断优势与劣势（Morrison，1987）。特别是关于实现理想方面的失败，于是我们隐藏最刺眼的缺陷，精心制作最错综复杂的秘密。

用现象学-临床术语来说，情感上的羞耻带来灼炙般的痛苦，诱发了隐匿，于是羞耻成为秘密。Lansky（1997）认为对于羞耻是否是可承受的幻想，是患者是否隐匿羞耻的决定性因素。我已经写到对羞耻的防御导致了它的隐匿，包括生气和愤怒、蔑视、嫉妒、退缩和各种抑郁形式（Morrison，

---

* "高度界定"指的是自体已经形成，羞耻已经发育成熟，与后文所指的婴幼儿或新生儿自体尚未形成的情形相对。——译者注

1999)。不仅患者采用这些方式防御羞耻，分析师也是如此，并且正是我们自己的羞耻易感性导致长时间隐藏羞耻，无论是在理论上还是在治疗上。羞耻，是一种强烈的传染性情感，因为患者的羞耻会和我们自己的感受产生回响。我相信，分析师和患者之间总是倾向于出现主体间共谋，回避对羞耻的检视或探索，因为双方都有获益和对此感到舒适（也许，从弗洛伊德治疗朵拉的时候就已经开始）。很多迹象表明弗洛伊德自己对羞耻特别敏感，并且这个因素很有可能导致弗洛伊德把他主要的情感关注点从羞耻（shame）转向罪疚（guilt）。事实上，因为这种传染性，弗洛伊德之后的分析师"解离（dissociate）"患者自体体验中基于羞耻的整个面向，这种情况并不少见。

理解羞耻和秘密间联系的另一个要素，是羞耻和自恋现象之间的关系。我曾在之前的论文（Morrison，1989，1994）中提出自恋的两极——夸大极和收缩极——之间存在张力，羞耻是任何一极的失败导致的合力反应。我把这种张力称为"自恋的辩证法（dialectic of narcissism）"，我们每个人都有内在张力，既渴望实现夸大的部分（渴望权力、自治、独立），也渴望融合（依赖、联合、依恋）。这两极也可以被描述为自恋的大要素和小要素。

每一极不可避免地引发失败感，因此导致羞耻。在夸大极，我们要么没能实现我们的夸大愿望，或者我们的夸大和抱负外溢而让我们感到被暴露［科胡特的羞耻观（1971）］。在收缩极，我们感到渺小、不重要、不被看见——这是自恋脆弱体验。或者，我们感到不值得与理想他人融合。我们每一个人倾向于在这两极之间摆荡，对于特定的人，某一极占据主导地位，或者在特定时刻，某一极占据主导地位。这些自恋领域的任何一个失败发生后，自恋常常是主导性的情感反应。

对羞耻的简要综述，将我们带至跟秘密有关的事宜——对羞耻的"隐藏和寻找"。随着羞耻而来的毁灭性痛苦，解释了为什么人们要通过压抑、否认或解离而将羞耻驱至地下。当然，除了让我们的自尊严重受挫以外，我们内心对自体羞耻感的担忧，导致想要向观察者他人（observing other）隐藏自体缺陷。此时，必须阻止观众或作恶者看到令人羞耻的事件或者特质，它们需要被隐匿或者成为隐私。一旦我们意识到特定的属性或特质引起羞耻，我们就会去寻找遮蔽这些实存物或者退出与"看见（see）"它的那些人的关系。我们创造并维持了一个秘密——关乎我们的无价值、我们的缺陷、我们的不重要。

我曾在一篇关于团体治疗中的秘密的论文中写道，"这种（隐匿的需要）常常导致个人秘密的产生，既包括意识上的也包括无意识的，这或许表明了个体羞耻和自我厌恶最重要的来源。羞耻隐藏在显而易见的防御背后，这种情况并不少见"（Morrison，1990）。所以，有时秘密本身存于觉察之外，一个无意识决定反映出压抑或解离。在这些情况下，我们既可能向他人隐藏了一个秘密，也可能向我们自己隐藏了一个秘密。记忆恢复的戏剧化例子（例如，儿童创伤，出身耻感）显示了这些秘密的存在，并常常伴随着羞耻。

例如，一位女性因为在性和社交上的淹没性焦虑而前来治疗，一旦我试图探索她的儿童期和她与双亲的关系，她就会愤怒。她带着极大的悲伤回忆起她的父母出去参加很多晚宴和社交事务的时候，会让她一个人和冷酷的看门人待在一起。谈起童年悲伤对她而言是件相对容易的事情，但是除了对冷漠、缺席的父亲的愤怒和怨恨之外，她却在谈及其他方面困难重重。我们都承认那里一定有些东西可以解释她对丈夫的性冷漠，她爱着她的丈夫。在她童年记忆四周绕来绕去多年以后，她最终能够回忆起——或者，也许，重新建构——和父亲之间发生的一些事情，她的父亲常常在她的母亲熟睡以后，就招呼她并请求她上床、睡在他身边。她记忆中的自己大概是五六岁，他紧紧抓住她以至她无法脱身。最后，她回忆起，她认为自己常常不想脱身，她很享受和父亲靠得这么近。回忆这些事件伴随着可预期的恐惧和恐怖感，但是最冲击我们两个的感受是羞耻和强烈的反感——首先，父亲竟然会做这样一件事，但是最后她可能诱惑了，而且实际上她可能也享受父亲含有性意味的拥抱。

她怎么可以是这样一个人，竟然享受这个行为？她令人厌恶。她感到绝不能向父母甚至她的丈夫透露，她已经想起、重新恢复这些充斥着厌恶和欲望的童年记忆。是的，创伤同时也是淹没性的羞耻，针对参与并且甚至可能享受和父亲的"这种接触"。这种被记忆装饰过的创伤，常常引起淹没性的、不可忍受的羞耻，导致解离，而不仅仅是压抑。在性和某些关系场景中，我的患者被这样一种感受所淹没，也就是感到她自己"不在（absent）"她的身体里，并且失去和他人的连接——她的丈夫（或者她的治疗师）。

当然，这是一个羞耻导致秘密的极端例子，在患者能够触碰这类充满创伤和羞耻的记忆之前，需要花费数年时间建立治疗性联结和支持性接纳。关于秘密及秘密和羞耻的关系，其他一些例子就没那么令人吃惊和戏剧化了。有些例子不是来自咨询室，而是来自文学作品，例如菲利普·罗斯（Philip Roth）最近作品中的一个例子。当然，他早期一部作品《波特诺的怨诉》（*Portnoy's Complaint*）非常出名，因为它淫秽的影射反映了神秘英雄的疼痛和浸满羞耻的痛苦折磨，但是我想探究的是他最近的一部书，《人性污点》（*The Human Stain*），书中呈现了基于羞耻的秘密。这本书通过罗斯·纳森·祖克曼（Roth' Nathan Zuckerman）*讲述了一个故事，科尔曼·希尔科（Coleman Silk）是雅典娜大学的前院长，他被迫从大学辞职，因为他在批评某些频繁缺课的学生时含糊其词——班级里的"幽灵（spooks）"——被视为种族歧视。随着小说的展开，希尔科成为一个神秘人物，夹杂着他和大学一位年轻女清洁工之间无望的爱情故事，以及他们在一场车祸中的突然死亡。

书的封面清晰地阐明了这个议题。"科尔曼·希尔科有一个秘密。但这个秘密不是他71岁时和30多岁的佛妮娅·法利（Faunia Farley）之间的爱情故事，她有着残暴糟糕的过去……这个秘密不是他对女人的厌恶，不是蔑视大学里野心勃勃的年轻同事……也不是被指控的种族主义……这个秘密科

---

* 在《人性污点》这本书中的角色是主人公科尔曼的好朋友，职业是作家。——译者注

尔曼保守了50多年：他的妻子、他的4个孩子、他的同事和他的朋友都不知道。"科尔曼的秘密是他出生于黑人家庭，但是，他因有着浅肤色而一直以犹太人的身份生活、结婚。祖克曼在科尔曼的葬礼上遇到科尔曼的妹妹，与之交谈之后才了解到这些。用祖克曼的话来说，

> 我没法想象什么事情让科尔曼宁愿向我保守这个秘密，都不愿摘下假面具。虽然我了解这一切，但好像我什么也不知道，并且与其说欧内斯廷（Ernestine）*的讲述让我对科尔曼的各种看法都联系起来，不如说他不仅身份不明而且变成一个不完整（uncohesive）的人。他的秘密，以多大比例、达到何种程度，决定了他的日常生活并渗透到他每天的思考？从一个烫手的秘密变成一个冰冷的秘密，最后成为一个无所谓的被遗忘的秘密，那些让他胆敢冒险、下如此赌注的东西是否改变？从他的决定来看，他实现了他追求的冒险吗，或者决定本身就是冒险？这个秘密是不是让他误以为能带给他快乐，得到他最喜欢的噱头，隐姓埋名地过日子；或者仅仅是向过去、向人们、向整个种族关上大门，他不想与之有私人或官方的关系？……我遇到他的时候，这个秘密还只是淡淡地、并未晕染整个人，还是说他这个人什么也不是、只是无边无际持续一生的秘密海洋中的一抹色彩？他曾经放下了他的警觉吗，抑或犹如一个永远的逃亡者？

关于科尔曼秘密的这些问题，罗斯的描述非常富有表现力，向我们提出了许多有待仔细思考的议题，关乎秘密、羞耻、隐藏和寻找。一个人的秘密究竟在多大程度上主导了生命的形成和进程？某个本应被发现的秘密，在

---

* 《人性污点》中主人公科尔曼的妹妹，名字 Ernestine 的寓意是"诚实、真诚"。——译者注

生活和在治疗中究竟有多重要？羞耻——隐含的，罗斯从未清晰地辨识出来——定位在科尔曼秘密身份的何处？如果太过用力地探入科尔曼保守的关于出生和童年的秘密，那么内在可能的危险是什么？

小说里写道，妻子死后科尔曼立刻变得疯狂焦虑并且愤怒，他找到邻居祖克曼，请祖克曼写一部关于他在雅典娜大学因被"荒谬地"指控为种族主义者而被毁灭的故事，整个情节就从这里展开。让我们假设，祖克曼是城镇的精神分析师，科尔曼是为了解决指控导致的创伤，指控毁灭了他的事业并且他相信也导致了他妻子的死亡。在与他的会谈中，你获悉他和佛妮娅非常隐秘的关系，佛妮娅是一位年轻女性，大学清洁工，和暴力虐待的丈夫分居但尚未离婚。你知道通过这段关系，科尔曼获得安慰和活力，尽管表面上看起来他们并不相称。

让我们也假设，与祖克曼不同，你有点儿奇怪科尔曼对种族主义指控的反应强度，并且他使用"幽灵"这个词令人生疑，这让你确信他必定已经意识到这个口语化的用法。戴上侦探帽，你怀疑他藏了什么东西，你准备找出来。让我们进一步假设，你怀疑科尔曼隐藏了他真实的种族身份。你的假设性和推测性疑问没有任何结果——你会怎么做？我在这里提出的问题暗含在罗斯的小说里。秘密，在维持你的患者的人格统整性和完整性方面具有什么功能，如何扭曲了患者的人生？秘密，在多大程度上由羞耻驱动，如何评估羞耻的可承受度（即可命名性）还是不可承受的（必须一直隐藏）？必须投入多少耐心、时间和接纳，才能赢得患者的信心，能够分享一个秘密，这个秘密就像科尔曼故事中的一样，如此令人焦灼、决定性地影响性格？那道德方面的问题呢——秘密处于哪个点上就成为一个谎言？

对于我而言，罗斯这部小说的美感就在于其维持了一定程度的模棱两可（ambiguity），体现在判断科尔曼的动机和体验时，表现了后现代思潮最突出的特征，就像当代分析治疗充满着模棱两可一样。作为科尔曼的治疗师，你或许想知道如果面对他的不诚实，他的整个性格结构是否会破碎。另一方面，就如之前建议，如果最后能够清晰表达并正常化他的巨大恐惧和羞耻——他非裔美国人的出身，他可能会感到释然？暴露秘密的危险程度，取决于附着在这个秘密上的羞耻和/或恐惧的强度——对此的评估是针对羞耻展开分析工作的重大挑战。或者，科尔曼因欺骗而陷入羞耻，揭开秘密会让他感到解放，因为免于感受到羞耻（羞耻常常既是秘密的因，也是秘密的果）？这部小说提出的这些问题，看起来在我们的临床实践上并不鲜见，因为临床实践上也需要处理歧义性，它是我们临床技术和艺术的真正挑战。

也许其他场景可能更让你熟悉一些，想想患者准备和你，也就是他潜在的分析师，分享一个长期向他人隐瞒的秘密，这个秘密可能是向她的丈夫隐藏的事情，可能是工作降职，因为这将意味着在朋友当中有更少的收入和更低的地位；或者是一直隐藏的疱疹突然爆发；也可能是大学考试不及格，因而必须不惜一切代价向雄心勃勃的父母隐藏。我们可以想象，科尔曼·希尔科带着这样一个困境来见分析师，即他必须向他的孩子保守秘密——他们非裔美籍血统的详细情况。让我们假设，科尔曼对这个欺骗感到罪疚和羞耻，并且他期望你能帮助他走出这个困境以及缓解与这个困境有关的各种感受。我们如何能够最好地针对这些问题展开工作呢？

例如，促使患者罗伯前来见治疗师的困境是，他纠结于是否要告诉妻子他从一开始就是一名同性恋者。罗伯在中西部城镇家庭中长大，尽管从童年期他就知道自己是一名同性恋，但是宗教信仰让他确信这是一种罪，而且公开承认性取向自己就会成为别人嘲弄与折磨的靶子。他在日常生活中表现为异性恋，和异性约会并最终结婚，这种做法与科尔曼·希尔科维持种族身份的秘密没有什么不同，而且在同性恋男性群体中也并不少见，他们都是在同性恋受到憎恶的社会环境中长大的。罗伯在婚姻中一直保持秘密的同性恋关系，目前在一段令人满意的、持久的同性恋关系中非常投入，他想要承认并且以公开的方式继续维持这段关系。他"出柜"的渴望映照着他的恐惧，尤其恐惧他的孩子们最终发现他的秘密并且感到他一直都很虚假地欺骗了他们。和罗伯的工作既集中于他恐惧被发现——"被揭露为同性恋者",也集中于他混杂着对妻子的罪疚感,因为他的暴露将对妻子造成伤害并引发妻子对他的拒绝,混杂着恐惧——在孩子们的眼里他成为一个骗子;并且宗教信仰会让他认为自己是一个"罪人"。但是,羞耻才是他一直保持同性恋秘密的关键。

让我们更加仔细地看看罗伯的羞耻。他的成长环境非常反对同性恋,而他感到(同性恋)这个人格特质是他整个身份的象征。他和别人不一样,是个失败者,是个懦弱无能的人。他有毛病,甚至可以说是堕落的。如果他的父母知道了,绝对不会接受他。我把这些自我斥责称作羞耻语言,并且显然因为是同性恋,罗伯的童年期充满了羞耻。不可承受的是他天生如此,他的羞耻诱发了虚假身份的发展——作为异性恋男性的虚假身份。他结婚了,发展为一个双性恋身份并且一直都运作良好,直到他意识到他想和现在的爱人以公开的方式生活,并且就他的秘密引发的冲突前来治疗。这个时刻,罗伯对他发展出来的虚假身份感到羞耻,想要让自己"摆脱"所有与此有关的事情,但同时也被各种可能的后果吓坏了。

罗伯的情况是秘密隐藏于外部世界,但向治疗师打开。因此,相较于帮助接纳长久"隐藏"秘密的结果和羞耻(就像科尔曼·希尔科的例子),治疗师在面临"寻找"秘密方面的挑战就少得多。在准备公开他隔绝一生的信息之前,罗伯试图寻求帮助以放弃他的秘密——最初因羞耻而产生秘密,但现在对因公开秘密而导致的可能后果感到恐惧。他目前的羞耻很有可能是因为保守秘密对他的存在至关重要。但是,作为治疗师我们该如何帮助他?我们必须首先接受罗伯感受的现实性——与他的秘密有关、与他想让自己"出柜"有关。轻柔地,我们帮助他接受混乱的困境,直面困境(如同面对任何痛苦感受一样)并因此开始考虑其他的选择。

最终,罗伯将不得不做出决定和选择——是否面对因伤害妻子而致的罪疚以及因让他的孩子们和周围的人知晓而有的羞耻;是否放弃对爱人的依恋、承受失去亲密和自体统整感的痛苦；或者是否坚守他的秘密并维持一个虚假的、充斥着羞耻的存在和自我形象。这些就是罗伯不得不面对的冲突。我相信分析师的任务不是去寻求罗伯需要采取的最佳道路，而是帮助他支持自己，直面各种选项和做出选择的痛苦，并且最终做出让他自己遂愿的决定，也就是，在他生命的此刻，接受在选择他的生活进程中必然存在的模糊不清和冲突。

总而言之，我认为羞耻是人们为自己创造的秘密的重要诱因和成分。在着手进行针对秘密的治疗过程中，我们治疗师最好常常利用在治疗羞耻时的方法。这些方法包括耐心、共情、接纳所谓的缺陷导致的羞耻，并且，最后，轻柔地触及关于导致秘密的自体的假设，也轻柔地触及关于秘密暴露时的预期结果，这些原则暗含在罗伯的治疗中。秘密不为患者所知（例如，保持无意识、被否认或者解离）或者既向外部世界隐藏也向治疗师隐藏（就如我们假想的对科尔曼·希尔科的治疗一样），这两种情况是不同的。当秘密隐藏于外部世界及治疗师，治疗师必须更加小心敏感地定义或带出秘密，并且我们必须问自己，"我们竭力'带出'秘密，是为了谁的利益？"此篇论文的第一版标题把"隐藏"（被隐藏的、被隐匿的）和"寻找"结合在一起，就暗示了这个议题。和科尔曼一样，有时我们寻找秘密是有害的或者摧毁性的，尤其是当它显然反映的是我们自己的计划或好奇心。有时我们不寻找秘密，对患者会更有帮助。这个决定常常并不明了，我们必须使用我们最佳的判断（或直觉）来应对模棱两可。

例如，一位工作伙伴详细地谈及她的患者，安东尼，在治疗过程中非常突出地"与他人不同"、隔离及羞耻。不像罗伯，安东尼意识上并不清楚，当然同治疗师的分享也表明他并不清楚自己是不是一个同性恋。但是，他很清楚他非常忿恨那些询问或暗示他可能是同性恋的人。治疗师观察到，安东尼在思考自己时会显得很不安，或者害怕面对自己的许多方面，尤其是自己的性身份。在和我的一节讨论会谈中，我的工作伙伴说道，"安东尼进入办公室并且不停地抱怨（in a fussy mood）。"[我注意到"抱怨的（fussy）"这个用词以及暗含的感觉]。"他对其他男性很恼怒，这些人和他一样在社区大学教职员工中的职位较低，看起来似乎仅对讨论班上漂亮女性或者波士顿红袜队有兴趣。他对这些事情没有丝毫兴趣，他也不会加入他称之为'当地猎鹿者'的行列。他谈起他对这些家伙非常鄙视，接着联想起童年经验，那时他和一'群（gaggle）'小学同班同学一起在当地树林里探索。作为开场仪式的一部分，他们把裤子脱下来并互相触碰对方的阴茎。安东尼极度厌恶地回忆起这个经历，并且从那之后再也不和这群男孩一起玩。"[我注意到一群（gaggle）这个词中的"gag"。]

治疗师继续描述安东尼和同部门的一位高级职员雷尼的亲密友谊，他们互相尊重彼此的作品。安东尼常常非常渴望地谈起他的这位朋友，并且渴望友谊能够更加亲近、更加亲密，但是他也非常鄙视地提及雷尼会参加"猎鹿者"，雷尼非常乐于谈论和其他家伙的各项运动，而且显然更喜欢和"猎人们"猎鹿，而不是和安东尼一起喝葡萄酒。他难以理解雷尼的选择，但他想知道是不是这是因为他的朋友担心如果和自己太过亲密会被贴上同性恋者的标签。显然，在治疗师叙述的这个片段中，这一刻最接近于安东尼认为自己是同性恋。

"我想，在那里就是这样的——安东尼厌恶任何带有同性恋意味的事物，厌恶任何人对他的行为举止或生活方式有这方面的任何暗示，包括他自己对'猎鹿者'的成见性批评。然而同时，有些非常强烈的东西让我知道我应该远离它，至少目前让他直面自己明显的同性恋冲动将大错特错。"我非常赞同治疗师的直觉，尽管我们讨论到，这个"回避面对（evasion to confront）"的方式与经典分析理论的诠释要求背道而驰。显而易见地，时机这件事很重要，但是也可能根本就没有让他面对他的同性恋恐惧的"正确"时机。

再一次，我发现自己与治疗师的看法一致，并且她的感受力给我留下非常深刻的印象。看起来通过否认（或解离）他认为自己性格中的一个重大错误——性身份，安东尼微弱地维持着他的自体感。听起来就像是他感觉到他的人格面具（persona）上有一个严重的缺陷，令他感到羞耻和耻辱。他似乎也不能清楚表达他的不安，这表明羞耻体验令其无法忍受。他的羞耻秘密在本质上是为了不让自己知道、不让治疗师知道、不让整个世界知道。探索安东尼隐秘的性偏好应该等到更加稳固的（自体）体验建立起来后，这就需要进行自体的治疗和依恋关系的治疗。

从与治疗师的随后讨论中获得的信息证实了安东尼自我羞辱的倾向，他对自己卑微的社会文化背景感到非常耻辱。他的母亲离开了他的父亲，带着安东尼和他的姐妹们住到南部，他祖父母附近。因此，他在单亲家庭中长大，吸毒成瘾的父亲偶尔会来看看，但是郊区的社区基本上都是完整的家庭，他们有着完整的家庭生活。而且，他的母亲和他的家庭是社区最贫穷的家庭之一，并且安东尼回忆在学校和其他更加富裕的孩子们在一起时，他感到非常难为情（另一种羞耻的标志）。

他说他的母亲批评他自私自利、轻率鲁莽并且很没有男子汉气概。他很嫉妒街坊邻居的男孩们，他们和父亲一起开心地玩耍，特别是这些孩子和父亲之间无拘无束地打垒球。他的父亲偶尔会来，他记得父亲好说大话、夸耀自己是个"很有女人缘的"男性，他根本不会关注安东尼或者他的姐妹们。随着安东尼治疗的不断推进，他回想起，母亲对他的抨击，家庭经济上的贫穷，特别是缺失爱与支持性的父亲，这些都让他很尴尬。

我建议治疗师和安东尼围绕着那些他意识到并能够承认的事情来探索他的羞耻感——他的孤独、他感到自己和雷尼及"猎鹿者"的品味和兴趣不同、他的家庭背景。这至少能够使他接受并熟悉萦绕深层秘密周围的情感体验，并且将之关联到他能够承认的生活的各个面向。接纳羞耻并理解羞耻，我发现这样的工作常常能让患者更有能力面对各种确信不疑的缺陷、不足和瑕疵。当羞耻从不可承受的程度（无意识的、否认的）前行到可以承受的程度（觉察的、接受的），那些导致羞耻的诱发性环境也能浮出水面。

我们可以从自体心理学的视角概念化安东尼的治疗任务，也就是提供自体客体体验以帮助他强化更加稳固的自体感。这个支持和更加统整的自体状态，使得安东尼变得能够忍受对他矛盾且模糊的性偏好的探索。这个任务显然需要时间，需要治疗师和患者双方的耐心。关系理论强调发展信任感，信任来自他人的善意和接纳，他人发现安东尼的自我假设是可以忍受的（与安东尼母亲早期的斥责相反），就像互动的治疗师所例示的那样。更加传统的分析立场会强调超我，并且会论及柔化超我冷酷的禁令［Wurmser（2000）所说的"内在评判（inner judge）"］。

对羞耻的探索表明其存在原发或次发形式（Morrison，1983，1984）。原发羞耻（primary shame）表示这个情感穿透到自体体验最深层，因此常常是无意识的、无法忍受的和隐匿的。这种性质的羞耻，我称之为自恋性羞耻（narcissistic shame）——自恋的，是因为它与自体感的各个方面有关，与自体的最核心有关。安东尼的羞耻体验与他在本质上是谁有关，只要他回避思考它最深层的来源（他的性身份），他就不能在意识层面体验到羞耻。对于原发的不可承受的羞耻，治疗必须非常缓慢地、有策略地推进。安东尼的秘密必须被尊重，而不是被无情地猛烈攻击。原发羞耻的特征性防御是保护并维持它的隐匿性。例如，安东尼对雷尼的愤怒和对"狩猎者"的蔑视，是为了保护他对羞耻感的隐匿，他羞耻于他自己。

次发羞耻（secondary shame）是可以忍受的，没有被隐藏起来，并且关联于特定的活动或者特性，可以很容易得到检视。有时，次发羞耻本身就具有防御潜藏的暴怒或罪疚的功能，成为原发（自恋性）羞耻序列的对立面。例如，有一天早上安东尼睡过头，结果没能出席他所教班级之一的讨论会。他的第一反应只有羞耻——在这个例子中，他的难堪/羞耻来源并没有被隐藏或遮掩起来。他未能完成他的教学工作之一。他的治疗师很容易就探索到他对自己的失职感到羞耻，并且治疗师相当容易地就抵达他对班级讨论团体潜藏的愤怒，因为他们对他教学的文学没有兴趣。在这个例子中，安东尼的羞耻掩盖并防御了他因对教学班级团体感到愤怒而有的罪疚。因此，次发羞耻代表了有意识的、可接受的情感，比起其他潜藏的情感更容易忍受，因此它本身就具有防御的功能。而且，次发羞耻关乎一个行动，而与自体状态无关。

秘密由羞耻而成，因此，通常反映出这种羞耻是原发的，在自恋上是最为根本性的，并且在本质上不可忍受并被隐藏起来。通过将羞耻带入意识并成为一种可承受的状态，秘密的内容就能进入意识，而且这个情感就成为我称作的次发羞耻。按照这种方式，我们期望，随着安东尼越来越熟悉和接纳他的羞耻，他最终能够意识到对同性（或双性）恋的恐惧，并且这个焦虑能进入治疗。

综上所述，我想要强调，羞耻就是患者诉诸秘密的诱因。我们对秘密的治疗性探询本身可能就是令人羞耻的，这就像安东尼的治疗师在推进她对安东尼同性恋取向的观察所体验到的。另一方面，对羞耻微妙且精准的命名和探索（以及由此带来的自体评估），能够带来对患者的秘密的理解，有时这些秘密甚至得到选择性地消解。

参 考 文 献

Broucek, F. J. (1982). Shame and its relationship to early narcissistic developments. *Int. J. Psycho-Anal, 63*, 369-378.

Broucek, F. J. (1991). *Shame and the self*. New York: Guilford Press.

Freud, S. (1905). Three essays on the theory of sexuality. *SE, 7*, 135-243.

Freud, S. (1923). The ego and the id. *SE, 19*, 12-66.

Hartmann, H. (1950). Comments on the psychoanalytic theory of the ego. *Psychoanalytic Study of the Child, 5*, 74-96.

Kohut, H. (1966). Forms and transformations of narcissism. *JAPA, 14*, 243-272.

Kohut, H. (1971). *The analysis of the self*. New York: International Universities

Press.

Lansky, M. R. (1997). Envy as process. In M. R. Lansky & A. P. Morrison (Eds.), *The widening scope of shame* (pp. 327-338). Hillsdale, NJ: Analytic Press.

Lansky, M. R. (2005). Hidden shame. *JAPA, 53*, 865-890.

Lewis, H. B. (1971). *Shame and guilt in neurosis*. New York: International Universities Press.

Morrison, A. P. (1983). Shame, the ideal self, and narcissism. *Contemp. Psychoanal, 19*, 295-318.

Morrison, A. P. (1984). Working with shame in psychoanalytic treatment. *JAPA, 32*, 479-505.

Morrison, A. P. (1987). The eye turned inward: Shame and the self. In S. Nathanson (Ed.), *The many faces of shame*. Baltimore: Johns Hopkins University Press.

Morrison, A. P. (1989). *Shame, the underside of narcissism*. Hillsdale, NJ: Analytic Press.

Morrison, A. P. (1990). Secrets: A self-psychological view of shame in group psychotherapy. In B. Roth, W. Stone, & H. Kibel (Eds.), *The difficult patient in group: Group psychotherapy with borderline and narcissistic disorders*. New York: International Universities Press.

Morrison, A. P. (1994). The breadth and boundaries of a self psychological immersion in shame: A one-and-a-half person perspective. *Psychoanl. Dial, 4*, 19-35.

Morrison, A. P. (1999). Shame on either side of defense. *Contemp. Psychoanal, 35*, 91-105.

Roth, P. (1969). *Portnoy's Complaint*. London: Cape.

Roth, P. (2000). *The Human Stain*. Boston: Houghton Mifflin.

Sandler, J., Holder, A., & Meers, D. (1963). The ego ideal and the ideal self. *Psychoanal. Study Child, 18*, 139-158.

Tomkins, S. (1987). Shame. In D. L. Nathanson (Ed.), *The many faces of shame* (pp. 133-161). New York: Guilford Press.

Wurmser, L. (2000). *The power of the inner judge*. New York: Springer.

10 我们的首次较量：对活现这一精神分析概念的反思

Ellen Shumsky and Donna Orange

让我们从一个临床案例开始：琼已经在我（埃伦）这里接受数年心理治疗——以一周一次的频率。最初我们在一起的氛围非常正式和拘束，慢慢地演变成更加的非正式而且很轻松。但是，琼的生活依旧相对狭窄和孤立，仍然在生活中感到很受困。我们共同工作期间，她最大的风险大概就是辞去这个令人憎恨、有损人格、要求苛刻、令人耗竭的全职工作，成为她所在领域的自由职业者。许多年以来，她一直让自己维持在这个收入较低的生活方式上，但更重要的是，压力也更小——部分原因源自她是纽约为数不多、住在房租管制公寓的幸运者之一。她所支付的房租远低于当时的市场价格。她的公寓很小，地处市中心的一栋日趋破旧的大厦里。她无力维持自由职业的生活方式，也无力搬到更加舒适的生活环境，如果那样开销就要翻4倍，但是她一直感到被剥夺、陷入困境并非常愤怒——年久失修、非常狭小的公寓成为她被剥夺感和自体受限体验的鲜明隐喻。很长一段时间以来，她一直说她想要改善个人空间的多个破烂不堪之处，却回避与房东就维修事项进行交涉，因为房东非常固执。她从这次会谈一开始就谈起她最终给房东打了电话，让他更换破裂的地板砖。

琼："我对他非常生气，他真令人厌恶。他根本没说'好的，我会解决的。'他一开始就跟我过不去。为什么事情非得那样？"（我们已经就地板这件事情讨论过很多次,她总是对服务提供商很不客气的回应感到愤怒。我通常会以共情理解的方式回应被否认或被拒绝的痛苦,有时给出起源性诠释,即这种情境如何唤起她在原生家庭的早期体验。但是这次我感到很冲突。我当然能够共情她与房东交涉的挫败感,但是我发现我对她鄙视的语气感到很恼火。我想让她为她在这种情况下的"不现实的"期望承担起责任。)

埃伦:"他不是个关心人的父母。"(我的诠释充满批评的意味,以此来处理我自己的冲突。)

琼:"我讨厌那样,他不是父母。他是房东而且他没做他该做的事儿,修缮房屋是他的职责,而且现在我对你很生气。"(她听出了我的"诠释"背后的恼火。)

埃伦:"他是房租管制公寓的房东。他根本不可能愿意改善公寓,他巴不得你搬出去。"(我没有退让。)

琼:"你站在他那边。"

埃伦:"是的,我想我是的……我想让你看到,你对进入这类互动过度敏感……但是,看!这是我们首次真正的较量。"

她一下子愣住了,接着,微笑地说,"是的,我们是的。"

紧张状态被打破。我们继续轻松地讨论她的挫败感、无助、陷入困境和类似的童年处境,因为她没有离开忽略、虐待的父母/房东的终极力量。这时她说,"我想我对这种事情脸皮太薄。"我指出,尽管和房东的交涉过程没有如她所期望的那样,但是最后,在她点明他很"粗鲁"并且坚定地坚持之后,他实际上同意完成她所要求的维修。我说,"事情不会总是美好的,但是你能够为自己出头。"她在自体-坚定上的渐进改变,是她接受多年治疗工作的成果。

这个互动可以看作活现(Enactment,E)*。也可以从破裂和修复、主体间失联(Atwood, Stolorour & Trop, 1989)、"现在"时刻(Stern, 2004)或者

---

* 分为活现(E)和活现(e),具体定义见下一小节第3段。——译者注

二元发展（Preston & Shumsky, 2000）等角度来理解这个互动。我们将比较有关这类临床情景的两个当代观点。一方面，将考虑关系（Relationship, R）*心理学（源自人际间精神分析、女权主义思想和英国客体关系）对活现（E）的诠释。另一方面，将把它与当代关系自体心理学和主体间系统理论者的临床思考进行比较。我们的意图是澄清潜藏在这两种方式下的理论假设和临床感受性上的差异。

活现（E）

活现，作为一个精神分析概念，它的时代已经来临。它正在享受这一刻的辉煌，此刻聚光灯锁定它、让它闪耀在治疗行为（therapeutic action）的核心舞台之上。《精神分析对话》（*Psychoanalytic Dialogue*）有一整卷（vol.13, no.5, 2003）都集中于这个主题，并且当代关系（R）心理学论著（理论和临床资料）常常强调活现的中心地位。澄清起见，我们使用福斯吉（2003）的区分，小写"r"代表"关系精神分析（relational psychoanalysis）"，大写"R"代表"关系精神分析（Relational psychoanalysis）"**，前者涵括所有在本质上是关系性的分析方法，后者是指在某种程度上紧密相关的一群美国精神分析家，如上一段所提，主要受人际间理论、客体关系理论和女权主义理论影响（p. 412）。

活现，成为治疗行为的一个关键面向，在很大程度上是精神分析理论和实践受到后现代认识论影响的结果——一种透视法的（perspectival）、后-笛卡尔哲学对精神分析理论和实践的重新概念化，使得分析诠释的权威性立场失去特权地位。当代关系主义者承认分析合作关系作为一种框架性关系

---

* 分为关系（R）和关系（r），具体定义见下一小节第1段。——译者注

** 如非特别标注（R），译文中的'关系'原文都是relational。——译者注

参与，具有促进患者新的或者更加扩展的生活的潜力。按照这个新的范式，与其说是依靠督导或者优势知识和诠释，不如说是分析师理解到，她做了的或者没做的所有事情——包括诠释——都编织成分析性参与的结构。从最广泛的意义上来说，活现这个术语是指这样的理解：治疗可能更多的是分析二元关系以内隐的方式一刻接着一刻地一起经历，而不是一个人诠释、解释或阐明另一个人的深层动机。

讨论到精神分析活现的普遍性及其重要性，恰当地使用标签就已经做出区分。许多关系（R）主义者使用活现这个术语仅仅是指戏剧性参与，这种参与"由患者和分析师之间相互无意识影响的独特品质所建构"（Aron，2003，p.627）。例如，Donnel Stern（2003）用"活现"命名那些他称之为"动力必然性（dynamic necessity）"的互动，其标志是分析师失去思考的能力（p.12）。Aron建议，"互动（interaction）"这个词指关系性参与的一般性和经常存在的维度，"活现"仅仅是指由双方无意识影响共同决定的"独特"事件。Bass用小写"e"活现（enactment）表示一般性互动，大写"E"活现（Enactment）指的是共同创造的戏剧性参与（Aron，2003，p.626）。对于活现，我们将选择宽泛且具包容性的定义，也就是借鉴Bass的用法，小写"e"活现（e）指的是体验的持续互动维度，大写"E"活现（E）意味着无意识影响激起的戏剧性卷入*。

我们一直很好奇活现（E），在关系（R）主义者讨论治疗行为时如此关键，为什么在自体心理学或主体间系统理论的众多临床文献却鲜有论及。当然，所有心理治疗师至少和部分患者体验到高涨的或"戏剧性的参与"。难道当代自体心理学家和主体间性实践者使用了不同的命名？是不是我们和患者的参与方式最小化了充满能量的互动而非加以强调？是不是不同的视角和重点影响了我们寻找的东西，因而影响了我们在我们自己、我们的来访

---

* 后续译文如非特别标注（E），译文中的'活现'，原文都是 enactment。——译者注

者和我们的互动中看到的东西？难道我们不把戏剧性参与看作至关重要的突变吗？难道我们以其他方式建构我们的临床叙事？

传统沙利文人际间分析师认为大写E的活现是治疗改变的基石。Hirsch（1998）描述人际间关系学者对精神分析工作的理解是，"分析不仅是'讨论'体验，而且是'展现（living out）'体验，在相互重现核心移情议题的过程中，分析师是一位不知情的参与者。在分析过程中，突变要素是逐渐发展一种新的关系，从而带来新的内化结构"（p.95）大部分当代关系学者支持该描述的后半段——精神分析的突变力量存在于新关系的发展。确实，我们可以看到越来越趋向于接受关系具有治愈功能，思考如下两个陈述：科胡特于1984年略带防御地声明，"我公开承认——**说起来真可怕**——我们确实在为我们的患者提供'矫正性情感体验'……就是那样！"（Kohut, 1984, p.153）；几近20年之后，Black（2003）切合实际地声明，"我们越来越意识到，精神分析确实是一种矫正性情感体验"（p.635）。

但是，Hirsch描述的前半段——即分析是"展现体验，在相互重现核心移情议题的过程中，分析师是一位不知情的参与者"——在我们看来既不完整也存有争议。它未能合理地说明精神分析二元影响在本质上具有双向性。它过于强调患者的无意识对"不知情"的分析师的影响，没有承认分析师的无意识也同样影响"不知情"的患者以及互动场域。它以一种含糊其词的方式把无意识控制仅仅归于患者，并且设定了一个完美无瑕的分析师——完全没有无意识相关议题。

1992年，美国精神分析协会小组把反移情活现描述为"患者无意识地努力说服或迫使分析师进入一种重复行为：双方一起把患者最根本的内化结构展现出来"（Hirsch, 1998, p.78）。这里，除了是一种单向概念化方式以外，也引入患者强制性意图的观点。患者，就像克莱茵流派的攻击性婴儿，必须把分析师拉入患者特有的剧本。我们认为强制性是一种关系性现象。如果一个人的需要是抗拒以便自我保护或者坚持理论的正确性，就会感到"被迫使"。如果分析师能够自如地扮演促进患者所需的发展性体验的角色，可能就不会感到受到患者治愈意图的强制。

随着分析是一种"校正性情绪体验"的观点越来越被接受，关系（R）心理学对于活现（E）在治疗过程中的本质和位置的理解，在过去10年中也得到发展。例如，1993年，Mitchell把活现（E）概念化为一种牺牲某人主体性的拉力。他描述这样一个临床情境，患者创造了一个非此即彼的要求——要么加入我并放弃你自己，要么不放弃你自己而是放弃我。在这里，我们看到"不知情"的分析师困在患者的操纵性恳求中。在Mitchell看来，分析师拒绝牺牲性的、不真实的病理性选项，不得不寻求另一个选择——创造性的"破裂"——一个跨出所有看似不可接受的限制性选项的移动（p.184）。分析师挣扎着努力获得真实参与的空间，在某些临床情境下很有可能成功地产生新的至关重要的关系性体验。但是，对于那些具有确认需要和镜映需要的患者，反而很容易引起他们强有力的挣扎，导致缺乏弹性的僵局或者治疗进入破坏性的负向治疗螺旋。对于后一种情境，尽管分析师保护和支持健康的真实性，但是Mitchell拒绝加入患者，貌似一部单向道德剧，剧中只有患者是病理性的。这种概念化方式，既没有考虑患者的发展性需要和意愿，也不赞同分析师需要对自己参与到古老或融合关系的困难担负起责任。它预先假定患者将引发"对新开始的恐惧"和"期望重复"某些功能失调的或婴儿化的（因此是不恰当的或病理性的）无意识目的，所以分析师必须拒绝（Mitchell，1993）。它没有考虑到还有一种可能性：患者的无意识目的是需要一种治疗性的关系性体验——期望新的开始（Ornstein，1974）。

五年以后，Mitchell（1998）探讨了上述这些局限性。他问道，"当一个潜在的建设性反移情体验已经变得自体专注（self-absorption）或者自我沉溺（self-indulgence）的时候，你如何决定？我们认为关键在于患者是否做好发展上的准备"（p.191）。到这个时候，他开始承认治疗行为具有发展性的维度，并且承认反移情体验并非总是有特权的，并非总是患者所意欲的，在治疗上并非总是有用的。到了2000年，他的论述更向前推进一步。他首次提出四分图式（four-part schema）以"包含并比较关于'关系性'的不同视角及其重要性"，并且强调这个四分模型中的三个［内隐关系知晓，"情感渗透性（affective permeability）"和"自体-他人结构（self-other configuration）"］可理解为科胡特的自体客体体验，这时他人没有"被组织和被体验为一个独立自主的人"（Mitchell，2000，pp.59—63）。在这里，他已经欣然接受同自体客体或环境（Davies，2002）移情一起工作常常是必要的，这既富有意义，在临床上也很有效。在这些情境下，精神分析互动的治疗性维度，不取决于患者对分析师主体性的认可，而是取决于分析师与患者内隐的发展性渴望相共鸣，或者承认这种渴望。

关系（R）理论者，以Mitchell（1993）早期对"发展倾向"所做的批评为基础，倾向于强调分析过程的合作性。这代人更关注患者的攻击性，更注重分析师识别并挑战重复模式。关系（R）理论者常常更重视患者对分析师的过程的影响。这个游戏规则允许并确实鼓励患者退行到分裂状态和原发过程。患者挣扎着创造一个足够安全的空间，以便表达她最原初的自体。分析师的专业成熟度就在于他有能力"桥接起原发和次发过程，自体和他人，过去和现在，真实和幻想"（Mitchell，2000，p.52）。允许患者变得混乱，并且这个混乱对场域产生巨大的影响力。尽管分析师因担负思考的责任而保持克制，然而患者却被鼓励着纳入非理性和未被处理的部分。

实际上，对于许多当代关系（R）理论者来说，活现（E）的重要定义特征是分析师体验到分析观察和情绪参与分裂。分析师要么陷入互动"旋涡"，不能思考或观察，要么需要隔离才能思考和理智分析、不能同时进行体会（Aron，2003，p.628，Stern，2003，p.10）。对这个剧本/活现（E）有不同的描述，包括"僵硬的""顽固的""不容反驳的"和"盲目的"。分析师"陷入"移情/反移情场域，若从这个场域中成功浮出将诞生新的关系体验。对活现的这个概念化方式，强调了分析师体验到没有能力同时既在情绪上参与到交互影响的舞蹈之中，又在观察这个舞蹈并执行分析功能。在这里，至少在理论上，不必对患者的无意识意图做出假设。我们不知道什么导致了分析师恰当表现的中断。当代关系视角的理解是假设患者和分析师之间有着不可分割的共同影响，以至分析师脱轨程度可归因于患者的无意识目的，或者被分析师自身此刻的特异体验（因为分析师尚未清晰化的独特意义世界）所激化。

当分析师失去思考的能力，当然必须穿过这个时刻。对于僵局，关系（R）心理学的态度与自体心理学不同，关键就在于对这个问题的回答：治疗过程中，分析师的反移情内容是否总是患者重要无意识交流的载体？是不是总是提供了与患者有关的重要信息？主体间系统理论对此的理解是，这是相互影响的系统，正如患者的体验受到分析师意识和无意识参与的影响，分析师的回应当然也受到患者意识和无意识参与的影响。影响，总是着陆在一个丰富且有影响性的他者场域，是一个主体间过程。从这个视角来看，反移情的僵局得以松动，从而使一个被卡住的治疗向前移动，这个结果并不必然是因为患者承认投射资料，而是因为患者和分析师共同创造了一个新近浮现的人际间体验。

以当前活跃并兼容交叉的关系视角来看，不同的体系之间会借鉴、改变并重述彼此的建构和思想。Aron（2004）最近评论，相较于探索不同学派之间的差异，比较精神分析的研究通过探索体系内的差异（例如，从经典自体心理学到当代关系自体心理学的整个谱系）更有收获，现在在关系体系下已经做了大量桥接工作，我们对此极为赞同。另外，当呈现一个案例，我们通常能够从使用的语言中，从分析性参与的氛围中，听出并识别出理论对于治疗过程的影响。在关系（R）临床叙事中，我们承认依旧如幽灵般地残留着对这种观点的信仰，即患者的意图单向地影响"不知情的"分析师，且过于强调分析师真实性所具有的治愈力。类似地，叙事也受到自体心理学理论和主体间系统理论的影响，因而特别注意（某些批评者认为过分注意）移情的发展维度，也重视分析师有责任对此保持敏感。就像非常特殊的调味品和香料令不同民族的佳肴各有特色，这些细致入微的限定使得关系性临床叙事具有独特的理论敏感性。

某人（参考资料遗失）曾经使用园艺的比喻来阐释关系自体心理学家和其他关系（R）理论者在治疗行为上的差异。前者强调成长过程中多多浇水，后者强调播种。受科胡特影响的临床工作倾向于关注患者的自恋脆弱性。改变，就必须挣扎着在挑战和安全之间找到平衡，因此需要共同创造一个足够安全的关系从而让防御能够进入意识，分析师在这个过程中的责任具有显而易见的价值。尽管关系（R）理论者有探测攻击的雷达（aggression radar），但是关系自体心理学家对患者的病理性涵容和羞耻敏感的相关迹象特别警觉。他们特别强调分析师的参与对脆弱病人有着强有力的影响，既包括意识层面的参与、也包括无意识层面的参与。患者的发展性渴望嵌入在早期创伤体验中，致使他极为脆弱和防御。专业角色需要成熟的功能运作，受其角色保护的分析师有责任对缺乏防护的脆弱性保持敏感，并且有责任引导其通往更加细致入微、更为复杂和更具复原力的发展过程。就像父母和孩子，必须识别这种脆弱情境并且给予得当的处理，此时分析师有很大的影响力。

在这种发展性框架下展开的治疗，强调活现（e）的治愈潜能——平常的、持续的、在情绪上敏感的治疗性回应，日积月累地织就一张信任之网，从而有能力支撑更加激烈的互动。接下来这段描述主体间系统理论，这是一个发展导向的方法。

从临床的观点来看，与其说主体间性是一个理论，不如说它是一种感受性。它是一种持续敏感的态度，敏感于观察者和被观察者之间必然发生的相互影响。它假设我们在主体间空间中加入另一人，而不是进入并浸泡在他人的体验中。精神分析场域的每一个参与者，都将一个已经组织化和系统化的情绪历史带入这个过程。这就意味着虽然分析师始终是为了患者，但就理解任何临床交流而言，患者和分析师双方的情绪历史和心理组织同等重要。我们探索什么或者解释什么或者将什么置于一旁，取决于我们是谁（Orange, et al., 1997, p.9）。从这个理论视角来看，去思考治疗师给治疗过程带来了什么，将有助于理解每一个临床交流，包括那些称之为活现（E）的临床交流。

对于本文开篇的琼和埃伦的案例，这个临床叙事也可以透过这样一个组织透镜来理解，即在发展上必需的联结在破裂后又得到修复的观点。这个特别的分析时刻确实是一个破裂，但不仅仅是一个破裂。令其富有戏剧性的类似于活现（E）特性的部分在于，这个突破是"我们首次真正的较量"——也就是，分析师第一次坚持自己的立场，并且没有修复，也就是没有转向共情理解破裂对于病人的意义。

对这个临床活现（E）的动力学理解，首先有必要将其情境化，因为它嵌入在多年的信任大厦中。无数的成分——有些是发展性的、有些是情境性的——无意识地影响了分析师在这个互动中的参与方式。这些成分包括多年的同调回应，让琼和埃伦对彼此感到更轻松；一再重复微小的、无意的破裂，之后通过共情理解得到修复，这些破裂与修复的过程构建起安全和信任；埃伦的内隐关系感知是二元联结稳固，琼忍受冲突的能力逐渐增强；它是漫长难捱的一天即将结束时的一次会谈。埃伦成为"房东"的体验并且她认同那个角色；特别是对于埃伦，源于她早期成长经历，蔑视意味着有毒。一段时间以来，这个治疗二元关系一直在演进和发展，通往"我们的首次较量"时刻，并且这个空间使持续扩展的自体表达成为可能、使治疗师与患者双方更加稳健的关系成为可能。

从一个对发展性更加敏感的角度叙事，我们可以说，在这个主体间失联（冲突）的时刻，为了恢复自体客体联结，埃伦抵达了一个元沟通（metacommunication），一个"我们（us）"声明——"这是我们的首次较量"。Aron（2000）称之为抵达分析性第三方（reaching for the analytic third）。通过让琼一起庆祝"我们的（our）"过程，Ellen修复了破裂，互动因而变得轻松、更具合作性。其内隐信息是自体坚定和冲突协商是值得骄傲的成就。与这个成就相呼应的是，之后埃伦对琼让"粗鲁的"房东接受了她的要求表示了肯定。

同样是这个临床交流，关系（R）视角组织叙事的方式却完全不同。按照这种视角叙事，活现（E）是琼核心移情议题的"展现"，此时治疗师是不知情的参与者。琼居住的世界，她的自体坚定和攻击性被解离。她的"内在部分–客体（internal part-objects）"包括一个"友好的"被动的客体，对其而言，坏脾气是禁忌，还包括一个轻蔑的、自私自利、强有力的客体，组织中心是攻击性。埃伦受到场域（和她秉持的理论形成共谋）的影响一直停留在"友好的"治疗师角色里，一旦发生误解就顺从琼，以免自己变得自私自利、轻视他人。埃伦是一个彬彬有礼的回应服务提供者。透过这个透镜，这个临床时刻捕获到一个具有治疗性的"破裂"，这次治疗师拒绝把她自己限制在极端的施虐受虐的角色选项上，这个选项正是场域的特征。与其说治疗师变成自体坚定的他人并且需要让自己的观点被听见，不如说她也好奇并关心琼的感觉。按照这种方式，她向琼示范了一个新的关系选项并且共同产生新的关系体验。这是一种非常有说服力的表达，提供了另外一种组织相同临床材料的方法。

有关活现的关系（R）概念，主体间系统理论者或者关系自体心理学家能从中发现什么有价值的东西呢？一种可能性就是Lew Aron的角色灵活性的观点。分析师和患者死守在僵硬的角色上就会发生僵局，就像演员不能在演出空档退出角色，或者就像教师、警官或者分析师在家里和家庭成员中延续他们的工作角色，导致他们的各种可能性变成固定不变、无能为力。Aron（2000，2003）建议，一个合作者——并且知晓他的非对称概念，我们可以假设始终是这样——必须有能力即刻维持两种角色（主体和客体），因此创造一个三角区域，患者在这里可以实现角色反转并且能够发展类似的自我反思性或角色灵活性。活现（E）的这种解释，就把它置于更大的与第三方（thirdness）、认知、多重自体和辩证法有关的关系（R）议题内。因此，活现（E）是一种理论观点，它在一个更大的理论话语（theoretical discourse）或语言游戏（language game）*内发挥作用，从中获得它维特根斯坦风格（Wittgenstein-style）的意义。因此翻译起来并不容易，对此的理解也会受到翻译的影响。

关系自体心理学话语中最贴近的翻译可能是破裂与修复过程（rupture-and-repair process），但是这个论述的意义与整个自体心理学世界观有关，涉及自体客体移情、共情知晓方式的核心地位等。发展性和主体间系统理论会翻译为，通过交互调节过程，错误同调（malattunement）试图重获同调，或者，主体间失联（intersubjective disjunction）导致的僵局必须经由分析师的反思性自体觉察（reflective self-awareness）才能重获主体间联结（intersubjective conjunction）。但是，这些再次是不同的语言游戏，与更大的理论系统有关，而且几乎没有当代关系（R）精神分析的预设。所以翻译真的很困难，而且对于那些不讲这门语言的人来说，试图让他们理解似乎这些翻译就显得很笨拙，或者对于那些说这个语言的人来说，寻求他们的理解似乎显得无关紧要。

此外，主体间系统理论者和关系自体心理学家并不同意克莱茵学派的部分-客体（part-objects）理论，也不赞同把攻击视为心理基石的观点。所以，我们倾向于和自体心理学家的观点一致，优先考虑发展过程，再一次使用Aron的术语，这些过程不但总是交互作用的而且是非对称的。与其说强调

---

* 唐晓嘉2004年在《哲学动态》发表的文章"语言博弈论与科学博弈"中写道："语言博弈（Language-game）"概念源于维特根斯坦，它又被学者们译作"语言游戏"，因为"game"既有"游戏"也有"博弈"含义。其实博弈本身也是一种游戏，只不过它更强调弈手间的对抗性。从这个意义上讲，就维氏对Language-game的运用而言，译为"语言游戏"是恰当的。但从辛提卡理论中"Language-game"译作"语言博弈"更准确。——译者注

特定僵局或戏剧性时刻［活现（E）］的突变价值，不如说我们重视可持续的、不间断的、交互同调调节［活现（e）］，后者才能慢慢建立起一艘信任之舰，共同经历无可回避的海上风暴的考验。

参 考 文 献

Aron, L. (2000). Self reflexivity and the therapeutic action of psychoanalysis. *Psychoanalytic Psychology, 17*, 667-689.

Aron, L. (2003). The paradoxical place of enactment in psychoanalysis: Introduction. *Psychoanalytic Dialogues, 13* (5), 623-631.

Aron, L. (2004). Dialogue with Jim Fosshage, APSP, New York.

Atwood, G. E., Stolorow, R. D., & Trop, J. L. (1989). Impasses in psychoanalytic therapy: A royal road. *Contemporary Psychoanalysis, 25*, 554-574.

Black, M. (2003). Enactment: analytic musings on energy, language, and personal growth. *Psychoanalytic Dialogues, 13* (5), 633-655.

Davies, J. (2004). Whose bad objects are we anyway: Repetition and our elusive love affair with evil. *Psychoanalytic Dialogues, 14* (6), 711-732.

Fosshage, J. L. (2003). Contextualizing self psychology and relational psychoanalysis: Bidirectional influence and proposed syntheses. *Contemporary Psychoanalysis, 39* (3), 411-448.

Hirsch, I. (1998). The concept of enactment and theoretical convergence. *Psychoanalytic Quarterly, 67*, 78-101.

Mitchell, S. (1993). *Hope and dread in psychoanalysis*. New York: Basic Books.

Mitchell, S. (1996). When interpretations fail: A new look at the therapeutic action of psychoanalysis. In L. E. Lifson (Ed.), *Understanding therapeutic action: Psychodynamic concepts of cure* (pp. 165-186). Hillsdale, NJ: Analytic Press.

Mitchell, S. (1998). The emergence of features of the analyst's life. *Psychoanalytic Dialogues, 8* (2), 187-194.

Mitchell, S. (2000). *Relationality: From attachment to intersubjectivity*. Hillsdale, NJ: Analytic Press.

Orange, D., Atwood, G., et al. (1997). *Working intersubjectively: Contextualism in the psychoanalytic practice*. Hillsdale, NJ: Analytic Press.

Ornstein, A. (1974). The dread to repeat and the new beginning: A contribution to the psychoanalysis of the narcissistic personality disorders. *Ann Psa, 2*, 231-248.

Preston, L., & Shumsky, E. (2000). The development of the dyad: A bidirectional revisioning of some self psychological constructs. In A. Goldberg (Ed.), *Progress in self psychology, vol. 16* (pp. 67-84). Hillsdale, NJ: Analytic Press.

Stern, D. (2003). Theories of therapeutic action in self psychology and relational theory. Presented for APSP in New York, April.

Stern, D. N. (2004). *The present moment in psychotherapy and everyday life*. New York: W. W. Norton.

11　卡夫卡的窗户和科胡特的镜子：
前往创伤世界核心的对话之旅

Maxwell S. Sucharov

站在巨人的肩膀上

本章讨论海因兹·科胡特与弗兰兹·卡夫卡（Franz Kafka）之间交叉重叠的领域，他们两个人都是说德语的犹太人，出生在地域辽阔的奥匈帝国的两个重要城市，年份相差20年，科胡特出生后不久，奥匈帝国在第一次世界大战之后没落解体。他们是各自领域的巨人，他们的研究揭露了人类最深层的痛苦。他们提供了我可以站立其上的两副臂膀，我将从这个位置透过对话过程感受性（dialogic process sensibility）透镜从事他们的工作，这个工作将把我们带进难以用言语表达的人类创伤世界。

接下来将要涉及关于创伤的关系性对话观点（a relational dialogic view）以及它对精神分析相遇的影响。我的核心论点是，受害者冻结在非对话空间，导致他（她）生成意义的能力受到破坏，这是创伤体验的一个重要维度。创伤在那里一直延续，幸存者留有大块的承受着痛苦的体验却缺乏相应的意义，导致个人生命历史的体验中存在令人不安的裂隙和不连续。一个重要的治疗媒介就是治疗师提供的窗户功能（window function），治疗师利用他的在场提供一个定向框架，从而启动意义生成（meaning-generating）的对话过程。对窗户——对话他者（dialogic other）的真实在场——的渴望，将构成一个重要的关系上的努力,包括但不局限于,一个更具对话观的镜映渴望。

对话,意义和创伤

我们生来就在一个对话的世界。

从母亲和婴儿之间的原型对话(protoconversation)开始,然后持续我们整个一生,对话一直都是关系的媒介,把与我们的存在性有关的混乱和困惑转化为可以领会的个人意义组件。更进一步地,对话创造意义,意义并不是我们人类相遇之后的与人无关的产物,而是构成动机的黏合剂,从而形成并维持我们的各种关系。如何理解我们的世界的意义,承载着我们独特对话历史所印刻的难以磨灭的印记。

如果我们接连遇到充分共情、慈悲和智慧的对话者,这样的福祉就能够让我们的个人世界变成令人鼓舞的对话游乐场,有着无穷无尽的可能性。生命因此满载着流动的、多层次的、丰富多彩的意义。这是一种如田园般美好的极致情况,而更有可能发生的情况是我们大多数人都庇护着一些伤口,这些伤害反映了存在那样一些时刻:对话者缺席、心事重重,并且/或者对我们的痛苦无动于衷。这些对话失败的时刻可能凝结成自我怀疑、恐惧和不信任的阴影,限制了我们的视野范围。谨慎乐观的个人意义影响了我们的生命形态,并把我们限定在一个狭小安全地带的稳妥范围内。

而且,我们可能非常不幸。我们对话失败的历史,并不是仅仅局限在孤立的片刻,反而构成一个无处不在的创伤性情感图景,并且持续多年。更进一步地,对话破裂的特性还具有一个尤为有害的维度,即对话者恶意阻止对话的意图同时伴随着对我们思想和身体的剥削性控制,而我们恰恰依靠这个人获得保护和支持。我们成为"灵魂的囚徒(prisoner of the soul)"(Fogel,1993),充分理解我们世界的可能性被摧毁。生命,变成行尸走肉般的无意义领域,变成萦绕着缺失的真空地带。

因此我认为，对话创造意义，并非理所当然的结果，而是依特定关系环境而定，这种关系环境具有一种真诚的开放与接纳的态度，尽管最好关系双方都是如此，但至少更加强有力的一方（父母/治疗师）持有这种态度。我将使用对话他者（dialogic other）这个术语来表示二元关系中持有这种态度的一方。因此，从孩子/来访者的视角来看，对话他者的缺失将阻碍或者严重破坏那些意义产生的关系过程。

我将特别突出极端对话失败的创伤性，并在创伤、对话和创造意义之间建立起重要联系。在那样的环境中，在和严重创伤幸存者一起工作的过程中我发现一个很严重的问题，就是来访者和我在努力理解恐怖的梦魇世界时会遇到巨大的障碍。创伤事件逃避并抗拒意义。

透过对话系统感受性的透镜可以看到，那些借以形成意义的关系过程受到严重破坏，导致创伤世界从意义范畴悄然滑走。从创伤个体的视角来看，个体生成意义的能力被摧毁，被冻结在非对话空间，成为心灵的囚徒。从施恶者的视角来看，主动中止创造意义的对话而代之以强加的僵硬的现实——不能进行公开讨论。性变态的对话他者、虐待的施恶者的动力就是不断摧毁意义。

当一个虐待控制的关系持续很长时间，常达数年，幸存者会受到非常严重的影响，导致生命体验的连续性中出现巨大的裂缝。描述这种现象的词汇包括，"豁裂的精神空洞（gaping psychic holes）"（Spero，1998），"经验黑洞（experiential black hole）"（Brothers，1995），"永久的麻木空间（space of permanent insensibility）"和"恐怖的黑暗真空地带（dark vacuum of terror）"（Gampel，1998），这些都是描述难以形容的、陷在没有知觉的空洞中的恐惧，这种情形能够威胁到一个人的心理存活。

启动对话泵：作为窗户的分析师

去面对和创伤幸存者重启对话过程的挑战，我至少遇到两个障碍。我不仅需要获得来访者的信任，而且需要向他（她）介绍有关对话的这一观点。换言之，我们必须应对再次受创的恐惧，同时也要面对个体缺乏对话能力这一情况，毕竟他（她）已经在生命的大部分时间中冻结已久，以至合作对话的这个观点相当陌生。因而，这就要求我使用一种共情见证（empathic witnessing）的方式，采用关系性干预的形式，我称之为"启动对话泵（priming the dialogic pump）"。要做到这一点，我通过提供一个定向框架，引入一种新的看待创伤体验的方式，继而推动合作对话的启动。因为这个框架常常与提供一扇窗户，透过它看到不同关系的种种复杂性，包括施恶者的心理生活（例如，虐待表明了加害者自身的问题），我想使用"窗户关系功能（window relational function）"作为概括性术语来描绘分析过程的这个体验维度。

窗户关系功能，不仅仅是认知重建（cognitive reframing），更重要的是，它明确了作为真实对话他者的治疗师需要在情绪上充分在场。提供定向框架是一个初步的一般性组织功能，它扩展了来访者和治疗师双方诠释可能性的范围。尽管框架的提供将不可避免具有治疗师的主体性独特印记，但是为来访者形成他（她）自己的意义留出了空间。因此，窗户关系功能建构了一个特定的主体间关系形式，Strenger称之为"批判的多元主义（critical pluralism）"，借此，治疗师的"声音是强有力的存在，但是这个声音是为了促进他者的存在，而不是淹没他者"（Strenger, 2002, p.552）。

窗户的隐喻也与关于分析过程的后-笛卡尔哲学观点很契合，这个观点质疑治疗师与来访者、内在与外在之间存在泾渭分明的分岔。窗户既可以打开也可以关闭，所以构建了一个流动和模糊的边界，因而内在与外在、治

11 卡夫卡的窗户和科胡特的镜子：前往创伤世界核心的对话之旅 | 241

疗师与来访者之间兼具分离和连接。这种模棱两可的边界促成了我所说的"量子关系整体论（quantum relational holism）"，所以二元关系的双方对于对话过程的影响在原则上无法预测（Sucharov，2002）。

使用窗户来隐喻启动对话泵，对此我应该感谢卡夫卡。我在他的私人通信中发现他用窗户隐喻关系，才激发起此篇论文的灵感。所以，卡夫卡是我的窗户，启动了我的对话泵。

卡夫卡的窗户：从隐居到关系

1903年，年轻的弗兰兹·卡夫卡沉浸在和奥斯卡·波拉克（Oskar Pollak）浓厚且充满激情的友谊之中，对方是一个年轻的男子，镇定、成熟并且拥有广泛的技能和兴趣爱好，这和初露头角的卡夫卡笨拙且怯懦的举止形成鲜明对比。在一封写给波拉克的信（1903年11月9日）中，卡夫卡这样描述这位朋友所带来的充满活力的影响："除了其他很多方面之外，你对于我来说就像一扇窗户，通过这扇窗户，我能够看到纵横交错的街道。我自己无法做到这一点，因为我还不够高，无法够到窗沿"（in Pawel, 1985, p.92）。

阅读到Ernst Pawel写就的卡夫卡传记，卡夫卡动人笔触的力量感让我深受触动，因为我回想起在我自己的生命中曾经作为我的窗户的那些人。我对窗户的隐喻非常感兴趣，窗户隐喻精神分析相遇之时和之外的生活中扩展性和有活力的关系体验，而且这个隐喻和科胡特的镜子概念（mirror concept）的比较和对照也是我关注的，科胡特用镜子概念来指人类需要获得自体增强（self-enhancing）的他人回应。

卡夫卡用窗户隐喻来描绘波拉克对于他的意义，也让波拉克成为一个对话他者。在这次通信的时刻，波拉克成为第一个"他者"，受邀成为卡夫卡新兴工作的读者。在写给波拉克的第二封信中，卡夫卡——只有他才能做到——这样表达从隐居状态到进入关系的移动："没有其他人，（我能）做到的寥寥无几；但是我现在用笔记录，有重点并且使用华丽的语法结构；隐居者的生活令人厌恶；坦诚地在众人面前生出你的蛋，然后让阳光来孵化它们；最好一口咬住生活，胜过咬某人的舌头；尊重鼹鼠和它的同类，但是不要让它们成为你的保护神"（Pawel，1985，p.52）。

窗户作为关系的隐喻不是只出现在卡夫卡的通信中。若熟读卡夫卡的著作，在《临街的窗户》(*The Street Window*)中能看到如下的一段描写："任何一个过着孤独生活的人，时不时地想让自己依附于某处……拥有一扇临街的窗户，他就能够自如应对。而且，即使他无欲无求，仅仅是走到窗台边，一个疲惫不堪的男人……即使那样，窗下的马匹，也会把他拉下去，拉进马匹身后的车子和喧嚣之中，最终把他拉进人世间的和谐之中"（Kafka，1971，p.384）。

《变形记》(*The Metamorphosis*)是卡夫卡最令人难忘的著作，隐喻关系联结的窗户占据了一个重要位置。主人公高尔·萨姆沙（Gregor Samsa）变形为一只大甲虫，变形一词强调且突出他在家中被隔离起来，得不到任何共情回应。在卡夫卡扣人心弦的故事叙述中，高尔房间里的窗户多次出现，深刻地象征着高尔迅速消失的对于人类关系体验的希望。

尽管卡夫卡的窗户象征人类关系联结的可能性，但卡夫卡的大部分作品却描绘出关系的彻底缺失。《审判》(*The Trial*)和《城堡》(*The Castle*)的主人公遥遥无期、渺无希望地寻求与官僚机构的沟通，这种沟通基本上是被禁止的。主人公与权势者之间绝不可能的沟通，导致这两部作品营造出那种极度焦躁不安的特性，那就是丧失理解个人世界的任何可能性。

我认为，卡夫卡式的荒诞世界是一个创伤世界，这个世界最典型的特征就是缺失对话他者。这个缺失把主人公冻结在非对话的空间，因此破坏了他们意义生成的能力。他们是心灵的囚徒，陷入毫无知觉的空白世界。他们渴望存在一扇人性的窗户，重新恢复意义生成的对话。

在思考创伤世界、非对话空间和窗户渴望的过程中，很幸运地，我的一个来访者汇报了一个梦，所有这些要素都在这个梦中起到核心作用。让我们看看安的案例。

安和封闭的窗户

安是一位成年幸存者，曾经受到养父（B）反复可怕的性虐待，这是一段掠夺性、侮辱性的经历。B是一个多重心理变态施虐者，对安的身体和思维施加了强大的虐待狂性的控制。和我的治疗的第三年，她汇报了如下的一个梦：

> 我在其中一个房间里。那是B的房间，但看起来就像一个大教堂，天花板上有很多窗户，透过窗户能看到树木、天空和太阳。我不能离开房间。我被困住了。但看向窗外，让我感到一些轻松，这让我能与天空和太阳保持一些联结。但是B开始用细木条封上窗户，只剩下一条细细的缝，我不再能够看到外面。

叙述到最后，安哭得浑身颤抖。这个梦为系列重述又添上一笔，它们令我们的治疗空间印刻着B的残酷支配和控制，这正是她多年被奴役和被隔离的情形。关于这个梦，令人印象深刻的是窗户的隐喻，代表着和外界进行联结的希望（并且假设这个希望在治疗过程中被激活），而且这个希望被安的痛苦有条有理地彻底封闭。

安接下来的表达非常贴近她"心灵的囚徒"的状态，施虐者无情地剥夺对话他者，并且需要绝对控制规则，以此形成一种现实——这个现实是被强行施加的并且不能进行公开讨论。"没有可求助的人，没有可说话的人，没有可以去的地方……不可能和任何一个人有真实的对话……他让我相信我无法走进世界……他控制了所有的事情、控制了所有的人。"

持续冻结在非对话空间,也导致安的时间连续感中留有巨大裂缝,她再一次心酸地说道:"是的,我仍然不能思考……他令我彻底失去思考的能力……他从我的内在卸掉了些什么……我就像一块瑞士奶酪,在我的生命中有很多巨大的孔洞。现在无法渡过难关,总是被打断……我没有稳固的中心。"

我对安的治疗策略是把共情确认和见证与我自己的独特人格结合在一起。回想整个治疗过程,我可能会说,我利用我的在场作为对话他者,提供的窗户功能来重新恢复对话过程从而让安的体验生成意义,尤其是确认B出于自己情绪上的需要,驱使他的精神病性世界彻底控制安的思想和身体。我们的工作不断持续,安展现出长足的进步。在最近的一节会谈中,她说,"耻辱和羞耻的枷锁正在开始褪去……我并不是B迫使我相信的那个卑劣的人……他把他的扭曲变态安置在我身上。"

利用卡夫卡的窗户来隐喻对安这类创伤来访者疗愈过程中具唤醒活力功能的关系,科胡特利用镜子作为他关于自体的心理学核心隐喻,比较两者会很有意义。科胡特对以下两者尤为感兴趣:与施虐控制的创伤幸存者进行临床工作所面临的挑战以及卡夫卡的作品。

科胡特和卡夫卡:探索创伤世界的搭档

文学天才般的卡夫卡触及令人痛苦的关系剥夺,对科胡特产生了非常重要的影响。在科胡特生命的最后20年,他利用多位世纪文学大师进一步完善他关于人类痛苦本质的思想。卡夫卡是他最喜欢的小说家,在20世纪70年代期间,他的著作被科胡特引用的次数远多于其他任何一位作家(Strozier, 2001)。在科胡特看来,卡夫卡以他的艺术形式捕获到人类最可怕的精神痛苦的本质。在伯克利的最后一次公开讲话,科胡特向他心中的文坛英雄致以敬意:"我在成人患者身上看到的最糟糕的痛苦是那些……难以发现的,母亲的缺席——因为母亲的人格存有缺陷……正是母亲隐匿的精神病……使得患者不断试图接近同时也绝对不会得到任何回应,这在卡夫卡的《城堡》中描述得如此精准"(Kohut,1991,p.532)。虽然科胡特使用术语"崩解焦虑(disintegration anxiety)"来表示上述"最糟糕的痛苦",但是他知道任何过于简单的文字描述都无法触及痛苦的确切特性:"崩解焦虑是人类能够体验到的最深焦虑……试图描述(它)就是在试图描述不可描述之物……它不是一个精准的文字定义,而是试图唤起一种有待讨论的体验滋味"(Kohut,1984,p.64)。

超越词的局限性、竭力捕获人类深层痛苦,这也是卡夫卡的痛苦体验。在一封写给密伦娜·洁森卡(Milena Jesenka)的信中——卡夫卡最热烈但却一厢情愿的恋情——他写道:"我总是力图传达某些不可传达的东西,解释一些不可解释的事物,说出那些我仅能在骨骼中感觉到并且只能在骨骼中体验到的东西。从根本上来讲,除了我们频繁讨论的这个恐惧之外,它什么都不是。"(in Pawel,1985,p.96)。

因此,卡夫卡和科胡特被联结在一个共同的事业上,寻求一种方式描述那不可描述的人类的核心痛苦。卡夫卡投之以卓越的文学笔触。科胡特投入临床工作的研究,这项任务既有赖他的共情力量,也有赖他活跃的概念性思维。在《精神分析治愈之道》(*How Does Analysis Cure*),科胡特试图"唤起这个体验的滋味",包括在《对Z先生的两次分析》(*The Two Analysis of Mr.Z*)中描述的一个梦,Z先生从背后看他的母亲。现在我们将再次拜读《对Z先生的两次分析》,这是科胡特关心人类核心痛苦的一个重要例子。通过对话过程感受性的透镜来看待这个工作,新的意义将得以浮现,这能够促进我们对创伤世界的理解。

Z先生的两次分析：对话视角

在科胡特的著作中，《对Z先生的两次分析》可能是其中最神秘的一部。这部作品声称利用一个临床案例来阐明使用自体心理学开展精神分析的有效性，并与经典理论进行比较，但是科胡特的传记作者Charles Strozier给出一个很有影响力的观点，也就是推测Z先生并不是一个真实的受分析者，而是化名的自传式人物。也许在某些人看来，接受这样一个结论就意味着应该把这本著作贬抑为一种欺骗，并且不应该用它来支持自体心理学的相关阐释和扩展的有效性（Strozier的立场不是这样）。

我相信贬抑这本著作不仅是个严重的错误，并且折射出笛卡尔哲学思想的思维方式，即判断案例报告的真正价值取决于它准确地呈现"真（real）"的历史事件或者是与此有关。这种观点会失去科胡特著作中很有价值的对话性。在这种背景下，我认为《对Z先生的两次分析》不仅仅是一个案例报告，也不仅仅是一个化名的自传。它也是一部扣人心弦的优美叙事，主人公呈现出一种超越作者原初意图的生命状态。

指明科胡特论文的艺术美学特点，我试图提出一种更加流动的对话观的方式来看待文本的模棱两可（anbiguity）、趣味幽默（playfulness）和无法判定（undecideability）。基于此，我意图援引关于文学散文的两个观点。第一个观点来自Miller，他指出一部有美感的文本能够在作者和读者之间创造一个共享的潜在空间（Miller，1992）。按照这个观点——和温尼科特的游戏规则一致，无须询问Z先生究竟是一个真正的患者还是一个化名的自传式人物。回答这个问题将破坏读者和作者之间的对话游戏空间。Z先生，存在于潜在空间。

第二个概念是巴赫金（Bakhtin）的小说对话理论，线性叙事的表面结构伴随着更加流动的结构，读者因此听到大量的声音，却没有一个声音是权威性的,一种"没有终点的对话性的众声喧哗"(Harrison, 2005)。用当代关系的语言来说,文本交织着"即兴(improvisational)"与"脚本(scripted)"(Ringstrom, 2001)

在这个双重结构模型中,脚本维度构成作者预先设计意图的线性展开——表明与经典理论相比,依据科胡特关于自体的心理学展开的分析更加卓有成效。相比之下,即兴维度出现在多声部对话张力的非线性部分,形成持续争论的基础,它既在文本内容里,也在作者和读者之间。正是后面这个维度形成文本的生命力和创造性的根基,借此,它的意义和临床/理论效用才能够在精神分析世界出现新的概念和临床发展的背景下不断向前发展。

关于科胡特文本的这个扩展对话观基于这样的假设:任何有关人类复杂体验的理论,无论多么优雅,都含有内在的矛盾性(contradictions)、模糊性(ambiguities)和张力点(tension points)。这些不是让理论失去价值,反而促进理论的推进和/或创造性转化。科胡特本人承认,概念留有一定的模糊性是重要的,这是"成长点上的模糊性"。对于科胡特,一组概念恰到好处的创造潜力不在于它们的持久性,而在于它们"指向未来,即使有某些不足,但它们有能力刺激深度思考"(1991, p.469)。在那种背景下,《Z先生的两次分析》的潜台词包括大量的模糊性,或者使用巴赫金式(Bakhtinian)的术语来说,就是对话张力中的多声部(multiple voices)能够充当一个基础,通过科胡特和读者之间持续的创造性对话,创造了一个共享潜在空间,在其中可进行深度思考,而且这个对话促使科胡特在他没有想到的方向上展开他的工作。

在这篇深具意义的论文中,可以发现对话张力交织的多重性,展开所有这些方面超出本文的范围。我将主要限定在第二次分析的前半部分,读者在这里将开始看到科胡特对于Z先生的自恋现象有了新的理解,而且这个理解影响了后续的分析过程。文本的这个部分在叙事上发生了一个重要改变,在这个高涨的戏剧化时刻,科胡特新的视角引发新的洞察力(与母亲的病理性有关),这为戏剧性事件的必然成功解决铺平了道路。

高涨的戏剧化时刻也可以被视为线性叙事的高度不稳定连接点,这是个动力性闪点,此时即兴潜台词引发的激越对话对流畅展开的脚本叙事形成冲击。在那种场景下,我将把关注点放在存在于这两者之间的重要的对话张力:静态内心结构的概念声部(the conceptual voice of static intrapsychic structure);流动对话涌现的即兴关系声部(the improvisational relational voice of fluid dialogic emergence),自我定义在这个交替变化的关系场景中持续地、重新地形成。前一个声部的示例是作者所描述的在第二次分析中出现的早期融合类型的镜映移情,"与移情自发展开的顺序一致,这是由**多个内心因素(endopsychic factors)决定**——也就是患者的人格结构和精神病理"(p.414)。这些词语,描述去情境化的孤立移情,令人想起经典范式的线性决定论,而经典范式是科胡特试图超越的。

静态内心结构声部与即兴关系声部之间的对立,反映在第二次分析公开宣称的态度转变上:"我现在能够把任何目标导向的治疗意图置之一旁。"这个声明预示将放弃程序化治疗方法的安全水域,促进充满有趣的不确定性的对话涌现,这时从第一次分析的"我多次面质患者"转变为第二次分析的"我们开始理解"。

静态内心结构和流动关系多声部之间的对立,形成框架性的对话张力,因为存在与自体客体移情意义有关的大量的模糊性。在第二次分析,科胡特认为Z先生的融合镜映自体客体移情是"童年早期现实的复制物",那时患者的自体挣扎着"摆脱有毒的自体客体"。这个理解表示过去病理关系体验导致当前的镜映自体客体移情体验——使用传统术语来表达:导致对分析师的"扭曲"。然而,科胡特后来阐明,就如其他类似案例,Z先生有着最低限度的移情扭曲并且这是一个进步的迹象:"为了能够继续理解童年期自体客体的严重病理,患者必须确信**当前的自体客体**——分析师,不会再让他暴露在生命早年的病理性环境"(Kohut, 1991, p.418-9, 黑体字非原文内容,由

11 卡夫卡的窗户和科胡特的镜子：前往创伤世界核心的对话之旅

本文作者补充）。

如上所述，我们因而把当前自体客体移情理解为一种指涉物，指涉一种体验模式，在这种模式下患者感到他（分析师）与童年期的创伤性现实相当不同。自体客体也被用于意指一个人（有毒的母亲或者分析师），和意指一种移情模式［古老的镜子（archaic mirror）］。

因此，把自体客体移情看作过去创伤的重演，以及把自体客体移情看作新的并推测是比童年期有害现实要健康得多的发展体验，两者之间似乎存在对话张力。而且，把自体客体看作一类移情和把自体客体看作一个人，两者之间也存在张力。

应该要记住，正是科胡特自己以不止一个声音在说话，而且显然相互矛盾的多个声音可以提供有关自体客体概念的线索：无论自体客体概念现在多么强有力地把自恋问题从经典理论的束缚中摆脱出来（而且在脚本线性叙事结构中，这一点表露无遗），在充斥对话潜台词的更加黑暗的水域，它本身正在阻碍对关系环境改变的多元理解，这就是在第二次分析当中正在发生的情况。

在这儿，可以想象到，文本已经悄悄地偏离作者最初的脚本设计，而且对话张力在文本中建构起一场争论，争论问题涉及将过去与现在联系在一起、整合稳定的内在心理结构和其流动性、在不断改变的关系环境中持续重组。就如事后诸葛亮般，当代读者能够看到，自体客体概念一条腿落在经典的内在心理世界，一条腿落在新兴的关系世界。如果我们顽皮地把自体客体概念拟人化，我们会听到它说："哎呦！你对我要求太高了。靠我自己可没办法完成这个故事中所发生的一切。我需要一些帮助。"所需的这个帮助就是一种对话系统的情境化语言（contextual language of dialogic systems），在论文完成时它仅仅还有待成熟[1]。

在这个故事中正在发生的，有待一个新的概念化语言（来命名），即分析性对话的特性正在发生重大变化：Z先生，"**感到在分析师的支持下**，(开始)

怀疑以前未曾怀疑的"（p.418，黑体字非原文内容，由本文作者补充）。他们开始质疑母亲的心理健康，现在看来母亲具有高度的控制性和侵入性；她的"情绪礼物就是赐予患者不可移易的……条件，他必须顺服于母亲的全然控制。"这个叙事的重大改变伴随着戏剧性的动力加速，把读者和作者/分析师拉入Z先生创伤世界的旋涡之中。我发现叙事的这个部分尤其动人心弦。我既触动于Z先生童年无助地面对冷酷控制和侵入的母亲的那种痛苦，也感动于他和科胡特之间触动人心的关系，他们作为对话伙伴，以一种相互尊重的方式共同梳理并诠释Z先生和母亲的创伤关系的本质，使Z先生充分理解了童年时期的压制性困境。

透过对话系统感受性的透镜，科胡特动人心弦的叙事捕获到Z先生童年期创伤关系体验的核心特征，即无助地陷入与母亲专横压制的关系。在这个创伤性动力系统中，Z先生被冻结在非对话空间，意义被摧毁，取而代之的是，单方面强加于他的现实且不能公开讨论。但是，在空虚绝望的下面，他一直都在渴望一个对话他者，在第二次分析中这个渴望实现了。通过作为对话他者的充分在场，科胡特能够启动对话泵，从而启动一个对话过程，这个过程提供了一扇可以看到母亲隐匿的精神病理的窗户。值得注意的是，母亲冷酷地把现实强加于不知所措的、无助的儿子；安案例中精神变态掠夺者对惊恐不安的牺牲者施以虐待的、无情的控制和奴役，两者之间有某种相似性。

窗户，镜子和分析师的在场

窗户和镜子均隐喻激发活力的关系功能，两者的比较值得写上一整篇论文（甚至更多），因此在这里我将做一个初始的推论。在那个背景之下，有趣的是，我发现科胡特展示的临床论著是为了阐明新理论的有效性，但是对于Z先生的融合镜映移情（在第二次分析中），科胡特并没有将之理解为发展性镜映需要的复活,而是理解为过去的复制物,即孩子努力让自己摆脱"有毒的自体客体"——母亲奴役控制的织网。看起来似乎Z先生镜映移情的特征包括清除母亲/分析师的侵入性主体,暗示镜映移情之下存在创伤世界的核心——令人无助的奴役控制关系阻止对话并摧毁意义。也许可以这样说,Z先生的镜映移情构成一扇特殊的窗户,就如爱丽丝梦游仙境般,分析二元关系开始发现并步入母亲的精神病性世界。

相比之下,我认为窗户关系功能与治疗师激发活力的体验有关,感到作为真实对话他者的治疗师充分在场。治疗师提供的定向框架充当起对话泵的作用,强力启动一个意义生成的对话过程。窗户也能反射并且镜子是窗户的功能之一,但是也有改变意义的面向,从这个意义上来说,镜映体验是在一个治疗师给予认可、反射和确认性回应的环境中产生的,但这个环境不以放弃治疗师自己的声音为代价。交流的每一个时刻,治疗师的独特人性可能呈现为一种充分认可患者"向善"的态度(Jacobs, 2006)。把镜映移情(mirror transference)涵括在更加包容的窗户移情(window transference)中,以一种细微但却重要的方式改变了它的意义,允许这个重要的移情体验更加自如地浮现在当前的关系和对话思考中。

结束语:科胡特的在场和卡夫卡的蛋

我认为科胡特作为对话他者的充分在场,是Z先生第二次分析的关键要素。考虑到Z先生的身份模棱两可,如果《Z先生的两次分析》是科胡特最自我表露的著作,那么在场具有双重意义。它既是指第二次分析中分析师相对于Z先生的在场,也意味着在这部充满个人印记的论著中,作者相对于读者的在场。套用卡夫卡的话,科胡特"坦诚地在众人面前生出(他的)蛋,并且让阳光来孵化它们。"

而我们的世界变得更加丰富、有意义。

参 考 文 献

Fogel, A. (1993). *Developing through relationships: Origins of communication, self, and culture.* Chicago, IL: University of Chicago Press.

Gampel, Y. (1998). Reflections on countertransference in psychoanalytic work with child survivors of the shoah. *J. Amer. Acad. Psa., 26*, 343-368.

Harrison, K. (2005). "And as Imagination Bodies Forth": Bakhtin and the filming of Shakespeare's Images. Presented at the Shakespeare Association of America Conference, Bermuda, 2005.

Jacobs, L. (2006). Dialogue, confirmation, and the good. In press.

Kafka, F. (1971). *The complete stories.* Ed. N. Glatzer. New York: Schocken Books.

Kohut, H. (1984). *How does analysis cure?* Ed. A. Goldberg. Chicago: University of Chicago Press.

Kohut, H. (1991a). Four basic concepts in self psychology. In *The search for the self: Selected writings of Heinz Kohut, 1978-1981.* Ed. P. Ornstein. Madison, CT: International Universities Press.

Kohut, H. (1991b). The two analyses of Mr. Z. In *The search for the self: Selected writings of Heinz Kohut, 1978-1981.* Ed. P. Ornstein. Madison, CT: International Universities Press.

Kohut, H. (1991c). On empathy. In *The search for the self: Selected writings of Heinz Kohut, 1978-1981.* Ed. P. Ornstein. Madison, CT: International Universities Press.

Laub, D., and Podell, D. (1995). Art and trauma. *Int. J. Psycho-Anal, 76*, 995-1005.

Miller, M. C. (1992). Winnicott unbound: The fiction of Philip Roth and the sharing of potential space. *Int. R. Psycho-Anal, 19*, 445-456.

Pawel, E. (1985). *The nightmare of reason: A life of Franz Kafka.* New York: Vintage Books.

Ringstrom, P. A. (2001). Cultivating the improvisational in psychoanalytic treatment. *Psychoanal. Dial, 11*, 727-754.

Spero, M. H. (1998). Book review essay: Mentalizing negative spaces in the wake of the holocaust. *Psychoanal Q., 67*, 698-713.

Stolorow, R. D. (1999). The phenomenology of trauma and the absolutisms of everyday life. *Psychoanal. Psychol, 16*, 464-468.

Stolorow, R. (2004). Autobiographical reflections on the history of an intersubjective approach in psychoanalysis. *Psychoanalytic Inquiry, 24*, 542-555.

Strenger, C. (2002). From yeshiva to critical pluralism. *Psychoanal Inq., 22*, 534-558.

Strozier, C. (2001). *Heinz Kohut: The making of a psychoanalyst.* New York: Farrar, Straus, and Giroux.

Sucharov, M. (2002). Representation and the intrapsychic: Cartesian barriers to empathic contact, *Psychoanal, Inq., 22*, 686-707.

注　释

1. 科胡特的论文完成时，也几乎就是阿特伍德和史托罗楼加入自体心理学协会的时候。他们的主体间理论极大地促进了在一个情景化的系统方法内整合科胡特的自体心理学。[历史渊源可参考 Stolorow，(2004)]

12 孪生和"他者":处理"差异"的自体心理学主体间方法

Amanda Kottler

当代自体心理学家和关系理论家,较之以往任何时候都要更多地谈及反移情,以及反移情对精神分析心理治疗师的工作的影响。文献资料中与创新性、创造性和勇气有关的论文纷纷出现,这些论文作者表露了他们自身的不同方面和他们的自体客体需要,试图阐明他们自身动力对治疗展开方式的影响。对于使用主体间理论的心理治疗师也是如此,他们注意到更加宽广的环境的重要性。对于能够承认自己也有类似需要的我们来说,将会知道在这些论著中,他们会给予我们大量具有肯定意义的孪生自体客体体验(twinship selfobject experiences),这些体验对我们的工作极为重要。

这类文献存在显而易见的空白。这些具有先驱精神的作者鲜有关注自身的"差异(difference)"对作为治疗师的工作的影响,这些"差异"表明他们属于我称之为的"弱势(或者少数)群体",并且社会上存在针对这类群体的偏见。承认这个空白,对南非这类国家是至关重要的(本章陈述的事情发生在南非),但也需要广泛讨论,而不仅仅针对南非。

缺乏这类文献资料并不令人感到意外。在这个层面上完成研究工作,要求研究者对自己身上的"差异"标签比较坚定且感到舒适自在,同时还要求研究者能比较坚定且坦然地承认这些"差异"在专业领域让他们挣扎。然而,实际情况是那些能够认同这种边缘状态的同行,因为缺乏(这类文献)而失去一系列极需的镜映和孪生自体客体体验。换个说法，缺乏（这类文献）使这些治疗师没有机会与专业同行进行重要的相互交流（Abramowitz，2001）。

缺乏这类文献是推动本论文成文的部分原因。尽管生活并工作在南非，在这里会更加敏锐地理解被边缘化的群体，本来应该鼓励我们就此反思与种族问题相关的工作，但我决定把重点放在别处——我自己的另一个"差异"点，也就是作为一名女同性恋治疗师。这并未减损这样的事实，即大部分我要说的不仅与同性恋治疗师遇到的差异有关，而且与异性恋治疗师可能会遇到的差异问题有关[1]。

本文阐明不可见部分如何导致多重且矛盾的方式，我们每一个人使用这些方式居于我们的性别和性，并且阐明部分转变——至少与性别和性有关的转变——是如何发生的以及为什么发生。在这个过程中，我将利用Mitchell（1993）多重自体（multiple selves）的观点，但更具体地说，是利用后现代的"话语（discourse）"和"话语实践（discursive practices）"概念。

在本文中，话语，反映了一组态度、意义和信念，并且会在一系列语境中对个体行为产生相当的影响。因此，话语导致各种不同的行为，或者反之，话语实践塑造了主体。实现途径是通过强调某些体验或知识领域，并且通过在他者那里创造裂隙或沉默（Davies & Harre，1990，in Kottler and Swartz，1995，p.184）。以稍微简单点儿的方式来说，话语实践类似于Brandchart（2001）的依恋行为模式或者主体间称之为的"组织原则（organizing principles）"（Brandchaft，1995，p.194）。无论使用什么术语，个体的主体性、他或她的行为和关于世界如何运作的信念都是如下因素的产物：（1）他或她的历史；（2）每个人在特定话语中占据的位置；（3）每个人的精神投注已经并且依旧占据这些特定的位置（Hollway，1984，p.238）。个体，认同他们自己居于某个特定的主体位置，"必然就会优先从那个位置的视角来看待世界"（Davies and Harre，1990，in Kottler and Swartz，1995，p.184）。那么，一个同性恋者就会从同性恋者的视角来看待世界，异性恋者或非同性恋者将会从异性恋者或非同性恋者的视角来看世界。但是，个体可能被不可预期而且常常是相互矛盾的方式定位于多重话语（multiple discourses）中。例如，临床资料表明，同性恋在异性恋者、男性或女性的话语实践中具有不同的意义。我们的自体感是以一系列二元对立的分类方式发展而成的，我们属于某些群体，例如异性恋群体，同时我们也就"自动地"不属于其他群体。性别、性、种族、宗教和残障，是5个这样的类别，并且无论是否喜欢，环绕着我们的性别、性、种族、宗教和残障的复杂的话语实践，塑造了每一次社会性相遇，包括我们的治疗性相遇。

　　令事情进一步复杂化并值得注意的是，我们在话语中占据的位置并不是简单地取决于理性、意识或者某个单一的方式——例如，根据生物学意义上的性。在任何一个特定的时刻，这个位置究竟由哪一种性别或者哪一种性来填充，主要取决于与话语关联的话语实践。因此在很大程度上，选择由社会建构，并且表达这些选择的方式，无论出于何种缘由，取决于个体对居于那个位置的情感承诺。这个选择总是能带来某种收益或保护，占据选定位置总是出于某个原因（Hollway，1984）。即便是所占据的位置可能看起来不合理，并且从其他结果来看，对这个位置感到心满意足看起来无法解释也是如此。这在本文呈现的资料中显而易见，资料涉及因同性恋而引发羞耻以至不得不尽力以异性恋的方式"过关（pass）"，如何在心理层面上削弱了个体的（同性恋）自体感、真实感、完整感和自体统整感。这份资料也表明为了适应，需要"过关（pass）"将会在心理上导致破坏性后果。在这里我正在参考主流话语，即认可异性恋是社会标准[3]。

　　简而言之，在呈现临床资料之前，我将给出本章使用理论的个人背景信息。我成长于一个非常僵化的环境，那里的思想或概念非黑即白、非真即假。对我的期待是要么喜欢某物、要么不喜欢某物。没有空间容纳不确定性，更没有空间改变我的思想。我大学第4年的时候（也就是进入治疗的第6年），作为一名有判断力的学生以及之后的职业变化——我曾是一家跨国石油公司的会计师，发现了社会建构主义、后现代主义和女性主义理论。这些理论极大地动摇了我所有关于世界和每个人运作方式的信念。我承认自己就是他们中的一员，并且意识到其他的可能性在向我打开，我可以活出我的生活方式。这些理论改变了我对自己的个人治疗的体验，因而改变治疗的本质，并且影响了我与我的患者的日常实践。这在接下来呈现的资料中将进行阐明。

获得这些发现的时候，我正在使用客体关系理论和克莱因的精神分析理论，感到信心不足并且不适用于我。大约在这个时候，一位杰出的自体心理学家（Peter Thompson）拜访了南非的亲属并发表了一些公开文献。这些自体心理学文献极大地转变了我对自己的理解和我对患者挣扎的理解，他们既挣扎于和世界的关系，也挣扎于在世界中的存在方式。再加之前述理论，让我意识到不同的观点或视角是有可能的。并且，最终，我发现主体间理论提供了一个整体性背景，连接起后现代主义、女性主义理论和精神分析自体心理学。把这些理论结合起来，使我认识到，"在这个世界可以获得共情性共鸣。"显然，孪生移情确认了我的这个感受，即我总归是"其他人类中的一员"——科胡特（1984）孪生移情的特征。我开始"看到这个世界的某样东西，它以前对我是不可见之物：存在某样东西，但是似乎在我过去的体验中并不存在"（Gehrie，2002，p.19）。依据科胡特（摘自Gehrie，2002，p.17）的理论，这就是分析治愈的一部分，并且是分析师共情理解的结果之一。我相信，我就是以这种方式尽力帮助弗兰克，他的案例资料如下。这个化名后的资料在很大程度上阐释了上述议题。

当我开始撰写本文，我就越来越意识到科胡特（1984）的孪生概念是如何在若干不同层面上缠绕在治疗本身和本章内容当中的。我轻柔地引导弗兰克，这个旅程类似于我多年以前的经历——他开始体验到其他人在根本上就像他自己一样，并且因此感到他是"其他人类中的一员"（Kohut，1984）。我相信，弗兰克的旅程比我的顺利，并且显然快多了。我认为部分原因是我的整合方式,我整合后现代思想、主体间性、女性主义理论和自体心理学,包括那些集中讨论多重自体的概念以及我们居于这些不同自体的多重方式的当代文献。但也正是因为存在孪生体验这个根本维度,从而使治疗师"在患者身上认出她自己"(Togashi, 2006, p.1),但它仅仅隐含在科胡特(1984)思想当中并且因此需要更进一步的理论化。从这个意义上来说,我将使用Togashi(2006)对科胡特未展开的概念化所增加的维度,因为我自己已经在这条道路上走过,这就意味着这个治疗存在一个重要的且意义重大的互利互惠的维度。

临 床 材 料

弗兰克的母亲把他介绍给我。他完全不知道治疗是做什么。那时,他正和母亲、继父以及同母异父的妹妹生活在一起。进入治疗时,他已经非常抑郁了并且持续了相当长一段时间。白天大部分时间他都是躺在床上睡觉,晚上,他就看电视。开始治疗前数月,他已经申请去当地一所酒店行业的大学学习,他说最初的部分原因是期望遇到其他的男同性恋者。入学条件取决于一个复杂项目的完成质量,但弗兰克没有精力并且害怕做事情。

弗兰克偶尔和妹妹出去跳舞狂欢,这是有利之处。弗兰克喜欢迷幻音乐,他后来在治疗过程中告诉我,他有时候会梦到自己是当地迷幻酒吧的一个DJ(唱片骑师)。一谈起这个,他就变得不同以往地善谈并且相当活跃。这与我们许多次沉默且晦涩的会谈形成鲜明对比,他在那些会谈中几乎一言不发。我最初不得不非常努力地与他工作,因为他无法忍受自我意识并且很害羞。我们几乎没有目光接触,他说话时总是低着头、目光紧紧地落在地板上。偶尔,他会抬起眼睛,穿过稍微剪短的头发偷偷地瞅我。他说话简短、刺耳,几乎没有连贯的句子,充满了"你知道"和"喜欢"这类词汇。尽管一直用这种方式沟通,但是我发现他曾经,用他的话来说,和服务生同事在一年前有过一次"可怕的"性经历。此事以弗兰克不情愿在餐厅"出柜"而终止,这是他们俩工作的餐厅。这令弗兰克感到极度羞耻,部分是因为他那时并不确定他是同性恋。背信弃义的感觉令弗兰克立刻离开酒店,自那以后就再也没有工作也几乎没有社交活动。尽管有这样的经历,并且在治疗早期这对我来说是难以理解的,但是弗兰克开始认定并且想要成为一名同性恋者。

在进入治疗的时候,弗兰克仅仅告诉母亲他认为自己是同性恋。他怀疑母亲已经告诉继父,后者在这件事情上保持沉默。但是,每当电视屏幕上出现一个漂亮女性,弗兰克的继父就会说些诸如此类的话,"嘿,弗兰克,她怎么样——对她着迷么?"这会激怒弗兰克,但是他坚信他必须回答"是的",因为这能有效地结束对话,即便这是个自我背叛举动。弗兰克的母亲显然对他宣称为同性恋感到很不舒服,但是非常关心他的幸福并且准备接受他是同性恋。

早期会谈,我们停滞或迂回复杂的讨论大部分都围绕着弗兰克痛苦地希望继父和妹妹认可他是同性恋。他非常恐惧紧跟其后的预期的耻辱。在这个意义上,弗兰克仿佛"正在开始探触最好的情况是什么,这是进入早期成人自体发展的一个艰难的阶段",他开始挣扎于"对文化自体客体支持的创伤性丧失"(Abramowitz,2001,p.4)。

在另一个理论层面上进行阐述,弗兰克挣扎于"异性恋规范"(heterosexuality as the norm)的话语内外该如何定位自己,并且断定他一生都要和他自己的性做斗争,他告诉我从有记忆起他就感到自己与其他男孩有差异。他从孩提时就去了一所男子学校,并且大部分时候,至少从客观的角度,看起来和同学相处和睦。他擅长运动并且体型健美,看起来是传统上很有男子汉气概的年轻男性,所以他能够作为异性恋"通关(pass)",并且因此成为Abramowitz(2001,p.11)称之为的"模范少数族裔"的一员。但是,从主体视角来看,要求自己努力被接纳为"男孩中的一员"令他付出心理代价。看起来最糟糕的是,从他的描述中,他感到离自己非常疏远,感觉自己像个骗子并且根本不真实。在这两者之间,他感觉在社会上一败涂地。

但是,还有比在学校更糟糕的经历在前面等着他。弗兰克同性恋的决定"提高了他的自体客体需要,这和任何生命过渡阶段一样,"(Abramowitz, 2001, p.3),并且把他置于与通行的文化标准相异的位置。他判断他是一个同性恋者,做出决定的这个阶段,"通常要获得至关重要的同伴的孪生自体客体体验和家庭的镜映体验,那就是在大学里和异性挽着胳膊约会或者带回家一个合适的年轻人以获得家庭成员的钦佩和接纳"(Abramowitz, 2001, p.4)。在弗兰克的案例中,他在周遭环境找不到人钦佩或认可他是一个同性恋。无疑,他没有感到他是"其他人类中的一员。"他不知道有任何可以从中获得他极度需要的自体客体支持的文化组织。而且,更糟糕的是,判断他是同性恋之后,弗兰克发现自己面临一个困境,也就是如何在社会层面成为一个男同性恋者。

从理论上来说,他势必将不得不开始一个在矛盾话语之间往复摆动的过程。在表明初始定位时,他在一节会谈中花费了大量时间"教育"我,用那些一再出现的、刻板的但却是主流的关于男同性恋者的看法,包括男同性恋者看起来是怎样的,他们的言行举止是怎样的以及他可以使用的话语体系。从他在家中、在学校、读过的书籍、看过的电视节目和电影所接触到的想法,弗兰克相信他必须是"娘娘腔和女人气的(camp and effeminate)",或者是"粗鲁、有攻击性的(butch and aggressive)"。他相信作为后者是不可能的,即使他是个传统概念上有男子汉气概的男性,但是他也太过羞涩以至不可能是一个"攻击者"。因此,他不情愿地决定自己不得不变得"娘娘腔。"为此,他在自己的卧室花费数小时看着镜子中的自己,尝试不同的手部动作,看看他如何能够做出"柔软的手腕",以便向他人暗示他是一个同性恋。他发现同性恋的语言体系,并且尽量尝试部分言辞并且用一种后来习得的口齿不清的方式表达。

但我问他,为什么他觉得必须习得这些行为方式,他描述了一种恐惧,这种恐惧来自如果他不这样做，将永远不会有人注意到他是一个同性恋者，因而永远也无法找到一个同伴，但是他是如此地需要有一个同伴。他一年之前的经历，他在同性恋俱乐部（他在这里观察到不同的行为举止）逗留的那段时间令他倍感折磨，主要因为他极度羞怯，也因为服务生同事曾对他做过的事情。尽管如此，在某种程度上这也表明了他至关重要的需要——科胡特版的孪生自体客体体验，也就是，需要体验与他人相似，他就必须让自己在公共场合表现得"像同性恋的样子"，那么在大型购物中心或者电影院就会有其他同性恋者接近他，从而踏出"第一步"。按照这种方式，就呈现出前述Togashi附加的维度，即其他人在弗兰克身上发现自己。但是，这是一把双刃剑，因为以这种方式穿着和言行，很有可能会让他显得古怪，并且被他的家庭或原先学校的朋友们"发现"。他知道这会令他充满羞耻，并且他很恐惧被发现以后这些创伤性嘲笑和污名必会紧跟其后。

我完全认同弗兰克的困境，而且我不能忍受他对自己所做的事情。我很明白自己处于这一挣扎之中。26年以前，早在我知道心理治疗之前，当时我处于类似的抑郁状态，我的前男友让我认识了一群女同性恋者，她们大多穿着牛仔裤、运动鞋、格子衬衫，没有一个人化妆。一见面她们就邀请我加入几周前刚刚成立的"女同性恋群体"。那个晚上，她们邀请我去一个男同性恋和女同性恋夜间酒吧。这是我第一次去这样的酒吧（而且不幸的是，这并不是最后一次）！那个晚上的模型场景让我感到震惊和困惑，我遇到杰米，一位极具男性化外表的女性，穿着牛仔裤、短靴、格子衬衫。她没有化妆，我们津津有味地讲述她和同伴之间的故事，她描述同伴的妆很浓，穿一条有粉色花边的粉色超短裙，和一双粉色高跟鞋。她们的故事包括：她期望同伴工作后回家就为杰米准备晚餐，期望同伴为杰米摆好拖鞋并放好洗澡水以及其他类似的期望。我清楚地记得那个夜晚离开俱乐部时我感到很绝望，因为我越来越认为自己是同性恋，而从今晚开始意味着同性恋就要成为一种现实意义上的称呼。我将必须成为女同性恋的男方或者女方吗？我该选择哪方？那时我还是跨国石油公司的一位会计师。我穿着很正规，这是我的工作所需——我化妆，穿衬衫，戴珠宝首饰，等等。晚上由于要参加（女同性恋）讨论小组，我冲回家，清洗干净所有化妆痕迹，换上牛仔裤、跑鞋和刚拿到手的格子衬衫！有一个晚上，我和一群非女同性恋朋友去剧院。我穿得很漂亮，化妆，然后撞上讨论小组的部分成员。我很震惊、混乱，期望脚下的地板就此裂开一条缝好让我消失。针对这个议题的工作花费了我很长一段时间，受益于之后26年话语体系的改变。我慢慢地转变环境并从中找到足够的且合适的孪生自体客体支持。

科胡特（1959）主张，为了达到真实的共情，治疗师必须在自己身上或者经历中找到某样东西，能在情感上和患者的描述产生共鸣。我相信上述经历使我能够理解弗兰克感到必须把自己铸成某个样子的感受，这对他确实不容易，并且这样做在心理层面是有危险的。我感到弗兰克不情愿地戴上娘娘腔和女人气的人格面具，只会让他在疏离和痛苦的道路上一去不返。我的工作就是帮助弗兰克认识到，为了在世界上找到共情共鸣（Gehrie, 2002），他不必把自己改造成一个单调、扭捏作态和女人气的人。我知道对于任何一个人，无论是理论上还是个人层面，这都将是限制性的、疏离的，会很痛苦并导致心理伤害。它仅能发展出更加疏离的自体，并带来更大的丧失，也就是丧失我刚刚在他身上看到的令人愉快地带有个人特色的和潜在地多面向的自体。

主体间性、后现代理论和女性主义理论促使我在此时提出这个疑问——我们在治疗中处理谁的病理？透过这些理论透镜，我很清楚弗兰克主要挣扎于他所在生活环境的信念系统和主流话语之中。他挣扎于主流话语带来的影响，他几乎一直都是在这样的话语下生活，每个话语都在固化这样的信息：异性恋是正常的，其他形式就是"与众不同的"和"对立面"。成为与众不同的和对立面意味着不正常，应该感到羞耻并且每个人都会觉得很可笑——可笑，是因为在电影中刻画的男同性恋看上去都很可笑，例如《鸟笼》

(*The Bird Cage*)，弗兰克一直用这部电影作为参考。

对于他最突出的挣扎及沮丧和抑郁的主要来源，我并没有概念化为源于他的羞涩和缺乏自信或自体障碍，而是概念化为源于信念系统，而弗兰克在试图适应这些。这包括强加给他的信念，源于长期存在的"异性恋是规范"的话语体系和定义同性恋行为举止的话语体系。认识到这一点，我决定——至少是一开始就决定——对于这个治疗，我需要限定但非常明确地集中治疗目标，其中之一就是引入可选择的话语和话语体系，或者引入不同的文化"标准"。我期望这些发现能够使弗兰克发现一种共情性共鸣并最终感到是"人类中的一员"（Kohut, 1984），到目前为止他尚未能在当前的环境中找到。

每当我试图挑战弗兰克给出的观点，我发现我都不得不忍住不说话，我挣扎着执行我的治疗目标，但是，无论是从理论上还是在个人层面，我知道他是有其他选项的，我决心试着推动他发现这些可选择的选项，从而能够使他认识到他可以获得共情性共鸣（Gehrie, 2002）。我想要鼓励他稍稍试试这些选项，以便他能够在这些话语中找到自己恰好的位置。

回想并思考Togashi（2006）关于孪生（自体客体体验）的附加维度，看起来弗兰克可能感到我在他身上认出我自己的某样东西。但是，在意识层面，他显然并不知道我是同性恋，看起来他也没认为我可能见过或者知道其他同性恋男性或女性。我认为他看到了一位中年的、异性恋的、专业的女性。我判断治疗早期让弗兰克知道我是一名同性恋者或者让他知道我从一个个人的视角知道关于同性恋歧视的一切，是不合适的。我相信，摆在他面前的与他的性有关的整个议题，令他彻底混乱和含混不清，以至他必须找到他自己的声音、找到他自己穿过这个迷宫的道路。但是，我知道这个过程带来的痛苦，我感到他需要一些帮助，就像26年前的我一样需要帮助。我也知道这个帮助一开始就不能来自于其他混乱的男同性恋者，例如他的第一个性伙伴。可以理解地，这个早期经历留给他的是信任丧失和恐惧，从而让他感到被彻底孤立、极其孤独和混乱。

由于与集体孪生自体客体支持完全切断,也导致弗兰克理想化自体客体支持的需要无法得到满足(Abramowitz,2001,p.5)。他深切地感受到这个缺失。我担心他当前的抑郁会加重,很有可能发生自杀行为,或者很容易进入另一段痛苦和剥削的关系,这类关系会加深他的抑郁。重要的是,他需要遇到并且体验到这样一些他者的存在,就像我一样,这些人"完整且有成效的自体已经穿越文化壁垒的崎岖地形,或者因为他们正沿着成年期的发展道路向前发展,他们已经从这个关系伤害中修复并恢复自己从而发展出他们全部的潜能"(Abramowitz,2001,p.1)。

从自体心理学的视角来看,这个发现将会成为他的一个镜映体验,并且很有希望提供他重要的、具有发展意义的孪生(Kohut,1984;Togashi,2006)自体客体体验或者是密友(kinship)(Basch,1992)自体客体体验。要达到这个目的,有必要支持他试图研究谁和他有类似的兴趣和愿望,以便能够找到一个同伴团体,使他能够与之认同而不是感到被疏离。

在这个过程中,与"心理成长的蔓卷"或者托宾和拉赫曼描述的"前缘(forward edge)"保持同调,我期望弗兰克能够找到一条发挥他全部潜能的道路。我想让他体验到对自体各面向的探索——这些看起来就属于他自体的所有组成部分,并且让他能颇为自在地面对它们的多样性和相互之间的矛盾。例如,与更加女人味的自体待在一起,这部分自体喜欢戴首饰、喜欢烹饪并做得异常美味,我留意到他开始越来越多地尝试这类事情。但是,他也爱看英式橄榄球和足球,对房子修缮类的男性传统手工零活相当在行,例如粉刷和修理。他常常和继父一起愉快、友好地做着这些事情。我期望他能够对所有这些感到舒适自在,并且随着他的心境和环境的变化,能够在自己的这些面向之间自如地进出。

我的前期干预之一与"读书疗法"有关。回想起来,它促进家庭动力转变为紧密一致的自体客体支持系统,支持弗兰克正在浮现的自我身份认同。我给了弗兰克一本书的修订更新版(Clark,1987),26年前我购于开普敦的一家百货商店，那时我正处于和弗兰克类似的状态。我告诉店员这是买给"我的一个朋友"。事与愿违的是，店员把书放进透明的包装袋，我记得走出商店在赶上火车回家前我拼命地试图遮住书名。

弗兰克把它带回家，匆匆地浏览一遍。他发现这本书很有趣。作为南非人，他尤其喜欢作者把同性恋歧视等同于种族歧视的看法。但他不是一个很爱读书的人，之后就把书拿给他的妈妈。她津津有味地阅读并热烈地和弗兰克讨论其中的很多内容，弗兰克喜欢和妈妈讨论这些。后来，弗兰克相信他的妈妈一定和继父与妹妹分享了书中的内容，因为随着治疗的继续，很明显他们开始理解并且似乎接受了他是同性恋。让他很惊讶的是，他们看起来并没有被吓坏。他的继父不再评论电视中漂亮的女性，同母异父的妹妹是他接触到其他的同性恋的主要途径，包括男性和女性，戴夫就是其中之一，对弗兰克极为重要并让弗兰克决定结束治疗。而且，弗兰克开始发现其他一些与他亲近的人，他们"愉快地回应他，成为他理想的力量和平静的来源，安静地存在但是其实很喜欢他，并且，在任何情况下都能够领会他的内心生活"（Kohut in Abramowitz，2001，p.3）。他开始感到自己是其他人类中的一员。

为了帮助弗兰克在家庭之外找到其他有相同困境或者已经找到解决办法的人（Belchner，1996，p.232），我告诉弗兰克我无意中发现的三角项目（Triangle Project）。那是一个同性恋组织，有图书馆、艾滋病志愿工作者、咨询项目等，不过，令人遗憾的是那时没有会员团体考虑同性恋议题，例如"出柜"。在弗兰克致电他们询问是否有这样一个团体可以让他加入，我才知道这个。他从未尝试任何其他可能的活动，例如志愿者工作、在图书馆读书或者帮助分类登记捐助到组织的同性恋图书。

随着弗兰克触及生活的各个方面，他依旧态度冷漠，但是出现托宾描述的"前缘"状态，也就是每当我们讨论起酒店业和用以申请大学课程的项目时，房间里就充满活力。在这些讨论的过程中，弗兰克完成了项目并且获准进入大学。这是对他的巨大肯定。

在等待上课期间,弗兰克开始寻找服务生的工作。他告诉我,他知道"同志友善餐厅",因为他以为我不知道,所以向我解释这意味着什么。我专注地倾听,他似乎真的相信这不是件不言而喻的事情,这一点吸引了我的注意力。他说它们是他唯一想要去工作的那类餐厅,从个人的角度,我完全理解他想要和像他这样的人在一起。

但是,看起来他毫无进展。他只是在尝试一些很小的餐厅工作并且仍旧极度害羞。这让我很难想象他能通过任何形式的面试从而得到服务生工作。尽管我能体验到他和我谈论起酒店业和DJ时兴致盎然,但是我不清楚他在治疗外是怎样的,我不确定在其他场景下也必然如此。他的生活和行为方式很有可能有不同面向,但是我看不到。因为这些原因,我没有询问有可能让他质疑这条道路、转而寻找其他赚钱的方式。相反,我帮助他实现了这个想法。

我知道一位同性恋男子,相貌平常,相对男性化,既不是很娘娘腔也不特别粗鲁(至少在他的专业领域中),并且拥有一个很大的餐厅。再者,我知道餐厅在开普敦的"粉色地图(pink map)"上。我告诉弗兰克,我在某个地方发现"粉红地图",并且我听说酒店属于一个同性恋男子,但我和餐厅的老板没有任何联系,我建议弗兰克也许可能尝试在那里找一份工作。我说我曾经去过那个餐厅而且很喜欢那里。

弗兰克联系了餐厅,餐厅雇用了他并接着为他安排了一次短期培训。他在一次面谈时遇到了餐厅的老板,并且在一个沙滩上看到他,弗兰克常常和一个女性朋友一起去这个沙滩。能够向这样一位成功且相貌平常的男士点头说"hello",让弗兰克感觉很好,并且仅仅是因为我告诉他才知道对方是同性恋。这令弗兰克相当吃惊,他之前从未遇到过一位同性恋男子无论是外貌还是举止,既非娘娘腔和女性化,也不粗鲁,没有攻击性,而且很成功**并且**"出柜"。用Abramowitz(2002)的术语,这位男性显然已经"以(一个)完整且有成效的(自体)穿越了文化壁垒的崎岖地形"(p.1)。

弗兰克从这时开始看着我说话。他期盼着他的大学课程和同学,他仍然确信大多数同学是同性恋。通过两位"年长的"女同性恋者(实际她们比我年轻20岁)的介绍,他遇到了戴夫,戴夫提供了弗兰克所需的理想化自体客体体验。戴夫是一位30岁左右的同性恋者,离婚且有两个儿子。他是成功的专业人士,在专业领域和个人生活中都已经完全"出柜"。弗兰克描述他看上去有男子汉气概并且似乎自体完整且富有成效。弗兰克调侃地说戴夫既修理汽车同时又"在同性恋酒吧跳足尖舞"。弗兰克爱上了他,戴夫受到弗兰克家庭的喜爱并且成为那里的常客。首次见面后不久,弗兰克就和戴夫住在一起,他们俩开始频繁地一起吃晚餐、一起去同性恋酒吧、一起去看电影。弗兰克感受到人性光辉并且充满能量。通过戴夫、女同性恋伴侣和他的家庭成员,就如科胡特(转引自Abramowitz,2001,p.3)描述的,弗兰克开始拥有了某种发展上必需的同伴孪生镜映和家庭镜映。弗兰克发现外面的世界有像他一样的人,并且完全能够获得共情性共鸣。按照科胡特(转引自Gehrie,2002,p.6)所说,这是成人生活安全感的重要成分。

科胡特(转引自Abramowitz,2001,p.2)也坚持认为"当成人体验到成熟地选择自体客体所带来的自体增强作用,过往生命阶段的所有自体客体体验都会在无意识层面回响。"我相信这就是弗兰克身上所发生的,并且在这个意义上,有些冒险地给出这个治疗建议,尽管有些非正统,但具有变革意义并且肯定没有进行指导和教育。

治疗进展到这个时刻,弗兰克变得越来越自信。我们开始讨论结束治疗并在6个月后结束。尽管我知道弗兰克的治疗工作已经完成很多、还有很多有待完成,但是任何一个治疗都是这样,毫无疑问,此时的确有很多的理由支持结束治疗,部分原因上面已经提到。总之,这个治疗与成为一个好客体无关。也没有推动弗兰克沿着减少紧张和冲突的方向。我坚定地相信孪生体验的重要作用,它在发展阶段上是恰当的而且具有转化作用。弗兰克发现自己可以获得共情性共鸣,可以从其他文化组织获得集体自体客体支持，这些发现对处于关键发展阶段的他来说至关重要。在弗兰克感到被隔绝在集体自体客体支持之外而严重抑郁且有自杀倾向的时候，这使弗兰克能够获得至关重要的肯定和欣赏。最后，依据科胡特（转引自Gehrie，2002，p.17）的观点，"精神分析的治愈之道，本质上在于患者新近获得的能力，也就是当自体客体在他的现实环境中出现时，患者有能力辨识并找到恰当的自体客体——包括镜映的和可理想化的——并且能够得到这些自体客体的支持。"

我相信弗兰克已经具备了这样的能力。他在现实环境中已经找到来自文化自体客体和关系自体客体的支持，并且他自己和他的自体客体之间的关系也相应地发生显著改变。弗兰克的自体变得更加统整，从而提高弗兰克使用自体客体支持自己的能力。这有助于推动他自由地选择（恰当的）自体客体。他找到一个合适的方式"出柜"并且自娱于他的多样性。就如他所想象的，多样性使得他能够找到而不是丧失，"他所在的人类环境具有相当的代表性……愉快地回应他……他可以获得……理想的力量和平静的来源……安静地存在但是其实很喜欢他，并且，在任何情况下都能够领会他的内心生活"（Kohut in Abramowitz，2001，p.3）。在这个时刻，我们一致同意假如他将来感到有必要，他可以并且会回来继续接受治疗。

当我开始准备本章案例资料的时候，我才在意识层面认识到弗兰克"出柜"的过程和我自己26年前的历程非常类似，以及这种相似性对治疗展开方式产生怎样的影响。随之而来的问题就是治疗师和这类患者开展治疗工作的含义，这些患者来自不同文化，或者经验组织方式不同、呈现的问题让我们没有情感共鸣，或者没有理论工具帮助理解导致患者问题的环境复杂性。

本章把重点放在作为同性恋治疗师的我。但是，因为我突出了社会/文化领域的重要性，它是超越治疗二元关系的关键环境，不仅影响了治疗过程而且塑造了每个参与者的主体性，所以本章也就差异和他者这一普遍性问题发表相关观点——差异既存在于我们自己身上,也存在于来访者身上。这就使我们有可能做到科胡特(1959)认为我们需要做的*以便替代性反思、"真实地"共情;从而在治疗过程中恰当行动,因为我们大多数人——即使不是所有人——都生活在多样化的话语范围内,同时对其中任何一个(话语)都很难感到完全轻松自如。但是,要做到这些,我相信我们需要来自他人的自体客体支持,他们能够共鸣于我们特定的差异或者是边缘化状态带来的影响。这就是推出这篇论文背后的动机;我想要填补我看到的显而易见的空白。弗兰克在他的生活环境和发展阶段所需的这些(自体客体支持),作为治疗师的我们也需要从我们的文化/专业组织获得。在我们的专业环境中,我们需要获得肯定的自体客体体验,同时与同行专业人员保持重要的令彼此受益的交流(Abramowitz, 2001)。我希望本章将鼓励其他人(治疗师),并且分享类似的与多样化和差异的治疗工作经验,既从理论视角,也关乎我们在治疗空间与"差异"的工作。

参 考 文 献

Abramowitz, S. (2001). Adult homosexual development and the self. Paper presented in workshop entitled "The Self and Orientation: The Next Step" at the twenty-fourth annual International Conference on the Psychology of the Self, San Francisco.

Basch, M. F. (1992). *Practicing Psychotherapy: A Casebook*. New York: Basic Books.

Blechner, M. J. (1996). Psychoanalysis in and out of the closet. In B. Gerson (Ed.), *The therapist as a person* (pp. 223-239). Hillsdale, NJ: Analytic Press.

Brandchaft, B. (1985). Resistance and defense: An intersubjective view. In A. Goldberg (Ed.), *Progress in self psychology, vol. 1* (pp. 88-96). Hillsdale, NJ: Analytic Press.

---

* 请见前述"为了达到真实的共情,治疗师必须在自己身上或者她自己的经历中找到某样东西,能和患者的描述在情感上产生共鸣"。——译者注

Brandchaft, B. (2001). Obsessional disorders: A developmental systems perspective. *Psychoanalytic Inquiry, 21* (2), 253-288.

Clark, D. (1987). *Loving someone gay*. Berkeley, CA: Celestialarts.

Gehrie, M. J. (2002). Heinz Kohut memorial lecture: Reflective relativism and Kohut's self psychology. In A. Goldberg (Ed.), *Postmodern self psychology: Progress in self psychology, vol. 18* (pp. 15-30). Hillsdale, NJ: Analytic Press.

Hollway, W. (1984). Gender difference and the production of subjectivity. In J. Henriques, W. Hollway, C. Urwin, C. Venn, & V. Walkerdine (Eds.), *Changing the subject*. London: Metheun.

Kohut, H. (1959). Introspection, empathy and psychoanalysis. *J. Amer. Psychoanal. Assn., 7*, 459-483.

Kohut, H. (1984) *How does analysis cure?* Ed. A. Goldberg with P. E. Stepansky. Chicago: University of Chicago Press.

Kottler, A. E., & Swartz, S. (1995). Talking about wolf-whistles: Negotiating gender positions in conversation. *South African Journal of Psychology, 25* (3), 184-190.

Mitchell, S. A. (1993). *Hope and dread in psychoanalysis*. New York: Basic Books.

Togashi, K. (2006). A new dimension of twinship selfobject experience and transference. Paper presented at the twenty-ninth International Conference on the Psychology of the Self, Chicago, IL, October 26-29, 2006.

Tolpin, M., & Lachman, F. (2006). Forward & leading edge transference: Application to doing psychotherapy. Paper presented at the twenty-ninth International Conference on the Psychology of the Self, Chicago, IL, October 26-29, 2006.

注　释

1. 显然，以非常类似（而且非常不同）的方式，本章所讨论的也适用于其他被边缘化的差异范围，例如种族、文化或宗教、婚姻状态和残疾等等。

2. 相比对同性恋恐惧症（homophobia），我更喜欢这个词（homo-prejudice，同性恋偏见），前者有误导性。

3. 我们可以加上诸如"白人是正常的"或者"结婚是正常的"之类的主流话语。[那些早已选择单身的女性,不是也讨厌被询问"小姐(Miss)"还是"太太(Mrs.)"吗,尤其是随着我们越来越年长,同时被迫背着污名化的老处女身份,接待我们的银行职员就会这样问,却拒绝听进我们的回答,"女士(Ms.)"?]

13 自体心理学的关系精神分析：即兴时刻

Philip A. Ringstrom

美国全国广播公司（National Broadcasting Company，NBC）电视台广受好评的连续剧《办公室》（*The Office*）中，迈克尔·斯科特［由史蒂夫·卡瑞尔（SteveCarell）扮演］是一个臭名远扬、非常自恋的老板，他在业余时间参加即兴表演（improvisational acting）课程。尽管在全剧前两季，《办公室》的粉丝们已经见识了浮夸的、自我膨胀的迈克尔一再地像个小丑样的表现，也看到他的确是一名杰出的演员。但也正是在即兴表演课上，粉丝们最为清楚地看到为什么迈克尔在所有的关系中反复失败，包括工作关系、恋爱关系以及现在的表演关系。

迈克尔渴望在每一场景中出场并且蛮横地不肯让步，老师迫于他的压力而不得不妥协，迈克尔就总是选定相同的角色跳上舞台。他立刻变成某类执法官员（例如，警察、侦探或者联邦调查局探员）、挥舞着手枪，无论他的搭档发起怎样的互动，他都会在数秒之内就把双手紧扣的手指枪指向搭档并高喊道："不许动！侦探迈克尔·斯科特！"。进而，无论他的搭档如何回答，他必定射杀搭档，有时还会得意忘形地射击根本就不在场幕内的场边同学。指导老师尴尬地恳请他听听搭档在说什么，并且考虑其他戏剧性选择，但迈克尔坚持认为在每个场景中拔出枪非常具有戏剧性、非常有气势，他喃喃地说，这远胜于其他同学的"无聊场景"。

于是，某种真正即兴的场面出现了：他的指导师走上前、命令道："迈克尔！不准再有枪！交出你的枪！所有的！"猝不及防，迈克尔勉勉强强地用哑剧表演的方式假装拔出一长串枪，从胳膊下、皮带中、皮套口袋里，一个接着一个，他的指导师也相应地假装一个个地接过来并放在旁边一张想象的桌子上。在那个很少见的情况下，迈克尔被推动着暂时改变他性格中的刻板行为。他被引导着进入与他人一起表演的时刻，而不是强迫性地控制他人。这个短暂的沟通捕捉到一个即兴时刻（improvisational moment），"征服者与被征服者（doer and done to）"（Benjamin，2004）之间控制与服从的互补配对被打破。换言之，关系形式从主体-客体转变主体-主体（Benjamin，2004），或者是从"我-它（I-it）"关系转变为"我-你（I-thou）"关系（Buber，1923）。再者，他们的场景本身就成为共同创造的"第三个"要素，两者都不能单方声称是这个场景的唯一原著者（Ogden，1994），但是演员双方的创造性贡献却必不可少。这个场景与之前的场景形成鲜明对比，在那些场景中，一个人的主观世界观控制了其他人的世界观，"负性第三方（negative thirdness）"（Ringstrom，2001a）令双方都感到窒息。所有这些术语随后将进行详细阐述，但是现在它们暗示，对于正在困境、对峙和僵局中挣扎的分析性二元关系，即兴表演能够起到即刻从中解脱出来的作用。同时，关于表演（play）（本章以即兴时刻这个术语来进行讨论）是怎样遭遇失败的以及需要发生些什么以便表演能够继续下去，这个简短的案例片段也捕捉到这类问题的某种精髓。在这个片段中我们可以看到，这些似乎与即兴演出（improvisational play）在精神分析中的作用相当一致。

　　前述场景捕捉到特征性病理如何以一种恒定形式表现出来。这类恒定的组织结构已经被众多理论者（Stolorow，Brandchaft，& Atwood，1987；Mitcher，1988，1933）以多种方式进行讨论，都暗示人格组织把它的压迫性强施于各种各样的关系场景中。迈克尔在表演中的所作所为，就是他日常的所作所为，他一直都必须做老板。在这个情境脉络中，迈克尔在无意识层面是个典型的恶霸，不过看到自己是这样一个人会令迈克尔无法忍受，所以他常常伪装成想象中的掌权者，仿佛他想象自己在所有的生命戏剧时刻都是个很有幽默感的演员。

但是，和迈克尔的恃强凌弱不同，实际上他的同学遵守即兴剧场的基本规则，即始终接受你在场景中的伙伴呈现给你的现实，依据给予创造性现实进行表演和合作，正如你期望你的搭档演员也这样做。即兴剧场依靠这个原则，精神分析的即兴时刻也是如此。

然而，令指导老师深感沮丧的是，每个遵守这个基本原则的同学都被射杀身亡，每个场景都戛然而止。实际上，迈克尔的控制导致即兴表演尚未开始就结束。指导老师上前没收了迈克尔的枪，使即兴领域得以恢复，但是他并没有简单地要求迈克尔在后续场景不能带枪——那仅仅是翻转了控制的角色而已，而是以表演的方式接受了迈克尔拥有"各种枪"的"现实"。这样做，他就能够以表演的方式坚持迈克尔真的（通过想象性的动作姿态）"交出它们"。这个推进即刻共同创造了一个过渡空间（transitional space），能够在其中与迈克尔僵硬的人格组织一起表演，而不是屈服于它。简而言之，不是单纯地通过共情或诠释迈克尔（或者就此而言，任何一个患者）自我挫败的人格特征来注解这一时刻，而且指导老师/治疗师"进入"演员/患者恒定的组织结构内，以它特有的"假装（as-if-ness）"模式投入其中，却接着做些完全不可预知的事情来应对它。这就是即兴时刻的形式和实质（Ringstrom, 2007a, 2007b）。

前述场景的研究，不仅阐明了即兴表演如何起效，也高度提示了心理治疗中经验世界的展现，完全不同于老生常谈般的传统分析技术的脚本化心理治疗。我在早期发表的文章（Ringstrom, 2001b, 2001c）已提出这个观点，也就是，把经典剧场（classical theater）和经典精神分析技术进行对应，把即兴剧场（improvisational theater）和精神分析中的即兴技术（improvisational techinique）进行对应，并在这两个隐喻性对应关系之间做出区分。前者的态度所持的立场是：任何一个精神分析理论中，那些"已知（known）"的，有助于给出分析设置的角色、脚本以及叙述；后者，即兴表演的态度让我们投入并沉浸在一种未知和不可预测之中。

传统精神分析最引入注意的老生常谈是三个理想，Mitchell（1997）和Hoffman（1998）以及其他关系学派的学者们对其进行了大量挑战。这三个理想分别是匿名、中立和节制，都是旨在培养一种治疗客观性，但是Knoblauch（2004）指出，这是试图制作未被污染的诠释神话。尽管诠释是"谈话治疗"的特征——正如Knoblauch指出——但是最近几年，有关活现（enactment）的研究已经取代了词语联想和诠释在分析性注意力（analytic attention）中的核心位置。从这样的研究进展来看，那么（在治疗场景中），与前述场景的即兴表演相一致的是什么？

首先，即兴行为常常从陌生的相遇开始，要么我们（演员/人）从未碰过面，或者如果碰过面，我们期望这次的相遇新颖独特。这种新颖独特性可能指发展令人兴奋的事情，或者指发生深层次的冲突而且需要去解决，但无论是什么，它需要我们的关注。注意，这个体验和比昂（1965）的告诫非常一致，比昂告诫分析师"不带记忆或欲望地"投入和被分析者的每一次会谈，就仿佛他们是第一次相遇。我们如何接近这样一个"现在时刻"——其是一个"机遇时刻"，也被称为"契机（kairos）"——将会使我们每个人以一种"松散的、动力性的和高度不可预测的"方式（Stern，2004）带出某样东西。这就意味着，即兴时刻已经准备好将"非成形的体验（unformulated experience）"（Stern，1998）推进为一个预期的、幽默的和有意义的体验。无论是在剧场的剧本中还是在治疗性相遇的剧本中，每一个演员在他们的特征性性格、前反思性无意识和组织原则中唤起某些东西，如果你愿意（Stolorow & Atwood，1994），那常常来自无意识觉察的领域（Stern，2004）或者是"未经思考的知道（unthought known）"（Bollas，1987）。不用说，在生活、剧场和治疗中，阻碍即兴表演的恰恰是恐惧展现这些，起初是恐惧向自己展现这些，进而恐惧向另一人展现这些。那么参与者们如何才能够敞开心扉，以便允许未经预演的、没有脚本的、"未经知晓的知道"可以浮现出来呢？

现在，事情能否在治疗中"前行（move along）"（Stern，2004）以便能够促进这些裂缝（openings）的出现，关联于主体间场域的任何一个局部时刻（local moment）的相对开放性或封闭性。依据斯特恩（2004）的观点，这个场域是由一个基本的主体间动机——知晓他人并被他人知晓——建构起来的。这要求在定义、维持或重建个体的自我身份的同时，读懂彼此的意图和感觉。

主体间场域的即兴时刻反映了一种相互的认可正在涌现。因此，无论是在即兴剧场还是在治疗中，一个适切的场景表明每个参与者的体验都有一种"匹配（fit）"或者斯特恩（2004）称之为"协调性（fittedness）"的感觉。我相信在这类时刻中，每个人都有一种感觉，"就好像贴合在我的皮肤上"。虽然设法推动迈克尔超越其人格组织中令人气馁的压迫性，但是表演性地引导迈克尔放弃他的"枪"实际上与他内在的人格组织非常"匹配"。这一时刻的协调感与其他许多时刻形成对比，后者并没有这种特性，并且令人悲伤的是，在一些分析中几乎从来没有出现过这种协调感。正如Stern指出，"当我们不是主体间导向，将会升高焦虑并且启动应对或防御机制。"他把这种状态称为主体间焦虑，并且这种状态必然以类似的方式占据患者和治疗师[1]。

实际上，处于主体间焦虑状态的双方很容易发展出Benjamin描述的分裂性互补（split complementary）状态或者一高一低的位置。与其说是每个参与者都以类似的方式影响有助于开放性和创造性的主体间基质，不如说分裂性互补触发了相互之间和内部的偏执性交战。戒备紧随其后，针对谁的观点应该在现实中得到支持而展开一场你死我活的竞争。乃至双方竞相摆脱低位、进入高位，Benjamin也称其为可逆转互补（reversible complementary）。实际发生的分裂性互补可能是一个场景失去内聚性，结果引发这方、那方或者双方的淹没性焦虑，导致他们在近似于你死我活的权力之争中竞相争夺这个"场面"的控制权。不幸的是，这种交互策略在人类关系系统中很常见，无法建构起有助于即兴表演和改变的主体间情境。实际上，它复制了共同毁灭原则（mutually assured destruction）的系统疯狂，这个原则通常出现于核军备竞赛、闹市帮派之间的报复杀人、不断升级的配偶虐待和中东地区的复仇性杀戮这类事态中。

分裂性互补在糟糕的即兴表演中也很明显，此时演员的一方忽视了另一方。看看这个可怕的场景：演员A对演员B说，"你是那种类型的出租车司机吗，就是开得比我外祖母还慢的那种？"当B这样反击，他就毙了一个即兴表演，"我不是一个出租车司机，我是一个'开'拖拉机的农场主！"B演员不愿意接续A的视角，而且，B忽视并替之以他自己的。A试图挽回这个场景，于是上演"疯了"，例如说，"哦，我好傻，我今早一定是把我的药给忘了，我现在有个幻觉，我们在出租车上！"但是，注意他试图挽回之前的情境，演员A做了和许多人为了寻找爱、建立关系而做的同样的事情，也就是，放弃他们自己的现实版本。正如Davies（2003）指出，在激烈的关系困境中，"为了感到神志清醒，我必须放弃爱；为了感到被爱，我必须放弃我的神志清醒。"从自体心理学的立场来看，这是患者和分析师彼此的自体客体需要发生破裂，导致的结果就是要么危及他们的统整感和价值感，要么为了维持依恋而导致麻木的"病理性涵容"（Brandchaft, 1993）。

接下来我将转向我的一个患者，来具体化一个即兴相遇（improvisational encounter）。D是一名研究生，20岁出头。本文写作完成前一年左右，D经由美国东海岸的同事转介而来。D和我的工作频率是一周一次，除了假期和旅行回家有中断外，工作一直很稳定。他来找我是因为社交焦虑问题，尤其是与朋友会面时的焦虑，无论男性朋友还是女性朋友。

在一次特别的会谈中，我们一直在讨论他的假期、和家庭在一起的时光、他失去远方的女朋友，并混杂着其他一些主题。和大多数治疗会谈过程一样，每个主题都抵达某种暂时的"结论"。主体间序列有它自己的开始、中间和结束的过程，持续时间常常很短。实际上，这就是为什么心理治疗会谈能够像一系列戏剧场景一样被有效检视。这类主体间时刻能够展露生命的重要面向，否则就不在觉察的范围内或者游走在觉察的外围。斯特恩（2004）指出，当二元关系中出现某种信号，即这个讨论暂时实现了我们的意图或者"我们没有到达那里，所以让我们放下它、到别处去"，那么这类序列就临近结束。

所以，突然，D对我说，"如果我们改变主题，行吗，因为有个我好奇的地方现在想起来了。"我说，"哦！"

D问，"为什么你的脸看上去总是那么严肃？"我请他给出一些解释，他说，"我不知道，就是你的脸这么严肃，你知道吗，就好像是假的。"这当然就是波士顿变化过程研究小组的"现在时刻（now moment）"，是一个机会时刻或者契机。我称之为让人愉快的"要命的（holy shit）"即兴时刻。

有一件事是肯定的，那就是在这类时刻，患者把治疗师置于现场，向治疗师挑战"来这儿吧，和我一起玩，不要只是站在那儿看着我。"这时，治疗师就尝试着去做些什么，就像利希滕贝格、拉赫曼和福斯吉（1992，1996）所说的穿上属性（wearing the attribution），实际上这个技术非常有助于推进探索，它要求治疗师对（患者赋予治疗师的）属性采取非防御的姿态。穿上属性大概是这样的，"所以，D，和一个虚假的治疗师在一起，对你来说是怎样的？"我自己的两个分析持续了18年，我从我的分析师那里很多次听到这类回应，并且经常发现作为一个患者时，它很好地开启了我的反思。再者，作为一名分析师，我自己曾无数次地穿上属性，甚至撰写有关它的技术疗效的相关论文（Ringstrom，1995）。

当对方提了一个技术性问题，这个问题关乎咨询师与人交往的方式，麻烦之处在于，有技巧地进行回应的话，可能会隐藏我自己并且回避与D互动的这一极为不寻常的时刻。现在在回顾那个时刻，我能够提出这个观点，但当时确实没时间考虑这个。我反而说，"你知道那的确令人好奇，我不知道我的脸看上去是怎样的。"现在，D开始变得很好奇。我继续说，"你知道我经常发现最大的悖论之一，就是我们对我们的脸看上去是怎样的完全一无所知，可它却一直在持续表达着关于我们的某样东西，这可能也是全宇宙最大的恶作剧。"

显然，在某种程度上，我被自己正在展开的想法所吸引，因为显然我成为这个场景中的一个"角色"——这并不是表明它绝非我的一个面向，而且也不是仅此而已——更多是关于多版本自体（versions of self）。所以我继续，"实际上，我最近买了两部数字照相机……""等等！"D说，"怎么是两个？"所以我接着说，"今天夏天到欧洲旅游的时候，我的照相机摔坏了，我对此很生气，第一周我窝在家里，戴尔公司发了封电子邮件，介绍一款很棒的相机正在抛售，我立刻买了两个。"好吧，很有可能相当理性的分析师会质疑我对D所说的远远超过D需要了解我的。也许，另一方面，以即兴的方式来说，你要么在场景内、要么就在场景外，如果你在场景内，你就要流动；如果你不在场景内，那么，你确实可能看起来很假。

D笑了，我继续，"不管怎样，一天晚上我正在摆弄我的一台照相机，然后对着我的脸一顿猛拍。实际上，我开始做出各种各样的表情，想象我的脸在他人看起来会是怎样的，例如，我做出我自认为和患者情感相对应的各种表情，你知道就是那种快乐、悲伤或者冲突。让我非常吃惊的是，很多表情看起来根本就不像我想象的那样，不过转念一想，我不仅从未真正想象过我在照片中看起来怎样，也从未真正想象过我在他人眼中看起来怎样。"

D被吸引住了，他补充道："好吧，你知道，相机在一瞬间捕捉到的，和在摄像机中看到的会很不一样。"我对此很赞同。我接着说，"那么，关于我的表情能否多说一点，关于它，什么看起来'虚假'？"他说："好吧，也许'虚假'不是个恰当的词。它更多的是你这么严肃地凝视着我，也许，细想起来，它是你专注倾听的样子。"我指出可能就是这样，然后进一步补充道，他说的时候我非常好奇，因为"我总是认为我自己是一个相当具有互动性的分析师"。

我问D，"我的表情比M博士（转介他的分析师）更严肃吗？"D大笑起来并说，"噢，上帝，没有！他确实很严肃！"我问他是否曾在以前的治疗中向M博士提出这一点，他说，"你知道吗，我从来没有想过这样做。我猜我还没感到足够自在。"他继续说，"你知道，我刚刚意识到，你的表情确实表明你正在专注地倾听我说话，尤其是当我对什么感到焦虑的时候。也许那根本与你无关，而是我的焦虑。"现在，我点明这是一个相当出色的对防御性投射的分析。这种即兴的方式，使得D能够给出他自己的阐释性解释，而不必得到来自我的解释而忍受潜在的羞耻。实际上，即兴而非穿上这个（虚假的治疗师）属性，立刻让我进入对自己的好奇，而不是把（虚假的治疗师）属性穿上并让自己成为好奇的话题。我的即兴表演从一段短暂的独奏开始，引出一段爵士乐曲，接着邀请D演奏出他自己的。顺便说一句，接下来的三次会谈之后，D问我是否可以一周两次。

最重要的是，即兴表演的确扩大了主体间范围，从单向主体间关系准则，即"我知道你感觉到什么"这种来自治疗师持续的内省和共情探询，演变为双向主体间关系准则，即"我知道你知道我知道你的感觉"，反之亦然。斯特恩（2004）指出，治疗中的"当下时刻"——我打算将之套用在即兴时刻上——如下：

> 在每个当下时刻（每个即兴时刻——我的补充）（每一方）都进行（主体间场域的）调节，也就是依据（他们）自己的心理状态，探索、测试和纠正对另一个人心理状态的解读。这个二元平行过程——对患者和治疗师的同步解读，在很大程度上发生于无意识层面。因此，当下时刻专注于主体间问题（而且，我要提醒你，这些是每一个即兴时刻的结构）例如："此时此刻，在我们之间正在发生什么？"；"现在，关于你体验我的方式，我都感觉到或知道些

什么？"；"关于我现在对你的体验，你知道些什么"（p.120）

诸如此类。再一次，从自体心理学的立场来看，这个主体间诠释暗示每一方如何参与到对方的统整感、价值感或者碎裂感、剥夺感中，取决于他们如何传达他们对彼此的体验（Kohut，1984）。

从即兴的角度进行思考对分析师很有好处，这是因为剧场的隐喻不仅适用于心理咨询，而且是对生活的生动描绘。从反笛卡尔哲学的史托罗楼、阿特伍德和奥林奇（2002）的观点到神经科学的镜像神经元研究（Stern，2004），一个有力的结论是：我们（内在）并没有一个观察我们体验的小人。确实，从婴儿期开始，我们的意识一开始就完全是社会性的，如果我们的人生戏剧中缺少"观众和演员"，就不能发展出主体性现实感。斯特恩（2004）指出，"除非有一个'他者'见证我们拥有一个现象学体验，否则我们无法获得反思性意识，换言之，'他者'就是坐在思维剧场内的小人"（p.128）。

一个有趣的例外是，有些人有"多版本自体（versions of self）"，并且其中一些版本自体观察着其他版本自体。这与Bromberg（1998）讨论解离问题时处理的经验域有关，其中自体的不同面向变成分裂的"自恋孤岛（narcissistic islands）"，因精神断裂而无法与外界交流。他提出治疗师必须站在这个"空间"，首先和患者自体的每个版本建立起主体间联结。治疗师和每个版本进行对话，那么它们（不同版本）之间的对话就开始浮现出来。让每一个版本都加入生动的即兴表演的真实性之中，谁能想出一个比这更好的方式？按照这种方式，多版本自体变成其他版本的观众们——或者，正如我告知我的患者，"你有一个'思维委员会（committee of mind）'，它运作良好与否取决于每个自体版本与其他自体版本的关系中，它的需要在多大程度上被听到。"沿用这个方式，就能够减缓因水平分裂和垂直分裂而被分割的精神世界，生成一个具有反思性象征和协商能力的精神世界，它把自体迥然不同的部分之间的裂隙连接起来，Pizer（1998）曾对此有过非常精彩的论述。

我代表分析师提出即兴态度的建立，而斯特恩曾在他的书中给出类似的结论，斯特恩（2004）写道：

> "现在时刻"也承载着双重危险。如果没有回应并转向另一个目标，它们（现在时刻）会很快地导致更大范围、更加严重的治疗内付诸行动。另外，它们可能触发治疗师的焦虑，治疗师隐藏在技巧后面进行回应可能阻碍从现在时刻获得更多的成效。接纳现在时刻［我称作即兴的（improvisational）］，视其不仅是治疗中的常态事件，也是难得的创造性机遇，这种态度能够改变治疗师这类焦虑的阈值。这有助于他或她以足够自由、更加真实的方式容受这种情境，找到一种非常贴合特定情境的回应方式并承载着治疗师的个人特征。(p.226)

相应地，分析的每个时刻都可能是一个新的当下记忆情境（present remembering context）（Stern, 2004）。这非常重要，因为它在理论上假设每个时刻都是一种即兴创作，把即兴表演理解为和个体性格的某个部分打交道，这个部分仅仅是选择、重组和再创造过去的一个版本——这个过去的版本实际上占据了当下。实际上，这是和个体的成分或性格即兴地进行演出。治疗是当下记忆（即兴的）情境的预期扩散，领会这一点有助于我们更容易理解患者在多大程度上固定不变地依据当下重访过去，并且在这个过程中，他们的个人成分在强加在每一个"当下时刻（present moment）"。正是因为当下记忆在对过去事实的选择和组合方面具有潜在的动力学流动性，所以移情结构是潜在可变的。这就有可能以新的方式组织记忆并修正对过去的诠释，从而有可能在当下与"过去"有新的相遇。当这类回忆在演出中自发地出现从而和移情一起上演，这时的回忆是最强有力的，也就是，走出停滞模式并且前行到一个持续的、具有转化作用的过程。

相比较而言，这就是创伤治疗中令人却步之处。通过让创伤变成一种固着的叙事方式，创伤受害者常常不愿意反复"排练"创伤，也就是，人格的这个版本一成不变地出现在众多当下记忆情境，把所有人（包括自己）扣为"人质"。如此，它就能够在当下抵御或抵挡对过去各个元素进行即兴的重选和组装。和创伤受害者一起即兴表演，对双方而言感觉就像是一场危险的冒险，尽管如此，能够成为一种以演出方式引入新的可能性的重要途径。

我们可以转换一下焦点，有时研究一个主题最好的方式之一就是研究它的对立面，比如在这个案例中，研究即兴表演不是什么。它当然不是草率从事、不是手忙脚乱地摇摇欲坠。从哈佛商学院参加一天论坛回来后——有关谈判中的即兴表演，我13岁的小钢琴家女儿问我，即兴表演是什么意思？我走到她的钢琴前，开始随机敲击键盘，然后回到她的旁边说，"不是那样！"接着，我开始对她唱起标准的生日快乐歌，但是在某个特定点变成不同的和声方式，也改变了节奏和音色。我向她展示，即兴表演总是弹奏出另外一些成分，但是改变中也保留与原初的联结乃至认同，即使改变非常大。那就是我认为心理治疗和精神分析要做的。

每一次和患者的相遇，我们立刻变成某种形式的二重奏——挑选你最喜欢的隐喻——比如我想象我是音乐家、舞蹈家和拳击手，等等。所有这些情况下，我们之间的每一个人和每一次相遇，都是让彼此了解旧有的——例如，放下旧的成绩、旧的成分、旧的步伐和旧的力量——期望共同创造新的，而这新的很有可能成为明天新的"旧"成分，例如经典分析师告诫，周五的重大领悟在周一就成为首当其冲的阻抗。

现在如果你准备采用我的隐喻，那么就必须问问你自己，我们之间的音乐停在何处？我们在哪里犯错？我怎样错失那记重拳？所有这些问题问的都是这一个问题：我们思维、感受和自我表达的自由流动，于何处混乱，于何处陷入困境？你必须认真地审视你在其中的参与，但是现在带有充满希望的兴奋感，因为毕竟，我们在这里所有正在做的就是弄清怎样才可以尽可能自由地一起舞蹈、一起唱歌、一起争论、一起思考和感觉以及自我表达。而且，在任何一个时刻，就像是在爵士乐中，独自一人奏出我们刚刚一起写出的和声结构对我们来说是非常适切的，尽管这样做，我们也必须追踪我们自己在引导和跟随这类即兴重复段（riff）中的角色。当我们追踪时，我们最好去捕获分裂性互补时刻——例如，有人霸占麦克风，打个比方——可能就是我们的患者、我们自己，或者是双方的主体间焦虑的信号（Stern，2004）。

再补充一个简短的片段，也许有助于显示即兴表演是如何与一种情感在同一个舞台上演出——常常是一种防御性情感——通过演出使得防御不必存在，至少是暂时性地移除防御，从而使被防御的情感能够呈现出来。此处给出一个例子："我想，我对你上周那节会谈很生气，"45岁东欧工程师"萨米"告诉我。扭捏地矫饰其不自然的浓重口音，他继续说道，"我想，我生气的原因是你认为我应该对她心脏病复发住院这件事有更多的感觉。我想知道"，他继续，"你以为你是谁，可以告诉我应该如何感觉？而且凭什么在我没有什么感觉的时候，说我应该感觉到！""确实，我是谁？"我大声地说出我的思考。萨米无视我的问题接着说，"而且，除此以外，对我来说，去寻找感觉有什么好处？那样怎么就能解决我期望找你解决的问题，例如我的拖延症"？"我不确定，"我冒险说，"但是关于我告诉你应该如何感觉，对此能否多说一些？"[2] "它不是很好的精神分析，你知道的。它没有'探索我的核心议题'"。"所以，这样看起来我就比Phil博士更像'Phil博士'[3]。""或者，也许是因为对你来说，我没有你其他患者那么重要。""这个结论怎么来的？"我问道。"因为他们比我更成功，你更关心他们。他们对你更重要。""你是指我的好莱坞名人们？""是的，就像'乔治（George）'""乔治·克鲁尼（George Clooney）？"我苦笑道。"不，更像乔治·汉密尔顿（George Hamilton）。你仅仅看二线演员，他们的职业生涯大多结束了。"现在我们就这样微笑地看着对方，就好像加入了一场水来土掩的顽皮的游戏。"是因为现在我在硅谷开业，而不是在比弗利山庄？""也许，"他说道，"只有'过气'的人住在硅谷。"然后他突然停下来并大声提问，"我们为什么开始说这个？"就好像他正在引出一个恶魔，在这之前它从未发声。"让我们现在不要担心那个，继续。"我鼓励道。Sami说，"是的，所以没有真正成功的演员来看你！的确，他们不会来看在洛杉矶的任何一个人。""怎么会这样？"我想知道。"这里太美好了，天气太好了，阳光明媚。你得去纽约才能见到一个好的精神分析师，那里很冷、多雨、黑漆漆、阴暗、抑郁，在那里的分析师应该是抑郁的因而能理解你。"接着，Sami的表情明显变成一种悲伤。"我想哭。我不会（哭），不是在这里，但是第一次，我觉得也许我能够（哭），也许某一天，也许还是在这里。"

关于这个即兴的关系精神分析形式，再次重述几点。首先，即兴表演不仅仅是自发性的。它是合奏作品，是双方人格的演出和模式涌现。这些模式阐明关于每一方无意识的某样东西，因此即兴时刻构成共同创造的关系无意识的结构，成为第三方，即兴时刻的双方都是迥然不同的著者，然而两者都不能单方声称是他们即兴时刻的唯一著者，从这个时刻开始，之前无法想象的或未清楚表达的事情开始展现出来。

于这一即兴时刻存在的，是萨米和我的挑战，尽管通过回想，我们才反应过来发生了什么。因为萨米在与母亲的关系中备受折磨和痛苦，为了触及萨米内心深处的复杂悲伤——悲伤既未成形也未被表达，即未经思考的知晓——萨米和我必须首先投入一种施虐受虐的演出，和攻击性防御（防御觉察模糊的想法和感觉）一起演出。为了这样做，我们发现自己进入即兴的场景，我们双方都必须能够邂逅各自的不胜任感。萨米必须自由且自发地明确表达他的需要——把我视为极不胜任的，而且我必须能够真诚地和他的挑战一起表演。要做到这样，我们双方都必须接纳对于我们各自二等公民的刻板指责。他必须面对感觉像一个"完全可以被忽视的移民"，而我是一个"相对优越的精神分析师。"而且，这个演出在那里要被体验为真实的，就必须是我们每个人的某个部分可以感觉到我们的二等公民位置，但它没有刺穿我们中的任何一个。什么能够使分析师和被分析者投入这样一种方式，各自体验小剂量的自恋受挫？我认为，答案是演出空间的培养，类似于孩子们自然而然地聚集，玩那种"砰、砰，你死了"的游戏，非常得严肃但没有任何人真的会死。

但是，即兴时刻不是唯一不可预测的时刻，这些时刻的结果也是无法预测的。有时，它们的影响非同寻常，就像我曾非常详细地描述过的积极创伤（positrauma）概念（Ringstrom，2007a，2007b），这时一件事情能够发生，几乎始终是以一种不期而遇的方式，结果就是极大地改变了患者根深蒂固的情感信念。Pizer（2004）曾单独就这个现象著文讨论，称作"积极创伤（positive trauma）"。Pizers和我假设当某个戏剧性的积极的事件发生时，如果不能被同化到患者固执的负面信念系统内，那个积极事件就会推动新的组织原则的顺应形成，即形成一个新的情感信念。

即兴时刻的影响也是一个缓慢改变累加的过程，在看似一成不变的组织上发生微小的剥落时刻，本章开篇提及的迈克尔·斯科特的阻抗就是一个显而易见的例了。《办公室》的作者们非常了解这一点，他们把迈克尔的性格讲得非常清楚，虽然指导老师的即兴表演能够施加影响，但也只是微小的影响。同一季的后续场景中，和一个来自亚裔演员同学一起演出时，我们看到在他们的场景中，迈克尔快速俯身、在他的演出同伴的耳边低语。突然，亚裔演员把自己的双手放到脑后，就像是被逮捕的样子。指导老师大吃一惊，迅速中止场景并询问演员他在做什么，答复是，"迈克尔悄悄说他还有另一把隐藏着的枪！"

参 考 文 献

Bacal, H., & Thompson, P. (1996). The psychoanalyst's selfobject needs and the effect of their frustration on the treatment: A new view of counter-transference. In A. Goldberg (Ed.), *Progress in self psychology, volume 12*. Hillsdale, NJ: Analytic Press.

Benjamin, J. (2004). Beyond doer and done to: Recognition and the intersubjective third. *Psychoanal. Quar., 73* (1), 5 -46.

Bion, W. (1967). Notes on memory and desire. *Psychoanalytic Forum, 2*, 272-273.

Bollas, C. (1987). *The shadow of the object: Psychoanalysis of the unthought known*. New York: Columbia University Press.

Boston Change Process Study Group: Bruschweiler-Stern, N., Harrison, A., Nahum, J., Sander, L., Stern, D., & Tronick, E. (2002). Explicating the implicit: The local level and the microprocess of change in the analytic situation. *Int. J. Psychoanal, 83*, 1051-1062.

Brandchaft, B. (1993). To free the spirit from its cell. In R. Stolorow, G. Atwood, & B. Brandchaft (Eds.), *The intersubjective perspective*. Northvale, NJ: Jason Aronson.

Bromberg, P. (1998). *Standing in spaces: Essays on dissociation, trauma and clinical process*. Hillsdale, NJ: Analytic Press.

Buber, M. (1923). *I and thou*. New York: Scribners, 1970.

Davies, J. (1998). Multiple perspectives on multiplicity. *Psychoanal. Dial, 8* (2), 195-206.

Davies, J. (2004). Whose bad objects are these anyway?: Repetition and our elusive love affair with evil. *Psychoanal. Dial, 14* (6), 711-732.

Davies, J. (2005). Transformations of desire and despair, termination and a dissociative model of mind. Paper presented at the IARPP Conference in Rome, Italy, June 26, 2005.

Hoffman, I. (1998). *Ritual and spontaneity in the psychoanalytic process: A dialectical constructivist view*. Hillsdale, NJ: Analytic Press.

Kohut, H., (1984). *How does analysis cure?* Ed. A. Goldberg. Chicago: University of Chicago Press.

Knoblauch, S. (2000). *The musical edge of therapeutic dialogue*. Hillsdale, NJ:

The Analytic Press.

Knoblauch, S. (2001). High risk, high gain: Commentary on paper by Philip A. Ringstrom. *Psychoanal Dial, 11* (5), 785-795.

Knoblauch, S. (2004). Body rhythms and improvisation: Playing with the music behind the lyrics in psychoanalysis. Paper presented at the twenty-seventh Annual International Conference on the Psychology of the Self.

Lichtenberg, J. D., Lachmann, F. L., & Fosshage, J. L. (1992). *Self and motivational systems: Towards a theory of psychoanalytic technique, vol. 13.* Hillsdale, NJ: Analytic Press.

Lichtenberg, J. D., Lachmann, F. L., & Fosshage, J. L. (1996). *The clinical exchange: Techniques derived from self and motivational systems.* Hillsdale, NJ: Analytic Press.

Mitchell, S. (1993). *Hope and dread in psychoanalysis.* New York: Basic Books.

Mitchell, S. (1997). *Influence and autonomy.* Hillsdale, NJ: Analytic Press.

Ogden, T. (1994). *Subjects of analysis.* Northvale, NJ: Jason Aronson, Inc.

Orange, D., Atwood, G., & Stolorow, R. (1997). *Working intersubjectively: Contextualism in psychoanalytic practice.* Hillsdale, NJ: Analytic Press.

Pizer, S. (1998). *Building bridges: The negotiation of paradox in psychoanalysis.* Hillsdale, NJ: Analytic Press.

Pizer, B. (2003). When the crunch is a (k)not: A crimp in relational dialogue. *Psychoanal. Dial, 13* (2), 193-204.

Pizer, B. (2005a). The heart of the matter in matters of the heart: Power and intimacy in analytic and couples relationships. Paper presented at the sixteenth Annual Conference for the Psychotherapies Training Institute, Behind Closed Doors: The Power of Intimacy in the Personal and Analytic Relationship, New York, February 5, 2005.

Pizer, S. (2005b). The shock of recognition: What my grandfather taught me about psychoanalytic process. Paper presented at the sixteenth Annual Conference for the Psychotherapies Training Institute, Behind Closed Doors: The Power of Intimacy in the Personal and Analytic Relationship, New York, February 5, 2005.

Ringstrom, P. (1995). Exploring the model scene: Finding the focus in an intersubjective approach to brief psychotherapy. *Psychoanalytic Inquiry, 15* (4), 493-513.

Ringstrom, P. (2001a). The noxious third: The crimes and misdemeanors in the treatment of Tony Soprano and Dr. Jennifer Melfi. Paper presented at the twentyfirst Annual Spring Meeting of Division of Psychoanalysis, Santa Fe, NM.

Ringstrom, P. (2001b). Cultivating the improvisational in psychoanalytic treatment. *Psychoanal. Dial, 11* (5), 727-754.

Ringstrom, P. (2001c). "Yes, and..." —How improvisation is the essence of good psychoanalytic dialogue: Reply to commentaries. *Psychoanal. Dial., 11* (5), 797-806.

Ringstrom, P. (2003). "Crunches," "(k)nots," and double binds—When what isn't happening is the most important thing: Commentary on paper by Barbara Pizer. *Psychoanal Dial, 13* (2), 193-204.

Ringstrom, P. (2007a). Scenes that write themselves: Improvisational moments in relational psychoanalysis. *Psychoanal. Dial, 17* (1).

Ringstrom, P. (2007b). Reply to Stern's comments on "Scenes that write themselves: Improvisational moments in relational psychoanalysis." *Psychoanal. Dial, 17* (1).

Stern, D. N. (2004). *The present moment in psychotherapy and everyday life.* New York: W. W. Norton.

Stolorow, R., Brandchaft, B., & Atwood, G. (1987). *Psychoanalytic treatment: An intersubjective approach.* New Jersey: Analytic Press.

Stolorow, R., & Atwood, G. (1994). *The intersubjective perspective.* Northvale, NJ: Jason Aronson.

Stolorow, R., Atwood, G., & Orange, D. (2002). *Worlds of experience: Interweaving philosophical and clinical dimensions in psychoanalysis.* New York: Basic Books.

注 释

1. Bacal 和 Thompson（1996）指出，分析师也有自体客体需要，即兴时刻的协调性与满足患者和分析师的自体客体需要有关，这是自体心理学的一个重要贡献。即兴时刻的本质是实例化每个人的统整感、连续感和价值感。这类主体间交织缠绕的自体客体结构是双方之间联结的基础。可以把它绘制成一种维恩图*，一方自体感

---

* 英国逻辑学家维恩制定的一种表示集合及其关系的图形。——译者注

的某些面向与另一方自体感的某些面向相互交叠（Kohut，et al.，1984）。图形的交集就是两者之间涌现的关系性无意识脚本。

2. 直到现在，我从未回想起我表达过任何关于萨米应该如何感觉的言论。这就提出了一个很有趣的问题，一个 Steve Mitchell 常常提出的问题，究竟什么可能以非语言方式不经意地透露出一系列感觉，我感到疑惑的是萨米或许、大概、可能难以体验，然而那是怎样潜隐在我的面部表情中成为一个隐含的指示呢？

3. Phil 博士是一个电视明星精神分析师，稍许探索嘉宾-患者当前的问题之后，即刻就给出精神食粮，并在商业广告插播和节目结束之间给出日常建议。

论文作者简介

Peter Buirski：美国丹佛大学心理学研究生院的院长。Buirski持有美国职业心理学委员会认证的临床心理学和精神分析双重学位。他是美国科罗拉多大学健康科学中心的精神病学系的临床教授，也是丹佛精神分析研究院的教师。Buirski博士是国际精神分析自体心理学协会的国际委员会成员。他和Pamela Haglund共同写作《主体间性心理治疗——当代精神分析的新成就》(*Making Sense Together: The Intersubjective Approach to Psychotherapy*) 一书，并且是《主体间性实践》(*Practicing Intersubjectively*) 一书的作者。他在美国科罗拉多州的丹佛市私人执业。

William J. Coburn：《国际精神分析自体心理学》(*International Journal of Psychoanalytic Self Psychology*) 期刊的主编，《精神分析探究》(*Psychoanalytic Inquiry*) 的编辑委员会成员。他是洛杉矶当代精神分析学院和俄勒冈州波兰特的西北精神分析中心的教授、培训分析师和督导分析师，并且是国际精神分析自体心理学协会的理事会成员，国际关系精神分析和心理治疗协会的顾问委员会成员。他的研究和著作广涉各个领域，包括：主体间性、复杂性、反移情和督导。

Shelley R. Doctors：临床心理学家和精神分析师，精神分析主体性研究学院（纽约城）与当代精神分析和心理治疗学院（华盛顿特区）的教员及督导分析师。国际精神分析自体心理学委员会成员，国际关系精神分析和心理治疗协会的顾问委员会成员，她最近结束了12年的国际青少年精神病学和心理学协会秘书一职。她在精神分析类期刊和青少年期刊上发表了许多论文和章节，常常关注发展主题。"诠释是关系过程（*Interpretation as a Relational Process*）"会出现在即将出版的《国际精神分析自体心理学杂志》（*International Journal of Psychoanalytic Self Psychology*）。

Jacqueline Gotthold：精神分析主体间性学院（Institute for the psychoanalytic Study of Subjectivity，IPSS）的督导、教员和招生协调员。她也是国家心理治疗学院（Nation Institute for the psychotherapy，NIP）儿童与青少年培训计划及国家培训计划的成员和督导。她已经独立以及和他人共同完成数篇文章和演讲，主题主要是精神分析治疗的外显和内隐维度，也包括儿童和青少年精神分析和治疗过程。她在私人诊所接待儿童、青少年和成人来访者。

Arthur A. Gray：纽约私人执业精神分析师。他在犹太家庭和儿童服务委员会（Jewish Board for Family and Children's Service）、心理健康研究生中心和心理健康培训学院授课和督导。他最新发布的文章是"有效且高效督导：在团体中进行"（*Effective and Efficient Supervision: Doing it in Group*），发表在《力量博弈：心理治疗培训中的影响、说服和教化》（*Power Games: Influence, Persuasion, and Indoctrination in Psychotherapy Training*）。他也发表了许多关于个体与团体精神分析和督导的文章。

Amy Joelson：国家心理治疗学院（NIP）的教员和督导，并获得NIP 2015年教育家奖，是精神分析主体性研究学院（Institute for the Psychoanalytic Study of Subjectivity）的成员。她在纽约城私人执业，从事成人、儿童和青少年的心理治疗和精神分析。

Rosalind Chaplin Kindler：在多伦多私人执业，是一名成人和青少年心理治疗师。她是多伦多儿童精神分析项目主任，同时也是教员和督导。以前曾是加拿大儿童精神分析治疗师协会主席。Rosalind是注册戏剧治疗师，有剧场和戏剧从业背景。她已经在成人和儿童精神分析心理治疗领域提交并发表多篇论文，对弥补儿童和成人精神分析领域实践之间的差距特别感兴趣。

Amanda Kottler：国际精神分析自体心理学协会委员会成员，《国际精神分析自体心理学杂志》的国际编辑（南非），开普敦精神分析自体心理学团体的创始会员。曾经是开普敦大学的教员，现在全职私人执业并且积极地参加自体心理学和主体间领域的教学和督导工作。她是《文化、权力和差异：南非话语分析》（*Culture, Power & Difference: Discourse Analysis in South Africa*）的联合编著者，多篇论文涉及革新的心理学家在南非多重和矛盾语境内——种族、性别和身份——工作所面临的困境。

Carla Leone：芝加哥临床社会工作学院的教员，伊利诺伊州斯科基市私人执业团体的主任，从事儿童、青少年、成人、夫妻和家庭的治疗。她是两篇关于自体心理学应用于夫妻和家庭治疗的作者，并且定期主持年度国际自体心理学会议。

Andrew P. Morrison：哈佛医学院精神病学临床副教授；马萨诸塞州精神分析学院督导分析师；波士顿精神分析协会和学院教员。他是三本关于羞耻的书籍的作者或编著者，其中包括《羞耻》（*Shame*）、《自恋背后》（*the Underside of Narcissism*），他也发表了很多精神分析与心理治疗论文。他在马萨诸塞州的剑桥市从事临床实践。

Donna Orange：精神分析自体心理学和关系精神分析学院（Institute for Specialization in the Psychoanalytic Psychology of the Self and Relational Psychoanalysis）的培训分析师、督导分析师和教员；纽约精神分析主体性研究协会的教员和督导分析师。她是《理解情绪：精神分析心理学的研究》（*Emotional Understanding: Studies in Psychoanalytic Psychology*）的作者，和乔治·阿特伍德以及罗伯特·史托罗楼共同完成《主体间工作：精神分析实践的语境》（*Working Intersubjectively: Contextualism in Psychoanalytic Practice*）

Philip A. Ringstrom：洛杉矶当代精神分析学院的教员、高级培训和督导分析师，也在洛杉矶私人执业。他是《精神分析对话：国际关系学视角杂志》（*Psychoanalytic Dialogue: International Journal of Relational Perspectives*）和《国际精神分析自体心理学杂志》的编辑委员会成员。他是国际自体心理学家大会（International Council of Self-Psychologists）成员，IARPP（International Association of Rlational Psychoanalysis and Psychotherapy）的理事会成员。

Ellen Shumsky：当代心理治疗学院、精神分析心理治疗研究中心和自体心理学培训和研究学院的教员和督导。她是众多论文的联合作者，论文涉及通过关系自体心理学和主体间系统理论来扩展基础理论思想。她非常感兴趣于这些扩展的思想如何塑造临床过程的微时刻（micromoments）以及找到在这些时刻的表达方式。

Dorienne Sorter：精神分析主体性研究学院和的联合主席、教员及督导，精神分析心理治疗研究中心的教员。她是《婴儿研究和成人治疗中主体间性的形成》（*Forms of Intersubjectivity in Infant Research and Adult Treatment*）的联合作者。她已经发表数篇论文并且就婴儿研究在成人精神分析治疗中的应用这个主题发表过很多次演讲。

Maxwell S. Sucharov：加拿大西部精神分析心理治疗协会的创始委员会成员。自体心理学/主体间领域的活跃成员，并且已经发表了大量论文和章节于精神分析出版物上，包括《主体间视角》（*The Intersubjective Perspective*）、《自体心理学进展》（*Progress in Self Pshchology*）和《精神分析探究》（*Psychoanalytic Inquiry*）。现在生活在加拿大温哥华，并在那里私人执业。

Judith Teicholz：马萨诸塞州精神分析学院的督导分析师和教员。她是《科胡特，罗耶瓦尔德和后现代派》（*Kohut, Loewald and the Postmoderns*）一书的作者，也是《创伤，重复和情感调节》（*Trauma, Repetition and Affect Regulation*）的编著者（和Dan Kriegman一起），《国际精神分析自体心理学杂志》编辑委员会成员，并于1978—1999年在哈佛医学院附属麻省综合医院的精神病学和心理学部工作。